国家出版基金项目
NATIONAL PUBLICATION FOUNDATION

高油酸油菜育种栽培学

U0353524

官梅　官春云　著

CTS K 湖南科学技术出版社

中国是 14 亿多人口的大国，食用油是人们日常生活必需的消费品，2019 年我国食用油消费量达到 3000 万吨，而其中 70％以上依赖进口，自给率不到 30％，作为一个人口大国，这种严重依赖进口的情况直接威胁到国家的粮油安全。相对大豆油与棕榈油而言，国内菜籽油的供给对国际市场的依赖程度相对较小。长江中下游地区有种植油菜的传统，是油菜主产区，大力发展油菜种植生产，是应对食用油供给挑战的重要举措，提高菜籽油自给能力很大程度上可缓解食用植物油原料供给紧张的问题，保障我国粮油安全。

我国高油酸油菜研究起步虽然较晚，但育种进展快，湖南农业大学油料作物研究所官春云院士在国内首先提出并开展高油酸油菜育种的研究，已育成了湘杂油 631、湘杂油 763 和湘杂油 199 三个高油酸、高抗逆、高产量优质油菜新品种，菜籽含油量分别达到 45.8％、45.7％和 43.0％，比同期种植的油菜品种的含油量提高 3％～6％，三个品种菜籽产量分别比对照增加 32.9％、11.3％和 6.0％，同等产量水平下种植这三个品种每亩可多产油 6～15 kg、增收 60～150 元。其中，官春云院士团队研发的"油菜化学杀雄强优势杂种选育和推广"荣获国家科技进步二等奖，这项成果确立了我国油菜化学杀雄利用杂种优势研究和应用在国内外的领先地位。本书系统总结了官春云院士近年来对高油酸油菜育种栽培的创新成果，系统分析了不同高油酸油菜的品种特性，为我国高油酸油菜育种栽培奠定了坚实的基础。

为了让我国老百姓食用菜油从"有油吃"向"吃好油"转变，官春云院士带领团队深入高油酸油菜品种选育研究。本书总结了官春云院士最新的高油酸油菜育种栽培技术，并详细介绍了高油酸油菜的遗传、环境与油菜品质形成、FAD2 基因与油酸形成、高油酸油菜新品种选育、高油酸新品种、高油酸油菜保优栽培技术、油菜低温和高温灾害及防治、高油酸油菜营养加工技术、高油酸油菜展望等内容，为我国从事粮油研究的科研工作者提供了重要的技术支撑，对保障我国粮油安全具有重要的指导意义。

由于作者水平和经验有限，本书可能还存在缺点和不当之处，敬请专家学者和广大读者批评指正，并提出宝贵意见和建议。

2021 年 7 月 29 日

目 录

目录

第一章 绪 论

第一节 高油酸油菜及其发展

一、高油酸油菜的生产重要性

油菜是世界上仅次于大豆和棕榈的重要油料作物，产量和消费量居世界油料产量和消费量前列，贸易量占世界油料贸易量的 10％。根据联合国粮农组织统计数据库（FAO STAT）统计结果，2018 年全球油菜籽产量达 7500 万吨。我国是世界油菜主要生产国，同时油菜也是我国区域分布最广、播种面积最大的油料作物。我国油菜籽产量 1999 年首次突破 1000 万吨，2018 年总产量达 1328 万吨，菜籽油占我国自产植物油的 50％以上。

近年来，加拿大、德国、澳大利亚等国家高油酸油菜发展迅速，油菜籽油酸含量超过 70％，加拿大高油酸油菜面积超过种植总面积的 20％。我国高油酸油菜研究起步虽然晚，但育种进展快，湖南农业大学官春云院士在 20 世纪 80 年代初就提出要搞高油酸油菜研究，并已经选育出高油酸油菜籽新品种，且已经在我国油菜主产区生产中推广种植，深受农民和加工企业青睐，实现了农民增收、企业增效，被认为是继"双低"油菜品质改良后的又一次革命性品质提升。发展高油酸油菜有利于提高食用植物油品质，实现油菜产业高质量发展。

二、高油酸食用油的特点及市场前景

（一）高油酸食用油的特点

油酸是一种单不饱和 $\Omega-9$ 脂肪酸（$C_{18}H_{34}O_2$），被营养学界称为"安全脂肪酸"，是人体必需脂肪酸，以甘油酯的形式存在于一切动植物油脂中。高油酸食用油含 80％以上不饱和脂肪酸，其中 70％以上是单不饱和脂

肪酸，即油酸。食用富含油酸的油，有利于降血脂、抗凝血、阻止动脉粥样斑块的形成，有助于预防心血管病。

1. 稳定性高

油酸通过代谢生成亚油酸，由于其分子结构中比亚油酸少一个烯键，所以不易于被氧化，因此油酸含量高的菜籽油及其制品储藏时间比较长。由于单不饱和油酸的氧化稳定性（酸败性）明显优于多不饱和亚油酸，所以高油酸菜籽油可以加热到较高的温度而不冒烟，具有烹饪时间短、油烟被吸收少的优点。此外，在加工烹饪过程中还具有独特的香味。

2. 有利于人体健康

在饮食方面，多吃富含油酸的食物，可以降低心脏的收缩压，从而降低心脏疾病发生率。在医学上已证明油酸可以减少或者抑制低密度脂蛋白的含量，同时维持高密度脂蛋白的含量，进而使高密度脂蛋白与低密度脂蛋白达到合理比例，有利于人体健康。油酸还可以预防癌症，增强胰岛素敏感性和改善一些炎症疾病。

3. 可生产生物柴油

Piazza 和官春云利用不同油酸含量的菜籽油进行酶催化生产生物柴油，发现高油酸菜籽油的生物柴油产率更高；油酸与其他脂肪酸相比，催化生产生物柴油的比率更高。美国石油协会（API）对生物合成技术公司的两个发动机油配方（SW-20 和 5W-30）给予了认证，这些新的生物合成发动机油性能指标满足甚至超过大多数目前市场上销售的高品质石油基润滑油，能使发动机摩擦表面更加清洁，并可降低表面磨损。

（二）高油酸食用油的市场前景

目前，国内超市货架上已经出现高油酸葵花籽油、高油酸花生油、高油酸菜籽油等，实际上国外早已兴起高油酸食用油，世界粮油巨头（如ADM、嘉吉、邦吉等）不光继续向消费市场推出多种高油酸油品，更积极与杜邦、孟山都等农业公司合作，推进高油酸油菜的育种和栽培。"高油酸"如今已变成食用油商品消费晋级的一个重要方向。主要食用植物油脂脂肪酸组成见表 1-1。

表 1 - 1　主要食用植物油脂脂肪酸组成　　　　　　　　　单位:%

食用油脂	饱和脂肪酸	油酸	亚油酸	亚麻酸	芥酸
高油酸菜籽油	5～7	70～85	3～12	3～10	ND-2
"双低"菜籽油	3～7	61～70	15～30	5～14	ND-5
橄榄油	8～26	55～83	6～11	ND-1	ND
茶油	4～21	68～87	3～14	ND-1	ND
大豆油	10～21	17～28	48～59	5～11	ND
棕榈油	43～57	36～44	9～12	ND - 0.5	ND
花生油	12～28	35～67	13～43	ND - 0.3	ND

ND：not detected，未检测到。

1. 高油酸葵花籽油

在美国市场上，首先登场亮相的是高油酸葵花籽油，现已占葵花籽油市场份额的 15% 以上。市场上的高油酸葵花籽油一般含有 80%～84% 的油酸，有时甚至高达 88%～89%。这种油不仅油酸含量高，而且饱和脂肪酸和多不饱和脂肪酸含量低。陶氏益农公司研发出一种不含饱和脂肪酸的葵花籽油，使每人分餐食谱中含饱和脂肪量不超过 0.5 g。美国嘉吉公司同时也供应 "Clear Valley" 高油酸葵花籽油。日本日清奥利友公司的 "日清" 高油酸葵花籽油亦在市场行销多年。

据统计，2016—2017 年乌克兰高油酸葵花籽油出口量为 22.6 万吨，欧盟仍然是其主要市场，占比 73%，西班牙、意大利和英国为前三大进口国，占比 55%；伊朗排名第四位，成为新市场；但亚洲市场也很有前景。乌克兰高油酸葵花籽油的出口主要来自 4 个公司，占比 70%，分别为 Vioil、ADM、Allseeds 和邦吉（Bunge）。

国内高油酸葵花籽油的先行开拓者之一上海良友集团，在 2014 年开发了 "海狮" 高油酸葵花籽油，油酸含量高达 80% 以上，且耐高温、不易氧化。

2. 高油酸大豆油

美国杜邦公司研制出了名为 Plenish 的高油酸大豆油，油酸含量提高至 75%，与一般豆油相比少 20% 的饱和脂肪酸。邦吉、ADM、嘉吉等公司都与杜邦公司合作种植 Plenish 大豆。

美国大豆出口委员会计划在 2023 年前完成 1800 万英亩 (1 英亩 ≈ 4046.86 m²) 的高油酸大豆种植面积的指标。高油酸大豆将成为继玉米、传统大豆和小麦之后的全美第四大作物。

3. 高油酸花生油

截至 2016 年底, 我国共育成 38 个高油酸花生品种, 并通过全国和 (或) 省级审 (鉴) 定, 逐步形成高油酸花生油产业。

4. 高油酸菜籽油

油菜籽含油量一般在 40%～45%, 富含脂肪酸、多酚、甾醇和维生素等功能营养成分, 是重要的食用植物油原料。低芥酸菜籽油是世界公认的健康大宗植物油, 饱和脂肪酸含量低于 7%, 单不饱和脂肪酸油酸含量大于 61%, 接近于油酸含量较高的橄榄油 (55%～83%) 和茶油 (68%～87%)。油酸是菜籽油中含量最高的脂肪酸, 可降低人体血液中低密度脂蛋白, 降低人体内的胆固醇含量, 有效预防心血管疾病, 油酸还有助于杀死乳腺癌细胞等。高油酸菜籽油具有较好的热稳定性, 不易氧化, 货架期较长, 是营养健康的优质食用植物油。

三、高油酸油菜生产现状

(一) 国外高油酸油菜发展情况

世界上第一个高油酸突变体是德国的 Rucker 和 Robbelen 选育出来的, 其种子的油酸含量达 71%, 比野生型油菜的油酸含量 (60%) 增加 11%。2004 年 "SPLENDOR" 成为欧洲第一个获得注册的高油酸油菜品种, 它的油酸含量为 76.48%, 且具有较好的农艺性状。后来油酸含量高于 75%, 亚麻酸含量低于 3.5% 的高油酸常规品种如 V1400L、V1410L、V1610L 相继育成, 用于订单农业生产。加拿大 Cargill 种子公司主要从事特种油菜育种, 以选育高油酸品种为主, 2004 年已有 CNR604 (油酸含量 75%)、CNR603 (油酸含量 85%) 等品系参加品比试验。澳大利亚第一产业部——Victoria 与 Cargill 油脂公司 2006 年投放了 2 个品种, 2007 年推出 2 个替代品种 Cargill02 和 Cargill03。德国和法国从 2000 年开始合作从事高油酸低亚麻酸杂交油菜育种, 配制的杂交组合于 2007—2010 年在欧洲超过 45 个地方进行联合鉴定, 结果表明高油酸杂交种产量比高油酸常规种高

15％以上，最好的高油酸杂交种产量与当家"双低"杂交品种非常接近。Spasibionek 等通过高油酸材料与 Ogura CMS 恢复系杂交，将高油酸性状导入了 Ogura CMS 系统中。

（二）国内高油酸油菜发展情况

我国高油酸油菜研究与国外相比，虽然起步晚，但发展较快。湖南农业大学、华中农业大学、浙江省农业科学院等单位都开展了高油酸油菜品种培育及分子机制方面的研究。高油酸菜籽油营养价值与茶油、橄榄油相媲美，饱和脂肪酸含量低，属高级食用植物油。高油酸油菜育种先后经历了传统油菜（高芥酸高硫苷的白菜型油菜和甘蓝型油菜）、"双低"油菜，再到高油酸油菜（符合"双低"标准）的发展历程。

1. 传统油菜

甘蓝型油菜在 20 世纪 30 年代中期才被引入我国，与其他作物种植相比，在我国起步较晚，生产历史也不长。在 20 世纪 30—50 年代，主要以调查、征集和评选地品种为主，将评选出来的优良品种就地繁殖和推广，如四川的"七星剑"、江苏的"泰兴油菜"，在当时那个特殊时期对我国油菜生产的恢复与发展起到了极大的促进作用。系统开展油菜品种选育工作则是在 50 年代后才开始进行，育种家主要从引入的甘蓝型油菜品种"胜利油菜"和"跃进油菜"中开始选择材料进行品种选育工作，选育出了一批适合于多熟制栽培的甘蓝型油菜品种，实现了我国油菜品种由白菜型和芥菜型向甘蓝型转变的第一次革命。不过在 20 世纪 50—70 年代，油菜品种选育和推广主要还是以常规甘蓝型油菜品种为主。

2. "双低"油菜

20 世纪 90 年代，在我国连续 4 个"五年规划"的基础上，经过全国 20 多个科研单位近 20 年的协作科技攻关，以及中国、加拿大、澳大利亚、美国等重大国际合作研究，选育出了一批优质"双低"的油菜新品种。官春云选育的"湘油 11 号"是我国第一个通过国家审定的"双低"油菜品种，1987 年湖南省审定，1991 年国家审定，推广面积 40 万公顷。该品种于 1987 年被评为湖南省十大科技成果之一，1988 年 10 月和 12 月先后参加在武汉举行的全国科技成果展览及北京首届国际食品博览会。随后，"秦优 7 号""中双 4 号""华杂 4 号""油研 7 号""德油 5 号""沣油 737"

等油菜新品种不断涌现，极大地促进了油菜生产由单纯注重产量向产量与质量并重的转变过程，平均产量达到 1500 kg/hm² 以上，食用油品质也得到了极大改善，开始实现油菜品种向优质高效转变的第三次革命。当前，除特异用途品种外，"双低"品质要求已成为我国新品种审定的最低品质标准。

3. 高油酸油菜

高油酸油菜是由"双低"油菜改良而成，其菜籽油中油酸含量高于橄榄油和茶油，且亚麻酸含量（6%左右）高于橄榄油（亚麻酸≤1.0%）和茶油（亚麻酸 0.8%～1.6%），亚麻酸能促进视力发育和大脑发育，对孕妇、婴幼儿和青少年尤其重要。湖南农业大学、华中农业大学、浙江省农业科学院和西南大学等多所单位都开展了大量高油酸油菜育种研究，由官春云院士选育的高油酸油菜"高油酸 1 号""湘油 708""湘油 710"等已相继问世。同时，利用杂交育种，通过化学杀雄技术获得的"湘杂油 991""湘杂油 992"已获得认证。高油酸育种工作亦在如火如荼地进行，并在原有的高油酸品系上，进行多种类型的高油酸品种发掘。

高油酸油菜为旱作作物，种植方式简单，田间管理较容易，只要种植利润可观，即可大面积推广种植；尤其是在我国南方稻作地区，有大量冬闲田可供利用，因此发展潜力巨大，能有效保障我国高级食用植物油的供给。2014 年以来，湖南农业大学先后在衡阳、张家界等多处示范推广高油酸油菜订单种植，因收购价格高、种植效益好而受到当地种植户的大力追捧；在衡阳（安邦新农业科技股份有限公司）、长沙进行了 10 个材料的品系比较试验（亩产 100 kg 以上，高的接近 200 kg）；与湖南武冈天佑农业发展有限公司合作种植 800 亩（1 亩≈667 m²）高油酸油菜；同时与湖南春云农业科技股份有限公司和湖南盈成油脂工业有限公司合作种植"双低"高油酸油菜，2019 年开始与油脂加工企业湖南道道全股份有限公司合作，截至 2019 年 5 月，累计推广种植 20 多万亩。

第二节 高油酸油菜育种研究

一、国内外高油酸油菜研究情况

1992 年，世界上第一个高油酸油菜突变体问世。1995 年，第一个高油酸油菜品种（油酸含量 81%）选育成功。随后，加拿大和澳大利亚等纷纷开始了相关研究。

在中国 20 世纪 80 年代初，湖南农业大学油料作物研究所官春云院士率先进行高油酸油菜育种研究，从 1999 年开始，利用 ^{60}Co γ 射线处理"湘油 15 号"干种子，对辐射后代进行连续选择，2006 年获得稳定的高油酸油菜种子，目前已获得 100 多个油酸含量 80% 以上、性状优良的高油酸油菜新品系，"高油酸 1 号"等高油酸油菜新品种 7 个，还开展了机械化制种技术研究。

2005 年以来，华中农业大学油菜遗传改良创新团队从高油酸育种资源创新、高油酸性状形成的遗传及分子机制等方面开展了较为系统的研究。已育成 5 个常规品系和 3 个核不育杂交种，这些品系的油酸含量稳定在75% 以上。

西南大学李加纳教授利用航天诱变技术，获得油酸含量 87.22% 的甘蓝型油菜突变体，开展了高油酸油菜研究。

浙江省农业科学院推出了"爱是福"高油酸菜籽油，高油酸油菜新品种"浙油 80"，油酸含量 83.4%，亩产量约 190 kg，产油量与普通品种相当。

2015 年 10 月 11 日，云南省农业科学院经济作物研究所组织对高油酸油菜杂交种"E07HO27"、常规种"E0033"在玉龙县太安乡种植表现情况进行田间鉴评。与会专家认为与对照品种"花油 8 号"相比，高油酸油菜不仅品质更高，而且田间表现情况也更胜一筹。

二、高油酸油菜新材料选育

1. 常规育种

高油酸品种的常规选育通常进行定向选择，从已有的油酸含量相对较高的材料中不断选择，该方法往往经历很长的育种周期，且不能创造出新的类型，或者采用杂交转育方式，通过高油酸材料间相互杂交，在杂交后代中选择表现更好的高油酸材料进行育种。

2. 诱变育种

诱变育种是指用物理、化学因素诱导植物的遗传特性发生变异，再从变异群体中选择符合人们某种要求的单株，进而培育成新的品种或种质的育种方法。目前，通过诱变选育高油酸油菜品种是最主要和有效的方法。

利用 EMS 诱变技术，Auld 等人获得了两个甘蓝型油菜突变体 X-82 M_3、M_4，以及一个白菜型油菜突变体 M-30，其中 X-82 M_3、M_4 种子油酸含量高达 88% 以上，M-30 株系种子中亚麻酸和亚油酸含量大大降低；从 M-30 与低芥酸材料杂交 F_4 代中选育油酸含量达到 87% 的株系。Spasi-bionek 用 EMS 处理冬油菜品系 PN3756/93 种子，种子诱变处理在 M_2 代重复进行。经过处理后，通过自交选择获得遗传纯合和稳定的突变系，油酸含量达到 76%。黄永娟等也通过 EMS 诱变甘蓝型油菜种子选育出油酸含量达到 76% 左右的突变株。

官春云等用 8 万～10 万伦琴^{60}Co γ 射线辐射"双低"油菜"湘油 15"干种子，并对辐射后代进行高油酸连续选择，结果 M_2、M_3、M_4 油酸含量有不同程度提高，至 M_5 油酸含量迅速提高，多数植株油酸含量在 70% 以上，最高油酸含量达 93.5%。西南大学油菜工程研究中心通过航天诱变方法获得一个高油酸含量的突变株系 Y539，油酸含量达到 87.22%。

3. 基因工程

FAD2（Δ12 减饱和酶）是催化形成亚油酸的关键酶，控制着亚麻酸的产生，因此抑制 *FAD2* 基因的表达也就意味着切断油酸进一步合成亚麻酸的反应途径，如此一来便可有效降低减饱和酶的含量和活性，增加油酸在油菜籽中的积累，从而提高油菜油酸含量。目前，通过运用反义表达和 RNA 干扰调控 *FAD2* 基因表达，可实现转基因油菜油酸含量提高，加速了高油酸油菜育种工作进展。油菜高油酸材料基因工程选育结果详见表1-2。

表1-2 利用基因工程技术获得高油酸材料的研究进展

方法	实验材料	实验结果
反义表达	甘蓝型油菜	获得了油酸含量83.3%的品系8,它和另一个突变体油菜IMC129(油酸含量77.8%)杂交,培育出油酸含量达88.4%的油菜新材料。
		油酸含量提高到85%。
		获得了油酸含量为78%的韩国转基因油菜Tammi。
		油酸含量达到89%。
RNA干扰	甘蓝型油菜	构建了甘蓝型油菜 *FAD2* 基因的ihpRNA表达载体,获得了转基因植株,19个单株种子油酸含量大于75%,有11个单株种子油酸含量大于80%。
		油酸含量83.9%的无筛选标记转基因油菜新种质,且这个新种质未表现出高油酸突变体的一些不良农艺性状。
		构建了甘蓝型油菜 *FAD2*、*FAD3*、*FATB* 基因共干扰载体,转入甘蓝型油菜中双9号,2株油酸含量在75%以上。
		转基因植株FFRP4-4油酸含量提高到85%,F_1代种子油酸含量在80%以上,饱和脂肪酸10%,芥酸未检出。
	低芥酸转基因株系和甘蓝型油菜	低芥酸转基因株 *FAEI* 基因和 *FAD2* 基因的协同干涉,获得了高油酸(油酸含量75%)、低芥酸和多不饱和脂肪酸的转基因材料。

4. 分子标记辅助选择育种

分子标记辅助选择育种是利用分子标记与决定目标性状的基因紧密连锁的特点,通过检测分子标记,即可检测到目的基因的存在,达到选择目标性状的目的,具有快速、准确、不受环境条件干扰的优点。目前关于油菜油酸含量的分子标记主要有 RFLP（restriction fragment length polymorpams，限制性片段长度多态性）、RAPD（random amplified polymorphic DNA，随机扩增多态性 DNA）、SSR（simple sequence repeats，简单重复序列）、AFLP（amplified fragment length polymorphism，扩增片段长度多态性）、SNP（single nucleotide polymorphism，单核苷酸多态性）等。

（1）RAPD 标记

Tanhuanpää 等采用离体分离分析法，对油菜 F_2 群体中影响油酸浓度的基因进行了 RAPD 标记的研究，共鉴定出 8 个与油酸含量有关的标记，其中油酸含量最合适的标记是 OPH-17。Sharma 等利用 RAPD 标记从芥菜型油菜重组自交系中构建了油酸含量的连锁图谱和 QTL 定位，鉴定出 7 个与油酸含量紧密相关的标记。

（2）SNP 标记

Hu 等人从 EMS 诱导的甘蓝型油菜突变体中发现 FAD2 基因存在单核苷酸突变，这种突变能引起油酸含量发生变化，根据等位基因序列差异建立了 FAD2 基因相对应的单核苷酸多态性（SNP）标记，对高油酸油菜分子标记辅助性状导入和育种中 FAD2 等位基因的直接选择具有重要意义。Falentin 等克隆了甘蓝型油菜突变体和野生型油菜 FAD2 基因、FAD2C 基因和 FAD2A 基因，基于序列差异分析开发了两个 SNP 标记，这两个标记已在 6 个双单倍体群体中用于 FAD2C 基因和 FAD2A 基因突变鉴定。

（3）SSR 标记

郭震华利用开发的高油酸和低亚麻酸标记进行前景选择，结合 AFLP 以及 SSR 标记对 3 个不同组合进行背景选择，通过回交育种的方法选育出含有高油酸、低亚麻酸的优良品系，为油菜品质改良提供新材料。陈伟等筛选出 2 个与甘蓝型油菜油酸含量相关的 SSR 分子标记（BRMS007 和 BRGMS630），4 个与亚麻酸含量相关的 SSR 分子标记（sN2025，BoGMS798，Na12 D09 和 OI10 D03）。利用这些分子标记开展与油酸含量相关的定位，在 A5 染色体上定位到 1 个控制油酸含量的主效 QTL，可解释油酸表型变异的 85.3%；同时利用 BRMS007 和 BRGMS630 的 SSR 标记在油菜群体中鉴定油酸性状具有较高的可靠性。杨燕宇等利用高油酸油菜品系 HOP 和低油酸油菜品种"湘油 15"构建 F₂ 代群体，利用 SSR 标记对油酸含量进行 QTL 定位，发现了 1 个与 *FAD2* 紧密连锁的主效 QTL。

（4）AFLP 标记

Schierholt 等利用高油酸含量的油菜突变体 7488 和 19661 构建杂交 F₂ 代群体，通过大量的分离分析，检测到 3 个与 *FAD2* 基因突变相关的 AFLP 标记，分别是 E32M61、E38M62、E35M62。通过 AFLP 标记对 F₂ 代群体作图，定位到甘蓝型油菜的遗传图谱上，发现这三个标记均与高油酸等位基因连锁，其中最紧密连锁的标记是 E32M61-141，可用来分子标记辅助选择高油酸性状。

第三节　高油酸油菜栽培研究

一、农艺性状研究

Hitz 等发现，高油酸突变体农艺性状较好，再次突变（油酸含量 87%）后，植株农艺性状较差。浙江省农业科学院培育的"浙油 80"生产试验比对照减产 3.7%，产油量比对照增产 0.4%，差异不显著。高油酸品系与普通油酸品系间差异未达到显著水平，且 2014 年、2015 年的品比试验结果也发现其产量与普通品种无明显差异。周银珠、黄永娟等也得到相同结论。Guguin 等报道，HOLL 杂交种产量比 HOLL 常规种高 15% 以上，最好的 HOLL 杂交种产量与当家"双低"杂交种非常接近。油菜种子油酸含量与种子产量呈负相关，目前还不是很清楚产量降低的具体原因，但现在鉴定的有些品系（组合）产量降低并不明显，可通过育种的努力来补偿产量的降低。Schierholt 和 Becker 发现高油酸冬油菜（油酸含量大于 75%）产量与叶片和种子中的油酸含量呈负相关，油酸含量高会延迟种子发芽。

二、油酸与含油量及其他脂肪酸含量之间关系的研究

Möllers 等认为油酸含量和含油量呈正相关，可提高 0.6% 含油量，而 Zhao 等也认为脂肪酸组分与含油量之间有密切关系。但 Smooker 等及国

家油料改良中心湖南分中心的研究都认为高油酸油菜的油酸含量与含油量并无线性关系。因此，油酸含量与含油量之间的关系仍需进一步研究。油酸含量与其他脂肪酸含量间关系的研究较多，但目前尚无一致结论。Zhao等认为油酸含量与芥酸含量、亚油酸含量和含油量呈负相关。阎星颖发现油酸与其他脂肪酸含量呈极显著负相关；尚国霞发现硬脂酸与油酸含量呈正相关，棕榈酸与油酸含量呈负相关，亚油酸与亚麻酸含量呈极显著负相关；Barker等发现芥酸含量对油酸含量有显著影响。除硬脂酸（相关系数0.0351）外，油酸与其他脂肪酸基本上呈极显著负相关；除亚麻酸与硬脂酸、芥酸与硬脂酸、花生烯酸与软脂酸、硬脂酸与软脂酸两两呈极显著负相关外，其他均呈极显著正相关。在5677份分析材料中，获得278份油酸含量>70%、亚麻酸含量<3%、亚麻酸/亚油酸比例大于1：4的材料，为选育特色油菜品种奠定了基础。

三、环境及栽培因素对高油酸性状的影响

油酸由一些主效基因控制遗传性状（99%），种子中的油酸含量在不同环境下均能稳定表达，高油酸性状表达是稳定的，同时还受到环境及栽培因素影响。环境因子是影响油菜品质形成的重要因素之一，不同环境条件下光照、温度、水分等都会影响脂肪酸的形成。李成磊等对3个地点9个时期样品的油酸含量进行方差分析，结果显示种子油酸含量地域间和时期间都存在着极显著差异，这与各地降水、光照、温度等环境因子不同均有关系。在一定范围内，施用磷肥、钾肥有利于油菜油酸含量的提高，过量则降低油酸含量；硫肥施用量与油酸含量呈直线正相关；在低氮、中磷、中钾、高硫水平下可以获得较高的油酸含量。

第四节　高油酸油菜分子机制研究

FAD2 基因是油酸合成的关键基因，提高油酸含量可通过降低油酸脱氢酶基因 *FAD2* 的活性来获得。官春云院士研究发现内质网中的 *FAD2*（Fatty Acid Desaturases 2）基因和叶绿体中的 *FAD6*（Fatty Acid Desaturases 6）基因在油酸减饱和的过程中发挥着重要的作用。FAD2 是催化形

成亚麻酸的关键酶，控制着亚麻酸的产生，因此抑制 *FAD2* 基因的表达也就意味着切断油酸进一步合成亚麻酸的反应途径，如此一来便可有效降低减饱和酶的含量和活性，增加油酸在油菜籽中的积累，从而提高油菜油酸含量。

一、*FAD2* 基因功能的研究

FAD2 是一种多功能酶，如双功能羟化酶、去饱和酶和三功能乙酰化酶，在油酸的 Δ12 位同时催化反式和顺式双键的形成。FAD2 酶催化 Δ12 去饱和是制备多不饱和脂肪酸的关键步骤。因此，它在生物膜系统、信号传导、能量储存、热适应和抵抗生物和非生物胁迫方面具有重要作用。*FAD2* 基因在保守区的核苷酸和氨基酸序列上与其他去饱和酶（FAD1、FAD3、FAD6、FAD7 和 FAD8）不同，在这些脂肪酸去饱和酶的所有成员中均未发现共同的基序。在大豆种子发育过程中，*FAD2* 基因被认为在控制大豆种子油酸水平方面起着重要的作用，并被用作在大豆中产生高油酸水平的靶基因或候选基因。*FAD2-2* 基因编码功能多样的 *FAD2* 基因家族的亚型，在种子发育过程中被检测到，这表明 *FAD2-2* 基因在种子去饱和中起着重要作用。*FAD2-2* 基因已在几种油料植物中被鉴定，包括红花、向日葵、甘蓝型油菜、芝麻、大豆、橄榄、亚麻、蓖麻、南瓜、葡萄、花生和油桐等。在初榨橄榄油中，*FAD2-2* 是决定亚麻酸含量的主要基因。在甘蓝型油菜中，通过 *Napin* 启动子诱导对油菜植株中 *BnFAD2*、*BnFAD3*、*BnFATB* 基因进行 RNAi 共干扰抑制，转基因油菜种子中 *BnFAD2*、*BnFAD3*、*BnFATB* 基因的表达受到强烈抑制，种子中油酸含量由 66.76％提升至 82.98％，且油脂合成的相关基因同步出现表达上调。

二、*FAD2* 基因拷贝数的研究

目前，植物中已知的 *FAD2* 基因都有多个拷贝，不同植物种类其功能也有很大差异，其中 *FAD2* 基因在碱基数、表达特性和酶活性等方面均有所不同。即便相同植物，不同 *FAD2* 基因拷贝之间也有同源性差异，有意思的是不同植物之间其功能或亚细胞定位相同的 *FAD2* 基因反而同源性较

高。甘蓝型油菜中已检测到 5 个具备功能的 *FAD2* 基因拷贝，另有 6 个拷贝被认为是不具备功能的。这 5 个 *FAD2* 基因拷贝被分为两组，分别是 *FAD2 I* 和 *FAD2 II*，*FAD2 I* 在油菜叶片和种子中均有表达，但 *FAD2 II* 只在叶片中能检测到表达量。棉花基因组中也发现 *FAD2* 基因的 4 个拷贝，分别是 *GhFAD2-1*、*GhFAD2-2*、*GhFAD2-3* 和 *GhFAD2-4*，其中调控种子中油酸去饱和的为 *GhFAD2-1*，具有种子表达特异性。其余 3 个拷贝在所有组织中均表达，但表达量很低，具有组成性。首次鉴定 *FAD2* 基因是从拟南芥中对其克隆研究，随后在许多油料作物中分别深入研究，包括大豆、橄榄、棉花、油菜、亚麻、花生和向日葵等。

三、基因芯片方面的研究

官梅采用基因芯片技术检测到差异表达基因 562 个，上调表达基因 194 个，下调表达基因 368 个，以基因芯片中油菜上调基因 *NM 100489* 和下调基因 *NM 130183* 为材料，用实时荧光定量方法验证基因芯片的结果，两者完全相符。

第二章 高油酸油菜的遗传

第一节 油菜脂肪酸合成途径

一、油菜脂肪酸的组成成分及分类

油料作物含油量与脂肪酸组成是衡量品种质量的关键指标。菜籽油是中国主要的食用油之一，其主要脂肪酸的组成成分包括硬脂酸（C18：0）、油酸（C18：1）、亚油酸（C18：2）、亚麻酸（C18：3）、甘碳烯酸（C20：1）和芥酸（C22：1）等。

根据烃链的饱和程度，可将脂肪酸分为三种。①饱和脂肪酸（SFA）：其烃链是饱和的，没有双键。②单不饱和脂肪酸（MUFA）：含有一个双键。③多不饱和脂肪酸（PUFA）：含有多个双键。MUFA 和 PUFA 统称不饱和脂肪酸（UFA）。

根据烃链的长短，可将脂肪酸分为三种。①短链脂肪酸：指链长为4～7 个碳的脂肪酸。②中长链脂肪酸：指链长为 8～18 个碳的脂肪酸。③超长链脂肪酸：指链长为 20 个或 20 个以上碳的脂肪酸。

二、植物脂肪酸的重要性

脂肪酸是生物体的基本组成之一，具有重要的生理功能。脂肪酸的主要组成成分是植物油中的油酸（C18：1）和亚油酸（C18：2），研究发现这两种脂肪酸组分在油料作物种子中的相对比例决定了食用油的营养价值与氧化稳定性。它们既是细胞膜脂的主要成分，又是重要的能源物质，还是一些信号分子的前体。可与其他物质一起，分布于机体表面，防止机械损伤和热量散发等；它还与细胞识别、品种特异性和组织免疫等有密切关系；此外人们也可以利用基因工程技术生产出有用的脂肪酸，改善油的品质，增加机体的抗逆性等。

在细胞中，很少发现脂肪酸是以游离的形式存在，脂肪酸的羧基或者被酯化，或者被其他方式所修饰。在膜脂中，几乎所有的脂肪酸都以酯键的形式连接到甘油分子上，这类脂质成为甘油酯。

含油量高的油菜中下调脂肪酸的种类较多，但多为碳原子数较多且不饱和程度高的脂肪酸，与油菜油脂积累的主要脂肪酸如硬脂酸和亚油酸等均以上调为主。

三、饱和脂肪酸和不饱和脂肪酸的合成

脂肪酸合成的起始原料是乙酰 CoA，它主要来自糖酵解产物丙酮酸，脂肪酸的合成是在胞液中进行的。

（一）饱和脂肪酸的合成

饱和脂肪酸的合成包括乙酰辅酶 A 的转运、丙二酸单酰 CoA 的合成、乙酰 ACP 和丙二酸单酰 - ACP 的合成、脂肪酸的延长。

①乙酰辅酶 A 的转运：脂肪酸的合成是在胞液中进行的，而乙酰 CoA 的合成是在线粒体内进行的，它们不能穿过线粒体内膜，需通过转运机制进入胞液。三羧酸循环中的柠檬酸可穿过线粒体膜进入胞液，然后在柠檬酸裂解酶的作用下放出乙酰 CoA 进入脂肪酸合成途径。

②丙二酸单酰 CoA 的合成：脂肪酸的合成是二碳单位的延长过程，它的来源不是乙酰 CoA，而是乙酰 CoA 的羧化产物丙二酸单酰 CoA，这是脂肪酸合成的限速步骤，催化的酶是乙酰 CoA 羧化酶。

③乙酰 ACP 和丙二酸单酰 - ACP 的合成：乙酰 CoA 和丙二酸单酰 CoA 首先与 ACP 活性基团上的巯基共价连接形成乙酰 ACP 和丙二酸单酰 -ACP。

合成步骤：每延长 2 个 C 原子，需经缩合、还原、脱水、还原四步反应。

④脂肪酸的延长：在真核生物中，β - 酮脂酰 - ACP 缩合酶对链长有专一性，它吸收 14 碳酰基的活力最强，所以大多数情况下仅限于合成软脂酸。

（二）不饱和脂肪酸的合成

不饱和脂肪酸是植物膜脂的主要结构成分，提供大量保守自由能，维持生物膜的正常流动性，并且充当影响植物生长、发育及应答各种环境信号的主要信使，对于维持细胞结构及一些正常的生理功能都十分重要。

它的合成是在去饱和酶系的作用下，在合成的饱和脂肪酸中引入双键的过程，这是在内质网膜上进行的氧化反应，需要 NADH 和分子氧的参加。软脂酸和硬脂酸是动物组织中两种最常见的饱和脂肪酸，是棕榈油酸和油酸的前体，是在 C-9 和 C-10 间引入顺式双键形成的。总之，酶系和能量起了很重要的作用。

生物体中绝大部分的脂肪酸在组织和细胞中以结合形式存在。所有的脂肪酸都有一个长的烃链和一个羧基末端。烃链以线性的为主，分枝或环状的为数甚少。不同脂肪酸的区别主要在于烃链的长短、饱和与否及双键的数目和位置等。

四、脂肪酸合成的生化途径

植物脂肪酸既具有重要生理功能，又有食用和工业价值。在细胞中，脂肪酸的生物合成途径是细胞代谢过程中的一条基本代谢途径，植物体的每一个细胞，都在进行着脂肪酸的生物合成，这对植物的生长发育是必不可少的。脂肪酸生物合成的抑制对细胞而言是致死性的。

其生物合成途径较为复杂，涉及乙酰-羧化酶、脂肪酸合成酶、脂肪酸去饱和酶和脂肪酸延长酶等一系列酶。近年来，对脂肪酸生物合成途径进行了大量的研究，克隆出许多相关基因，初步阐明了脂肪酸合成规律，并在此基础上开展了利用基因工程技术调控脂肪酸合成研究，取得了一定进展。

合成脂肪酸的过程包括原初反应、丙二酸酰基的转移反应、缩合反应、第一次还原反应、脱水反应和第二次还原反应。

近年来，通过对模式生物如酵母、拟南芥等全基因组的测序和功能基因组研究，对生物脂肪酸合成途径有了非常深入的了解。种子中脂肪酸成分的差异是脂肪酸代谢相关基因时空表达存在差异的结果。根据进化上的直向同源原理，直向同源基因在进化上来自共同的祖先基因组，它们在进化中保持着同样的功能。

随着研究的不断深入，植物脂肪酸合成的基本代谢途径及调控已被初步阐明，人们对植物脂肪酸合成途径已经有了相当的了解，虽然某些特殊的细节尚需进一步的研究，但普遍存在的反应途径已基本清楚，这为脂肪酸调控基因工程奠定了良好的基础。

在植物细胞内，脂肪酸的合成系统分为从头合成系统和延长系统，其中从头合成系统只能合成 C18 以下的脂肪酸，延长系统用于形成 C20 以上的超长链脂肪酸。从头合成过程发生在质体基质中，形成 C16 或 C18 的饱和脂肪酸。然后没有与 3′磷酸甘油结合形成甘油酯的游离脂肪酸进入细胞质，并在糙面内质网上以丙二酸单酰-CoA 为二碳供体，位于糙面内质网膜上的酯酰-CoA 延长酶复合体催化延长。

超长链脂肪酸的合成过程主要涉及的酶有 β-酮酰-辅酶 A 合成酶、β-酮酰-辅酶 A 还原酶，β-羟酰-辅酶 A 脱水酶以及烯脂酰-辅酶 A 还原酶，总称为脂肪酸延长酶。其中 β-酮酰-辅酶 A 合成酶又称为脂肪酸延长酶 1 或简称 KCS，在超长链脂肪酸的合成中起主要作用，是该反应的限速酶。超长链脂肪酸就是在这些酶的催化下，以每 4 个反应（缩合、还原、脱水、还原）为 1 个循环，每 1 个循环增加 2 个碳的方式使碳链不断延长的。除此之外，人们还可以利用 FAE1 基因及其编码酶的底物偏好性在植物体外合成超长链脂肪酸。

植物细胞脂肪酸的生物合成主要是在质体中进行，由乙酰 CoA 经一系列反应生成不同链长（C8～C18）的脂肪酸，通过与脂酰基载体蛋白（ACP）结合被引入第一个双键，经特异性硫激酶（TE）的作用，脂肪酸从 ACP 复合物释放后并经辅酶 A（CoA）脂化后穿过质体膜进入细胞质，再经过去饱和酶（DES）和延长酶的作用形成不饱和脂肪酸和长链脂肪酸，最后在内质网上经 Kennedy 途径逐步合成甘油三酯。

第二节　油酸形成的关键基因

一、油酸的形成规律

1993 年，Knauft 研究发现花生中高油酸性状主要由 1 个或 2 个等位基因控制。玉米油中油酸和亚油酸主要由 1 个或 2 个主效基因控制。油酸减饱和基因有两个：*FAD2* 基因（存在于内质网中）和 *FAD6* 基因（存在于叶绿体中）。但油酸的遗传性状较为复杂，目前关于油酸的遗传特性主要呈现 3 种观点：单基因控制、多基因控制、多基因控制加环境影响。Leonardo 等经实验发现，高油酸为显性性状，F$_2$ 代种子分离比例为 3∶1，回交后分离比例为 1∶1，因此认为油酸属于单基因遗传控制的性状遗传；另外，L.Velasco 等也认为油酸性状由单基因控制，其含量呈现连续分布。然而，更多学者认为油酸是由多基因控制，有的研究学者认为油酸主要由一个主基因和多个微效基因控制，有的学者认为其为两个主效位点控制的数量性状，两个位点表现加性效应及不显著的显性效应，或以加性效应和上位性效应为主，显性效应较小，也有学者认为两个位点中一个在种子中主要表达，另一个在种子、叶片、根中表达，两者呈加性效应。部分学者认为，油酸性状主要由 2 对主效基因控制，但同时会受环境影响引起含量的变化，官梅等研究得到油酸含量的差异，其中 69%～71%由遗传差异引起，29%～31%由环境差异引起。

　　油酸是多种脂肪酸的前体物质，其在植物细胞内质网中常常以油酸-CoA、油酸-LPA、油酸-PC、油酸-TAG 等形式存在。由含 18 个碳原子的硬脂酰 ACP 经 SAD 作用，形成油酸 ACP；油酸 ACP 再由 FATA、LACS 作用转化为油酸 CoA。油酸 CoA 可以与溶血胆碱（LPC）磷脂酯化形成磷酯胆碱（PC），进入内质网，也可以经细胞质自由扩散进入内质网。内质网中的油酸 CoA 可以被 FAE 进一步加工形成花生烯酸和芥酸。

　　自由态的油酸 CoA 与甘油三磷酸在 GPAT 的催化下，形成溶血磷脂酸，溶血磷脂酸与油酸 CoA 进一步结合生成了磷脂酸，然后磷脂酸可以磷酸化成甘油二酯（DAG）；甘油二酯与自由态的油酸 CoA 经 DGAT 催化，生成甘油三酯（TAG），其为油脂的主要成分。

二、*FAD2* 基因

（一）*FAD2* 基因的研究进展

　　FAD2 基因是 FAD2 酶的编码基因，因此 *FAD2* 基因是控制油酸向亚油酸转化的关键基因，直接决定了种子中储存脂中多不饱和脂肪酸的含量

与比例，油酸去饱和酶 *FAD2* 基因催化 C18：1 脂肪酸脱氢生成 C18：2 脂肪酸，直接决定了油料作物的油脂品质，同时对植物的抗冻能力至关重要。因为 *FAD2* 基因直接影响 C18：1 和 C18：2 脂肪酸的比例和植物膜脂中含有不同饱和程度的脂肪酸，不饱和脂肪酸含量增加时，膜脂的相变温度会降低，膜的流动性增加，从而提高植物的抗寒能力，当 *FAD2* 基因失去功能时，植物体内不饱和脂肪酸就会减少，从而使植物的抗寒性减弱。

将 *FAD2* 基因过量表达，会降低 C18：1 含量，C18：2 含量有不同程度的升高。

FAD2 基因的突变或表达沉默虽然能改变植株组织中不饱和脂肪酸的含量和组成，但可能会对植物体营养生长以及生殖生长造成一些不利的影响；而且 *FAD2* 基因的转录水平受到多种激素和非生物胁迫等因素的影响，因而研究探索种子 *FAD2* 基因的时空表达调控以及脂肪酸组分形成的生理学意义，是有效定向地调控种子中油酸组分含量的前提。

（二）试验材料与方法

甘蓝型油菜来源于湖南农业大学油料作物研究所官春云院士；酵母菌株Ⅰ NVSc 1 和酵母表达载体 PYES2.0 为湖南省作物基因工程重点实验室的陈信波教授赠予；本试验中所用到的引物均由南京金斯瑞合成。

1. *BnFAD2* 基因的克隆及全长 cDNA 序列扩增

利用已公布的甘蓝型油菜 *BnFAD2* 基因（NCBⅠ登录号为 AY577313），在白菜、甘蓝的基因组数据库中进行 Blast 比对，发现在 A1、A5、CS 染色体上分别存在 *FAD2* 基因序列，根据序列两端的差异碱基设计了每个 *FAD2* 基因的特异扩增引物 SP。

使用肖钢等设计的 *FAD2* 基因编码区保守序列的扩增引物 P1/P2 和特异定位引物 SP（表 2-1），以基因组 DNA 为模板进行高保真扩增。将 PCR 产物纯化回收后，进行加 A 反应，然后将其连接到 pMD 18-T 载体并转化到大肠杆菌中，由铂尚公司完成测序工作。采用 CTAB 法提取油菜总 RNA，按照试剂盒（TaKaRa，日本）说明书操作，去除 RNA 中的基因组 DNA。将消化后的 RNA 按照 Smarter Race cDNA 扩增试剂盒说明扩增 *BnFAD2* 基因全长。DNA 转化大肠杆菌并筛选阳性菌测序。

表 2 - 1　**BnFAD2 基因克隆中用到的引物序列**

基因	正向引物 (5′-3′)	反向引物 (5′-3′)
BnFAD-2	P1：ATGGGTGCAGGTG GAAGAATGCAAG	P2：ACTTATTGTTGTAC CAGAACACACC
BnFAD2-A1	SP-A1：TCTACCACCTCT CCACAGCCTACTT	SP-A1：ACAACAACTTTT AACTCTGTCCTTC
BnFAD2-A5	SP-A5：ACTTTAATAAC GTAACACTGAATA7	SP-A5：TTTCAACGATCC CAAACATAACAGC
BnFAD2-C5	SP-C5：CGTAACTCTGAA TCTTTTGTCTGTA	SP-C5：TTGTTCTTTCACC ATCATCATATCC

2. BnFAD2 基因的表达量分析

根据已获得的全长 cDNA 序列，在该基因 3′UTR 序列区域设计特异性引物进行定量 PCR 检测。引物序列如表 2 - 2 所示。采用上述方法提取油菜不同组织及不同发育时期种子的 RNA，包括根、花、角果皮（开花后第10 天、第 15 天、第 20 天、第 25 天、第 30 天、第 35 天和第 40 天）、种子（开花后第 10 天、第 15 天、第 20 天、第 25 天、第 30 天、第 35 天和第 40天）。将 RNA 按照上述方法消化后，按照 PrimeScript Ⅱ 1st Strand cDNA Synthesis Kit 说明书（TaKaRa）进行 cDNA 第 1 链的合成，选择 *Actin* 作为内参基因，进行定量 PCR 检测。

表 2 - 2　**BnFAD2 基因拷贝表达检测引物**

基因	正向引物 (5′-3′)	反向引物 (5′-3′)
BnFAD2-A1	CGACTTTTCTCTTGGT CTGGTTTAG	TGAATAAAAAGTAGGC CTGCAGCCT
BnFAD2-A5	TCCATTTTGTTGTGTT TTCTGACAT	TTTCAACGATCCCAAA CATAACAGC
BnFAD2-C5	AAAGAACAAAGAAGA TATTGTCACG	AAAACAAAGACGACCA GAGACAGCA

3. *BnFAD2* 基因的生物信息学分析

BnFAD2 蛋白的跨膜结构域分析在丹麦技术大学生物序列中心网站（http：//www. cbs. dtu. dk/services）分别使用 TM、HMM 对跨膜结构域进行预测分析。BnFAD2 蛋白的酶活中心分析使用 Clust X 软件，将大豆、花生、向日葵、玉米、棉花、拟南芥、红花种植物的 *FAD2* 基因序列与 *BnFAD2* 基因的 4 个拷贝序列进行比对分析。

4. *BnFAD2* 基因在酵母中的功能验证

将获得的 *BnFAD2* 基因连接于 PYES2.0 载体，采用氯化法将其转化到酵母菌株ⅠNVScⅠ中。参考徐荣华等的方法培养酵母，将含有 *BnFAD2* 拷贝基因的酵母及含有对照质粒的酵母在尿嘧啶缺陷的合成完全培养基（synthetic minimal defined medium lacking uracil，SC-U）抑制培养基（2%葡萄糖）中 220 r/min 振荡培养，在 30 ℃条件下培养过夜。当 OD_{600} 值为 1.0 时，离心收集菌体，用 SC-U 诱导培养基（2%半乳糖）重悬菌体至 OD_{600} 值为 0.4，在 220 r/min 振荡培养，30 ℃条件下培养 36 h 后，收集酵母菌体，低温冻干，测定脂肪酸组分。采用 HP 6890N 分析脂肪酸，毛细管色谱柱为 Aginent DB-23，待柱温升至 210 ℃后，运行时间延长至 8 min。

（三）结果与分析

1. *BnFAD2* 基因的克隆及全长 cDNA 序列扩增

使用保守引物 P1、P2 和染色体定位引物 SP，从基因组中高保真扩增，均得到约 1100 bp 长度的片段（图 2 - 1A，图 2 - 1B）。将其转化到大肠杆菌后测序，获得多个不同的拷贝序列，根据油菜与甘蓝、白菜的同源性，将这些拷贝分别定位到 A1、A5 和 C5 染色体上，分别命名为 *BnFAD2-A1*、*BnFAD2-A5* 和 *BnFAD2-C5*。

采用 RACE 技术在甘蓝型油菜种子的 cDNA 中克隆 5′UTR 和 3′UTR 序列，以确定转录起始位点和终止位点。以 RACE 试剂盒中 M14R 引物为反向引物，在 3 个 *FAD2* 基因同源区序列设计引物 RACE-F（5′-CTAT-GTTGAACCGGATAGGCA-3′）为正向引物，高保真扩增 3′UTR 序列（图 2 - 1D），并转化大肠杆菌。大量筛选阳性菌落，测序。同时，在编码

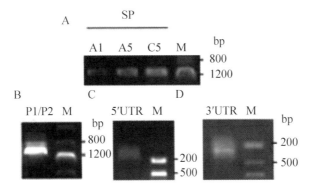

A：使用定位引物 SP 对 *BnFAD2* 高保真扩增；B：使用保守引物 P1、P2 对 *BnFAD2* 高保真扩增；C：*BnFAD2* 的 5′UTR 扩增；D：*BnFAD2* 的 3′UTR 扩增。

图 2 - 1　*BnFAD2* 基因编码区序列克隆及 5′UTR、3′UTR 扩增

区内部同源区设计反向引物 CDS-R（5′-GTGGGATTGCTTTCTTGAG-3′），结合试剂盒中的特定正向引物（UPM/NUP），高保真扩增 *FAD2* 基因 5′UTR 序列（图 2 - 1C）。转化大肠杆菌并筛选阳性菌测序。*BnFAD2-A1*、*BnFAD2-A5* 和 *BnFAD2-C5* 基因中 5′UTR 和 3′UTR 序列长度分别为 167 bp 和 155 bp，155 bp 和 166 bp，308 bp 和 286 bp。在此基础上，以基因组 DNA 为模板，将 3 个基因从 5′UTR 至 3′UTR 序列进行高保真克隆，得到 3 个基因的全长序列。*BnFAD2* 基因在油菜基因组中主要由 5′UTR，CDS，3′UTR 及位于 5′UTR 内部的内含子（Intron）序列 4 个部分构成；其基因的转录由位于 5′UTR 之前的启动子序列启动，转录由 5′UTR 第一个碱基起始至 3′UTR 结束。*BnFAD2-A1* 基因的开放式阅读框（ORF）长度为 1141 bp，因其发生了碱基的添加（在 180 位 2 nt，1009 位 1 nt）与删除（在 164 位 1 nt，在 231 位 15 nt，在 409 位 1 nt），致使其在第 411 位碱基处翻译提前终止，共编码 136 个氨基酸；其 5′端存在着一个 159 bp 的 UTR 序列，且其内部含有长度为 618 bp 的内含子，在 3′末端带有一个 166 bp 的 UTR 序列。

BnFAD2-C1（已发表）是 *BnFAD2-A1* 的同源基因，编码 384 个氨基酸。

BnFAD2-A5 基因的 ORF 长度为 1155 bp，编码 384 个氨基酸，5′UTR 长度为 155 bp，其中内含子为 1077 bp，3′UTR 长度为 308 bp。

BnFAD2-C5 基因的 ORF 长度为 1155 bp，编码 384 个氨基酸，5′UTR 长

度为 151 bp，其中内含子为 1123 bp，3′UTR 长度为 286 bp。

BnFAD2-A1、*BnFAD2-C1* 基因分别与白菜 *BnFAD2-A1*、甘蓝 *Bn-FAD2-C1* 基因的同源性均为 100%；*BnFAD2-A5*、*BnFAD2-C5* 基因分别与白菜 *BnFAD2-A5*、甘蓝 *BnFAD2-C5* 基因的同源性为 98.87% 和 99.22%。

2. BnFAD2 基因的生物信息学分析

通过试验得出在甘蓝型油菜中 *BnFAD2-A5*、*BnFAD2-C1*、*BnFAD2-C5* 蛋白的序列相似度均为 96.61%，其中包含 6 个跨膜结构域和 3 个组氨酸富集区，3 个组氨酸富集区与铁离子共同构成脱氢酶的酶活中心。而 *BnFAD2-A1* 基因的 ORF 出现碱基缺失及移码突变，致使其蛋白质缺少了 2 个组氨酸富集区，无法与铁离子结合构成有功能的酶活中心，因此，推测 *BnFAD2-A1* 基因不具备脂肪酸脱氢酶的活性。

3. BnFAD2 基因在酵母中的功能验证

将 4 个 *BnFAD2* 基因分别连接到 PYES 2.0 载体，然后转入酵母 INVSCⅠ。将转化的酵母涂布于 SC-U 固体平板，30 ℃条件下培养 2 天。挑选单菌落于 2 mL SC-U 液体培养基（2%半乳糖）中过夜，收集菌体，使用酵母质粒提取试剂盒（天根）提取质粒，以保守引物 P1、P2 为引物进行 PCR 检测。结果如图 2-2，酵母 INVSCⅠ自身不含有 *FAD2* 基因，而转化的酵母均扩增出约 1100 bp 长度的产物，说明已成功将 *BnFAD2* 基因转入酵母中。

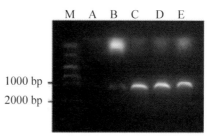

A：INVSCⅠ；B～E：依次是转化含有 *BnFAD2-A1*、*BnFAD2-C1*、*BnFAD2-A5*、*BnFAD2-C5* 的酵母 INVSCⅠ。

图 2-2　4 个 BnFAD2 拷贝转化酵母检测结果

4. BnFAD2 基因的表达量分析

图 2-3A 表明，*BnFAD2* 表达量随着种子成熟度加深而先上升后下

降，在授粉后第 25 天达到顶峰；其中 *BnFAD2-A5* 表达起伏平缓，而 *BnFAD2-A1*、*BnFAD2-C1*、*BnFAD2-C5* 在第 15～25 天，表达量大幅上调而后迅速下降，表明该时期三者共同受到某种因素调节。从整体上看，*BnFAD2-C5* 的表达量最高，其次是 *BnFAD2-A1* 和 *BnFAD2-A5*，而 *BnFAD2-C1* 表达量最低。*BnFAD2-A1* 经证明并没有脱氢酶的活性，*BnFAD2-C1* 的蛋白脱氢酶活性最弱，因此，在种子中对油酸消减的主效基因是 *BnFAD2-A5* 和 *BnFAD2-C5*。据表达规律，*BnFAD2-A5* 基因应属于组成型表达基因，而 *BnFAD2-C5* 基因表达规律更接近于诱导增强型表达。在角果皮中（图 2-3B），*BnFAD2-A5*，*BnFAD2-C5* 与另外 2 个拷贝相比更加活跃，且表达变化不明显；但 *BnFAD2-A1* 在油菜即将成熟时出

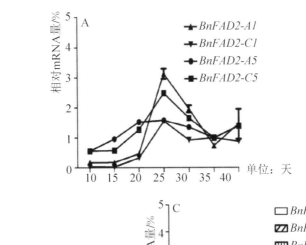

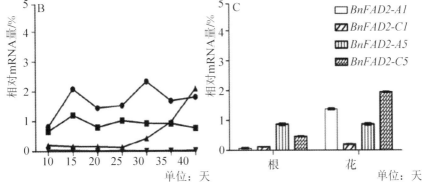

A：油菜种子不同发育时期 4 个 *BnFAD2* 基因表达模式；B：油菜角果皮不同发育时期 4 个 *BnFAD2* 基因表达模式；C：油菜不同组织 4 个 *BnFAD2* 基因表达模式。

图 2-3 *BnFAD2* 基因的表达

现大幅上调。在油菜的花和根中（图 2 - 3C），*BnFAD2-A5* 和 *BnFAD2-C5* 仍然维持着较高的表达量；在根组织中，*BnFAD2-A5* 的表达量高于 *BnFAD2-C5*，而在花中 *BnFAD2-A5* 的表达量要低于 *BnFAD2-C5*，推测 *BnFAD2-A5* 主要负责根细胞多不饱和脂肪酸的合成，而 *BnFAD2-C5* 负责花器官多不饱和脂肪酸的合成。*BnFAD2-A1* 在根组织中的表达量接近于 0，在花中的表达量较高，仅次于 *BnFAD2-C5*。

三、*FAE1* 基因

FAE1（芥酸合成酶基因）在非"双低"油菜中是影响油酸的主要基因。近十年来，*FAE1* 基因在区分不同拷贝和在序列水平上分析基因功能方面取得了一定的进展。众多的研究表明，在甘蓝型油菜中芥酸的 QTL 是定位在 A8 和 C3 上，分别对应两个 *FAE1* 的拷贝 *FAE1.1* 和 *FAE1.2*。Gupta 等从芥菜型高芥酸油菜和低芥酸油菜中分离出两个拷贝 *FAE1.1*、*FAE1.2*，发现高芥酸和低芥酸品种之间存在 4 个 SNP 位点，*FAE1.2* 存在 3 个 SNP。中国发现了不同于以往 ORO（德国低芥酸种质）的新"双低"种质资源"中双 9 号"。Wu 等通过 FAE1 亚型（缺失 4 对碱基）酵母表达和转基因油菜证实"中双 9 号"是由于 *FAE1* 基因的 4 对碱基缺失导致移码，翻译提前终止造成的，这种现象主要出现在 C 基因组。徐爱遐等利用同源序列法对 6 个芥菜型油菜品种（高芥酸、中芥酸、低芥酸），2 个白菜型油菜品种（高芥酸和低芥酸）和 1 个黑芥品种的 *FAE1* 基因进行克隆和测序，得到 9 个品种的 *FAE1* 基因编码区全长均为 1522 bp，不含内含子，均编码 507 个氨基酸残基。芥菜型油菜中有两种 *FAE1* 基因序列（*BjFAE1.1* 和 *BjFAE1.2*），其亲缘种白菜型油菜和黑芥各有一种 *FAE1* 基因序列（*BrFAE1* 和 *BnFAE1*），分别对应芥菜中的 *BjFAE1.1* 和 *BjFAE1.2*。Wang 用 ECOTILLING 技术检测白菜型油菜、甘蓝、甘蓝型油菜，找到了一个导致 *FAE1* 基因功能丧失的 SNP 位点，还发现编码 *FAE1* 的编码序列有 18 个 SNP 可以区分 A、C 基因组。比较不同芥酸含量油菜的 *FAE1* 基因序列，*BjFAE1.1* 和 *BjFAE1.2* 都存在两个 SNP。

第三节 品质形成与农艺性状

作物品质直接影响着作物产品本身的价值、加工利用、人体健康和家畜生长，以及工业生产。因此，栽培作物的基本目的不仅仅在于获得较高的产量，而且常常需要获得优良的品质；黑龙江省农科院经济作物研究所发现，对单株产量贡献较大的前几个农艺性状依次是：千粒重＞一次有效分枝数＞角果粒数＞株高＞主花序角果数。

品质已成为制约中国油菜发展、实现农业产业结构调整、品种优化的重要因素；作物品质的优劣是相对来说的，它随着人类的需要、科学技术的进步和社会的发展等而时刻发生着变化。尽管对作物品质的评价不可能有统一标准，但随着人们对作物品质研究的深入，逐渐建立了一些评价作物品质优劣的指标。也有相关性分析表明，油菜的单株产量与单株有效角果数、每角果粒数、一次分枝数、千粒重和株高呈极显著正相关关系；油菜的实际产量与千粒重和株高呈显著正相关关系。芥酸、硫苷和含油量等是油菜的重要品质性状，在育种中颇受重视。

一、油菜的重要品质性状

（一）芥酸和硫苷

研究表明，不论是甘蓝型杂交油菜组合还是常规油菜品系，千粒重与植株高度呈不显著负相关，与一次分枝数、单株角果数呈极显著负相关，与主花序角果长度呈极显著正相关；与籽粒的硫苷、亚油酸、亚麻酸含量呈极显著负相关，与含油率、油酸含量呈极显著正相关，与蛋白质含量相关性不显著（陈聪等，2020）。结果表明：芥酸含量与硫代葡萄糖苷呈极显著正相关，油酸含量与芥酸、硫代葡萄糖苷呈极显著负相关。

油菜籽国家标准 GB/T11762—2006 规定：低芥酸低硫苷油菜籽中芥酸含量不高于 3%，硫苷含量不高于 35 $\mu mol/g$，低芥酸菜籽油中芥酸含量不高于 5%。农业部 2005 年针对长江流域油菜品质普查的结果显示：我国商用油菜籽芥酸和硫苷含量分别为加拿大油菜籽的 7.73 倍和 3.12 倍，含油量也低于加拿大油菜籽 2.7%，差距仍旧比较明显，对我国油菜籽的国际竞争力有较大影响。

（二）油菜的含油量

油菜种子在成熟过程中的油脂积累会受代谢物质的影响，对不同含油量的油菜种子进行代谢组学分析，能够从代谢通路上分析油菜种子在成熟过程中代谢物质发生的变化，揭示了油脂合成的本质。本研究以 2 个不同的含油量甘蓝型油菜近等基因系授粉后第 20～35 天种子为材料，分析其代谢物差异，为高含油油菜育种提供参考。高含油油菜中脂肪酮、脂肪醇、乙酰乙酸盐的含量显著较高，固醇类物质的含量显著较低，两种脱氧皮质醇和硬脂酰胺表达量均较高，固醇类物质的含量显著较低。高含油油菜中花青素、马钱子苷五乙酸含量上调，含量是高含油材料的 2 倍以上。赤霉素、维生素 E、糖酸等物质下调。高含油材料中花青素含量较高，可能是其抗氧化能力强，降低了细胞受到的损害，促进油脂积累所致。而维生素 E 可抑制过氧化脂反应，其含量下降可能是油脂含量的增加以致消耗过多，最终导致品质改变。

高含油材料中两种脱氧皮质醇和硬脂酰胺表达量均较高，皮质醇和硬脂酰胺是油脂合成中的重要物质，其含量增高可能对含油量的提高造成影响。高油酸油菜，具有降低血浆蛋白固醇的含量、抑制有害的反式脂肪酸产生的功能。在蕾薹期农艺性状保持中上水准有利于单株产量的提升，而最优的蕾薹期农艺性状单株产量并不如蕾薹期农艺性状保持中上水准的单株产量。

高含油油菜种子中花青素高于低含油材料。孙月娥研究表明，植物体内的脂肪在氧化条件下会被脂肪酶分解为甘油、单双甘油脂和游离脂肪酸等物质，进而被消耗。低含油油菜可能由于在种子发育后期脂肪降解酶活性增高，脂肪快速降解从而导致了含油量下降。同时，高含油油菜中花青素含量显著上升，可能是高含油油菜种子中花青素含量较高，导致种子中抗氧化程度提升，抑制了脂肪酶的活性，减少了脂肪的分解。

代谢物质差异也会影响菜油品质。脂肪酮、脂肪醇等物质均是脂肪酸还原产生，其含量提高可能是脂肪酸含量增加所致。亚油酸是不饱和脂肪酸代谢的关键物质，可转化为 γ-亚麻酸和花生烯酸等不饱和脂肪酸，本研究中亚油酸含量增高而 γ-亚麻酸降低，可能是因为高含油材料积累的亚油酸尚未完全转化所致。研究表明，花青素是当今人类发现最有效的抗氧化剂，也是最强效的自由基清除剂。高含油材料中花青素含量较高，可能是其抗氧化能力强，降低了细胞受到的损害，促进油脂积累所致。而维生素E可抑制过氧化脂反应，其含量下降可能是油脂含量的增加以致消耗过多，最终导致品质改变。

（三）高油酸性状对产量的影响

Hitz 等报道高油酸突变体 IMC129（油酸含量 77.8%），农艺性状较好，经过再次突变，油酸含量达 87%，但双突变植株农艺性状较差。Mollers 等研究表明油酸含量和产量呈负相关，与含油量呈正相关。

官梅等用 3 个高油酸品系（油酸含量 76.9%～78.9%）和 3 个普通"双低"品系（油酸含量 61.6%～63.5%）进行田间比较，结果表明高油酸品系植株生长势、农艺性状、种子产量、菌核病危害程度等，与普通"双低"品系差异很小，单株角果数稍少，病毒病危害程度稍高，但差异未达到显著水平。

二、不同栽培条件对高油酸油菜农艺性状的影响

（一）材料与方法

1. 试验材料

高油酸油菜 708，由湖南农业大学油料作物研究所提供。

2. 试验方法

在湖南农业大学耘园油菜基地播种，前作为水稻，按照 16 种处理（有机/复合，DP/TP，1W/2W，化除/机除），共 3 个重复，48 个小区播种（每个小区 10 m²），定时观察油菜长势。

（1）施肥方式：包括有机肥和复合肥两种不同方式（简称有机和复合）。肥料类型为有机肥和复合肥，NPK 等量。复合肥种类为俄罗斯进口复合肥，NPK（即 $N+P_2O_5+K_2O$）含量 45%，每亩用量为 80 kg。有机肥种类为湖南宏硕生物科技有限公司生产的生物酵素有机肥（同批次生产），NPK（即 $N+P_2O_5+K_2O$）含量为 5%，因此，等量 NPK 的有机肥每亩用量为 720 kg。有机肥和复合肥均作基肥一次性施入。

（2）播种方式：包括直播和移栽两种播种方式（简称 DP 和 TP）。控

制行距 33.33 cm（两者一致），直播株距 10 cm（每行 40 株）。移栽株距 20 cm（每行 20 株）。

（3）种植密度：包括 1 万株/亩和 2 万株/亩两种（简称 1W 和 2W）。10 m² 的小区直播用种量分别为 4 g 和 8 g。

（4）除草方式：包括化学除草和机械除草两种（简称化除和机除）。

对其农艺性状的测定分为蕾薹期和收获期两个时期。

蕾薹期测定：于 2015 年 3 月 1 日对蕾薹期农艺性状进行测量（每个小区取 5 株，取平均值），再进行方差分析和多重比较。采用直接测量的方法，利用游标卡尺及卷尺对油菜的生理指标进行记录和考察。例如：株高（cm）、主茎总叶片数（片）、最大叶长（cm）、最大叶宽（cm）、根茎粗（mm）和绿叶叶片数（片）等。

收获期测定：于 2015 年 4 月下旬及 5 月上旬对油菜进行收获及考察。收获后选 10 株长势相近的植株，按照如下指标对油菜的经济性状进行考察：株高（cm）、有效分枝高度（cm）、主花序有效长度（cm）、一次有效分枝高度（cm）、主花序有效角果数（个）、总角果数（个）、角果长度（cm）、角果粒数（粒）、单株产量（g）和千粒重（g）。

（二）结论与讨论

通过表 2-3 可见高油酸油菜的最优栽培方式为复合 DP1W 机除和有机 DP1W 机除，即每亩施复合肥 80 kg，或施有机肥 720 kg，直播，1 万株/亩，机械除草方式。以这两种方式栽培油菜，经济性状好，单株产量高，每亩折合产量分别可达 130.17 kg 和 128.83 kg。在蕾薹期时农艺性状保持中上水准有利于单株产量的提升，而最优的蕾薹期农艺性状单株产量并不如蕾薹期农艺性状保持中上水准的单株产量。

表 2-3   不同处理油菜蕾薹期农艺性状的方差分析

变异来源	绿叶数/片	总叶数/片	最大叶长/cm	最大叶宽/cm	根茎粗/mm
有机 DP1W 化除	8.267	9.6	16.927	10.647	10.467
有机 DP1W 机除	8.867	10.067	16.34	10.3	9.933
有机 DP2W 化除	8.533	9.6	16.94	11.127	9.667
有机 DP2W 机除	8.333	9.533	16.033	9.973	9.667

续表

变异来源	绿叶数/片	总叶数/片	最大叶长/cm	最大叶宽/cm	根茎粗/mm
有机 TP1W 化除	9.533	11.067	17.533	10.68	11.4
有机 TP1W 机除	10.2	11.867	16.727	10.587	11.333
有机 TP2W 化除	8.8	9.933	15.207	8.76	9.333
有机 TP2W 机除	8.867	10.467	15.473	9.62	10.6
复合 DP1W 化除	9.667	10.867	18.933	11.573	11
复合 DP1W 机除	9.4	10.533	17.980	11.233	13.133
复合 DP2W 化除	8.533	10.000	18.160	11.327	11.067
复合 DP2W 机除	9.2	10.733	17.880	11.147	11.4
复合 TP1W 化除	10.6	12.067	20.793	12.293	13.533
复合 TP1W 机除	9.867	12.133	17.667	11.013	12.6
复合 TP2W 化除	9.733	11.267	18.280	10.873	11.333
复合 TP2W 机除	8.533	10.067	17.627	10.573	11.533
处理间（SSt）	22.143	34.166	84.984	30.368	66.077
误差（SSe）	25.413	29.467	105.216	33.100	65.013
F 值	1.8612	2.4736*	1.723	1.957	2.1678*

注：表中 * 表示差异达显著水平（$P < 0.05$）。

三、高油酸油菜品系农艺性状研究

（一）试验材料与方法

1. 试验材料

供试品系来自湖南农业大学油料作物研究所，高油酸材料系"双低"油菜"湘油15号"种子经10万伦琴^{60}Co γ 射线电离辐射处理后获得的突变系第5代，性状稳定，其油酸含量分别为77.5%、76.9%和78.9%。普通油酸品系油酸含量分别为63.5%、61.6%和62.9%。田间试验在湖南农业大学教学试验场进行，参试品系随机区组排列，3次重复，每个小区长5 m，宽2 m，小区面积10 m²。2005年9月30日播种，行距0.5 m，株距0.15 m，每个小区10行。土壤肥力中等，折算每亩施NPK复合肥50 kg，按一般大田进行田间管理。

2. 性状调查方法

油菜植株生长势、农艺性状、抗病性、抗倒性记载标准均按官春云的方法。生长势、农艺性状为 10 株平均值。抗病性及抗倒性为 100 株数据平均值。种子和叶片中脂肪酸组成均采用气相色谱仪分析。叶片脂肪酸测定，先按《现代植物生理学实验指南》分离及制备，然后再用索氏法提取油脂，最后分析脂肪酸组成。不同品系油酸减饱和率（ODR）的计算公式为：ODR＝（C18∶2％＋C18∶3％）/（C18∶1％＋C18∶2％＋C18∶3％）。

（二）结果与分析

1. 高油酸和普通油酸油菜种子和叶片中脂肪酸组成

高油酸油菜品系叶片中油酸含量较高，为 6.3％～7.4％；而普通油酸油菜品系中油酸含量较低，为 4.8％～7.4％。叶片中亚油酸含量为高油酸油菜品系低于普通油酸油菜品系。两者叶片中亚麻酸含量相近（表 2－4）。

表 2－4　高油酸及普通油酸油菜品系种子和叶片中脂肪酸组成　　单位：％

类型	品系	种子				叶片			
		C18∶1	C18∶2	C18∶3	ODR	C18∶1	C18∶2	C18∶3	ODR
高油酸品系	04-868	75.8	10.9	8.0	0.200	7.4	14.2	50.2	0.896
	04-942	75.1	9.8	8.5	0.195	6.3	6.3	49.8	0.909
	04-960	76.7	9.4	8.8	0.192	6.5	6.5	49.5	0.908
普通油酸品系（"湘油 15 号"）	04-1031	61.4	20.5	10.2	0.333	5.2	5.2	50.3	0.902
	04-1045	60.0	20.1	10.3	0.336	5.0	5.0	48.4	0.902
	04-1056	59.8	19.8	9.8	0.331	4.8	4.8	51.5	0.948

2. 高油酸及普通油酸油菜品系的农艺性状和产量

高油酸油菜品系的株高、分枝位、一次分枝数、单株角果数、每果粒数、千粒重及产量均比普通油酸油菜品系略高，差异不显著，但高油酸油菜品系角果数略低（表 2－5）。

表 2－5　高油酸及普通油酸油菜品系的农艺性状和产量

类别	品系	株高/cm	分枝位/cm	一次分枝数/个	单株角果数/个	每果粒数/粒	千粒重/g	单产产量/kg
高油酸品系	04-868	165.2	35.4	8.1	533.5	23.4	4.18	120.7
	04-942	163	40.6	9.2	497.2	23.3	4.26	132.3
	04-960	167.5	38	8.5	488.9	23.8	4.21	139.1
	平均	165.2	38	8.6	506.5	23.5	4.21	130.7
普通油酸品系（"湘油15号"）	04-1031	166.4	44.3	9.2	544.6	24.5	4.23	117.7
	04-1045	169.3	35.6	8.8	520.3	23.1	4.30	121.2
	04-1056	168.5	36	10.4	518.5	23.4	4.15	123.4
	平均	168.1	38.6	9.4	528.0	23.7	4.23	120.8

注：统计推断，差异水平 $\alpha=0.01$。

（三）讨论

在对高油酸油菜品系与普通油酸品系的生长势、经济性状、种子产量和抗性等方面研究结果看，两者在农艺性状上仅有某些差异，且差异均不显著。在研究中发现，高油酸品系单株角果数有所减少，病毒病病株率稍高，这可能与高油酸品系长期隔离繁殖有关。随着油菜种子油酸含量的提高，高油酸品系叶片中油酸含量也相应提高，且叶片中油酸的减饱和能力较低，这一现象是否会影响油菜叶片的某些生理功能，已有的研究表明，脂肪酸在植物体中起着非常重要的作用，它是磷脂和糖脂的组成部分，是生物膜的组成成分；脂肪酸还是生物体内贮存的能量；它与植物激素和信号传递有关。在拟南芥叶绿体中，脂肪酸减饱和酶基因的突变体 *FAD5* 和 *FAD6* 在低温下叶片变黄，生长迟缓，叶绿体形成发生改变。另外植物感染了真菌或肽激发子可诱导微粒体中 $\Delta12$-脂肪酸减饱和酶以及质粒中 ω-3 去饱和酶基因的表达，催化 α-亚麻酸的形成，这些 α-亚麻酸作为细胞信号分子——茉莉酮酸的一个重要前体，可以引起茉莉酮酸的累积，从而提高植物的抗病性，但如果叶片中油酸减饱和能力降低，α-亚麻酸减少，因此势必使叶片抗病性降低。

第三章 环境影响与油菜品质形成

第一节 环境因子对油酸形成的影响

环境因子是影响油菜品质形成的重要因素之一,尤其是脂肪酸的形成。油菜籽中脂肪的生物合成和积累过程是从受精开始持续到种子完全成熟为止,因此种子形成期是影响脂肪酸含量的关键生育期。李成磊等对 3 个地点 9 个时期样品的油酸含量进行方差分析,结果显示种子油酸含量地域间和时期间都存在着极显著差异,这与各地降水、光照、温度等环境因子不同均有关系。沈惠聪等在长江下游地区应用分纬度种植,采用 Fisher 提出的积分回归模型,辅以直线回归分析、相关和偏相关分析、逐步回归分析及统计假设检验等统计学方法,对长江下游地区 7 个试点的油菜籽脂肪酸含量及相应的气象资料进行分析,定量地探讨主要脂肪酸含量与光、温、水等农业气候因子的基本关系和规律,研究脂肪酸含量变动的气象原因、关键时期、影响程度及地域性变化规律,并提出预测主要脂肪酸含量的数学模型。结果表明,种子形成期是影响主要脂肪酸含量的关键生育期。

Schierholt 等在 1997—1998 年和 1998—1999 年在德国北部进行了为期两年的三个地点对高油酸材料和低油酸材料杂交再自交得到 F_3 代的定位试验,在每个地点采用两个重复的随机区组设计,以甘蓝型油菜品种为材料,通过杂交选育出 60 个来自高油酸突变体(油酸含量 76%)和低油酸(油酸含量 55%)DH 品系,结果表明环境显著影响油酸、亚油酸、亚麻酸、含油量、蛋白质和硫苷含量。

一、光照对油酸含量的影响

太阳光是作物进行光合作用的能量来源,也是一种信号,影响着植物生长发育的许多方面，光对作物生长发育的影响，是通过作物接受光照强度、光照时间、光质来实现的。种子形成期间，在一定范围内，亚油酸和亚麻酸含量随日照增加而降低。沈惠聪等研究发现在种子形成期，较短的日照时数，有利于芥酸的合成和积累，反之则有利于油酸的合成和积累。日照长度对种子中脂肪酸的组分形成也有一定的影响，在一定范围内，亚油酸和亚麻酸含量随日照增加而降低。物种间的光强度敏感性也存在差异。尽管它似乎是向日葵脂肪酸组成变化的一个重要来源，但对常规油菜品种没有任何影响。侯树敏认为角果期的日照时数是影响亚油酸和亚麻酸含量的主要环境因子。Trémolières 等研究发现在极低的光照强度下，种子中亚油酸的生物合成增加，而油酸的含量降低。

二、温度对油酸含量的影响

沈惠聪等研究发现种子形成期是影响主要脂肪酸含量的关键生育期，种子形成期（油菜开花后 40 天内）的日平均温度、≥3 ℃的有效积温与含油量呈正相关。在种子形成期，较低的日平均温度和≥3 ℃的有效积温有利于芥酸的合成和积累，反之则有利于油酸的合成和积累。亚麻酸的合成需要较低的日平均温度和≥3 ℃的有效积温。

钱钧在环境因子对油菜生长发育及品质形成的影响的研究中发现油菜脂肪酸组成与阶段积温（生育阶段）、当天最低气温、日温差和当日相对湿度无关，部分脂肪酸组成与日平均气温、≥1 ℃总积温和当日最高气温显著相关，与罗树中的研究结果一致。

Baux 等在瑞士进行了 10 年的品种试验，比较了常规油菜（OSR）和高油酸低亚麻酸（HOLL）品种对温度的敏感性，两个品种的 α-亚麻酸（ALA）含量在不同地点和年份间差异很大（常规品种为 6.3%～11.4%，高油酸低亚麻酸品种为 2.1%～4.6%），即与常规品种一样，高油酸低亚麻酸品种敏感期温度升高导致 ALA 含量降低，在于影响高油酸低亚麻酸品种的突变导致了亚油酸饱和效率和温度敏感性丧失。常规品种对温度的敏感性与油酸去饱和酶的变异性有很大关系，油酸去饱和酶的效率相当低，因此油酸含量高的品种相应地会缺乏热敏感性。灌浆期间的平均最低温度记录在开花开始后。它们在 9.2 ℃和 17.5 ℃之间变化，与收获时种子中 ALA 含量呈负相关。与常规品种相比，HOLL 品种对温度的响应较小，ALA 含量较低。在对每一个品种进行独立研究时，同一组（HOLL 或常规）的品种之间出现了微小但显著的差异。在常规品种中，仅在油酸去饱和方面存在差异，而亚油酸去饱和效率与常规品种相似。相反，在 HOLL 品种中，亚油酸的去饱和作用因突变而降低，不受温度影响，导致 ALA 含量降低，对温度的敏感性降低。油酸、亚油酸和丙氨酸这三种主要脂肪酸的总和在基因型和环境中非常稳定。尽管如此，三种脂肪酸都受到温度的影响，与常规品种和冬青品种不同的是：随着最低温度的升高，常规品种的油酸含量增加，而亚麻酸含量的大幅下降和亚油酸含量的小幅下降弥补了这一点。相反，在 HOLL 品种中，油酸含量的类似增加通过亚油酸含量的更大下降和 ALA 含量的更小下降来补偿。对于给定的一组品种，每种脂肪酸的临界期都很接近。至于 ALA，这里研究的其他脂肪酸的临界期在常规品种和 HOLL 品种之间有所不同，后者在生长中提前达到临界期，脂肪酸之间也存在差异。

温度是影响油料作物中 α-亚麻酸含量的主要因素之一。向日葵最低或夜间温度与油酸含量呈极显著负相关。Garcés 等研究结果表明，低温下油酸去饱和是通过激活酶的合成而受温度影响的。在常规品种中，还观察到一个高芥菜品种的脂肪酸组成随温度而变化，常规品种和高油酸低亚麻酸品种开花后的最低温度与 α-亚麻酸含量之间有很强的关系。

Appelqvist 等就温度对油料种子脂肪酸组成的影响进行了详细的研究。一般来说，生长在温暖气候中的植物所产生的种子油中多不饱和脂肪酸的百分比低于生长在寒冷环境中的植物，但有报道称这是一个例外。

Trémolières 对两个零芥酸油菜种子品种（一个加拿大春季品种和一个法国冬季品种）进行比较，发现在不同的温度下脂肪酸合成没有显著影响。但是加拿大春季品种形成的亚油酸是法国冬季品种的两倍，且油酸随着温度的升高而显著增加，因而环境因子影响着脂肪酸的合成。

三、水分对油酸含量的影响

油菜是需水较多的一种作物。油菜种子生长期间雨量充足，产量高，其种子含油量也较高。据研究，在 1.64～5.33 mm/d 降水量范围内，降水量与含油量却呈负相关，可能是因为在开花结角期过多的雨水使土壤湿度过高，进而造成湿害，种子含油量因此下降。花期的降水量是影响芥酸、油酸、亚油酸的主要气象因子之一，花期的降水量与芥酸、亚油酸呈不显著的正相关，与油酸呈不显著的负相关。现蕾期的降水量与亚麻酸含量呈负相关。开花前后的干旱影响油菜品质的全部三个方面，干旱降低了菜籽含油量，增加了菜籽蛋白质的含量，大大提高了硫苷的含量。

四、纬度对油酸含量的影响

沈惠聪等对长江下游地区油菜种子含油量的研究表明，油菜种子含油量在该地区内随纬度增加而提高，高纬度地区的生态条件有利于降低芥酸含量，提高油酸、亚油酸含量，而亚麻酸却不受影响。发现芥酸含量与纬度呈极显著的负相关（$r = -0.8827^{**}$），油酸、亚油酸与纬度呈极显著的正相关（$r = 0.9161^{**}$、$r = 0.8158^{**}$），亚麻酸与纬度无一定的相关关系。由此可见，高纬度地区的生态条件，有利于降低芥酸含量，提高油酸、亚油酸含量，而亚麻酸含量不受影响。

五、臭氧对油酸含量的影响

Vandermeiren 等研究了对流层臭氧升高对春油菜（甘蓝型油菜品种）的影响，在一个开顶式气室进行了 3 年试验，在整个生长季节，每天有 8 h，臭氧浓度比环境浓度增加 20 ppb 和 40 ppb（part per billion，十亿分之一）。结果显示，臭氧浓度增加对春油菜种子质量特性有影响，其中油酸含量显著降低。

六、营养元素对油酸含量的影响

施肥水平在一定程度上也会影响油菜脂肪酸的形成和含量，主要是影响油酸和亚油酸含量，但差异不显著，高肥可以提高亚麻酸含量但降低花生烯酸含量，施肥水平对棕榈酸和亚油酸含量的影响小。

本实验室采用二次正交旋转组合设计试验，用"降维法"将其他因素固定在零水平，得到另一个因素与油酸含量的效应方程和效应图，结果发现氮肥施用量与油酸含量呈负相关。

钾肥对油菜脂肪酸的形成有影响。施钾有利于降低油菜籽油酸、亚油酸、亚麻酸含量，增加芥酸、硫苷含量，也有降低蛋白质含量的趋势。钾肥对油菜籽脂肪含量没有明显影响，但对脂肪酸成分有显著影响。

施加硫肥对油菜籽含油量及脱油饼粕蛋白质含量有明显提高且能明显提高硫苷含量。硫肥对油菜的含油量和脂肪酸组成会产生影响，增施硫肥可提高菜籽油含量，但提高程度与施氮量等因素有关。廖星等通过对施硫后油菜籽的棕榈酸、油酸、亚油酸、亚麻酸、芥酸等7个脂肪酸组成分析，结果表明：施硫可降低菜籽芥酸含量，平均降低0.83％；提高油酸含量，均提高2.05％；对其他脂肪酸影响不大。陈坊等报道，施硫可明显改善油菜脂肪酸品质，提高粗脂肪酸含量，油酸、亚油酸和亚麻酸含量分别提高7.9％、5.2％和11％。

油菜是含硼量高的作物，对缺硼反应比较敏感。施硼有增加油菜油脂含量以及油酸、亚油酸的含量，降低蛋白质和芥酸含量趋势，必需氨基酸有增加趋势，对硫苷含量的影响不明显。氮硼交互作用增产显著，并对油脂和芥酸呈正效应。

钼的营养作用突出表现在氮素代谢与同化作用，其对油菜品质的影响是使蛋白质的含量和品质得以提高，与脂肪代谢无必然联系。

第二节　环境因子与基因表达

在高油酸油菜中，油酸的形成主要受 *FAD2* 的控制，*FAD2* 是影响油料种子植物中三种主要脂肪酸（油酸、亚油酸和亚麻酸）的关键因子，也是基因编码脂肪酸去饱和酶催化油酸去饱和的关键酶。控制油酸的基因除了1个主基因外，还受3个或更多的微效基因的影响，以后又指出决定油酸的基因仅仅有不显著的显性效应，并且没有上位性效应或母性效应。

研究表明，油菜的油酸性状主要由1个主基因和3个或更多微效基因控制，环境对其影响很小。Gurrpreet Kaur 研究了温度对芥菜型油菜油酸含量的影响。他们认为低油酸含量（39.17％）的油菜当温度提高时，油酸含量能有效提高；中等油酸含量（43.13％）的油菜，当温度提高时油酸含量提高很少；而高油酸油菜（50.16%），温度对油酸含量几乎没有影响。Schierholt 等在德国北部三个地点连续两年种植了由 60 个双单倍体品系（DH）组成的一个群体，这些品系的油酸含量有分离（56%～75%，C18：1）。方差分析表明油酸含量的遗传力高，$h^2 = 0.99$。将 DH 群体分成高油酸（>64%，C18：1）和低油酸（<64%，C18：1）两类，结果显示高油酸类型和低油酸类型内油酸含量的遗传力都高，$h^2 = 0.94$，因而环境对油酸的影响比较小。

一、不同温度条件下 *FAD2* 基因的表达差异

温度、光照能有效地调节 *FAD2* 在植物中的表达。*FAD2* 基因在植物不同组织中的表达不同，*FAD2* 的过表达改变了植物的生理和营养特性。温度是调节植物脂肪酸去饱和的主要环境因子。基因表达的调节似乎随物种、组织和基因的不同而不同。

（一）试验设计

前人的研究发现，控制油菜油酸减饱和作用的基因 *FAD2* 在不同的时期内的表达量存在着很大的差异。因此，本试验以甘蓝型油菜"湘油 15号"为例，用不同温度处理同一株"湘油 15 号"的后代，然后分析 *FAD2*基因的表达，试图寻找 *FAD2* 基因对环境的敏感期和敏感程度，探讨抑制*FAD2* 基因表达的最佳时期和最佳温度。于 2007 年 8 月室外播种，至花蕾初始搬入培养箱中进行不同温度的处理，到种子成熟期开始提取 RNA。共分为六个处理，三个夜温相同的昼温处理，三个昼温相同的夜温处理，具体见表 3 - 1：

表 3 - 1　不同温度处理"湘油 15 号"植株

处理编号	光照时间	湿度	白天温度	夜晚温度
1	16 h	70%	16 ℃	12 ℃
2	16 h	70%	21 ℃	12 ℃
3	16 h	70%	26 ℃	12 ℃
4	16 h	70%	21 ℃	7 ℃
5	16 h	70%	21 ℃	12 ℃

处理编号	光照时间	湿度	白天温度	夜晚温度
6	16 h	70%	21 ℃	17 ℃

(二) 结果与分析

1. 不同昼温条件下 *FAD2* 基因半定量 RT-PCR 扩增结果

实验结果（图 3-1，图 3-2，图 3-3）表明：处理 1、处理 2 和处理 3 的 *FAD2* 基因的扩增产物都普遍高于看家基因 *actin* 的扩增产物；说明 *FAD2* 基因在整个成熟期都正常表达，油酸减饱和作用正常进行，其结果导致油酸含量减少、亚油酸含量增加。不同的昼温变化并没有抑制 *FAD2* 基因的表达。

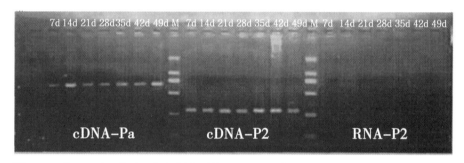

图 3-1　处理 1（16 ℃/12 ℃）授粉后第 7～49 天籽粒 *FAD2* 基因表达半定量 RT-PCR

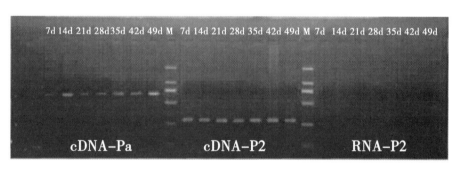

图 3-2　处理 2（21 ℃/12 ℃）授粉后第 7～49 天籽粒 *FAD2* 基因表达半定量 RT-PCR

但是，不同处理间比较发现，处理 1（16 ℃/12 ℃）中，*FAD2* 基因的扩增产物在各个时期的表达较平缓，时期间的表达差异不显著。处理 2（21 ℃/12 ℃）*FAD2* 基因的扩增产物在授粉后第 21 天和第 42 天明显高于其他时期，但是授粉后第 49 天，其扩增产物显著低于 *actin* 的扩增产

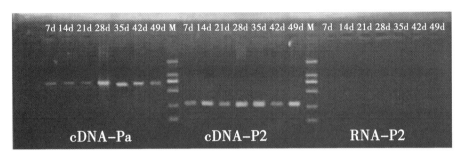

图 3-3　处理 3（26 ℃/12 ℃）授粉后第 7～49 天籽粒 *FAD2* 基因表达半定量 RT-PCR

物。在处理 3（26 ℃/12 ℃）中，授粉后的前三个时间点和授粉后第 49 天，*FAD2* 的扩增产物显著高于 *actin* 的扩增产物，但授粉后第 28 天两个基因的扩增产物持平。总体上处理 1 的 *FAD2* 基因表达量平均低于其他两个处理，说明白天的低温处理对 *FAD2* 的表达有一定的弱化作用，导致油酸减饱和反应的强度降低。因此，处理 1 材料的油酸含量应该高于同昼温条件下的其他两个处理。

2. 不同夜温条件下 *FAD2* 基因半定量 RT-PCR 扩增结果

实验结果（图 3-4，图 3-5，图 3-6）显示：处理 4、处理 5 和处理 6 的各个时期都有 *FAD2* 基因的扩增产物的条带，说明 *FAD2* 基因在整个籽粒成熟期都有表达。并且 *FAD2* 基因的扩增产物都普遍高于看家基因 *actin* 的扩增产物，与处理 1～3 相似。

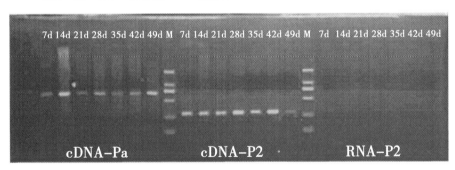

图 3-4　处理 4（21 ℃/7 ℃）授粉后第 7～49 天籽粒 *FAD2* 基因表达半定量 RT-PCR

但是，比较不同处理间的电泳图发现，处理 4（21 ℃/7 ℃）中，*FAD2* 基因的扩增产物在各个时期的表达较平缓，在授粉后第 14 天和第 49 天 *FAD2* 的 PCR 扩增产物明显低于其他时期，在授粉后第 28 天和第 42 天 *FAD2* 的 PCR 扩增产物高于其他时期。而且，处理 5（21 ℃/12 ℃）

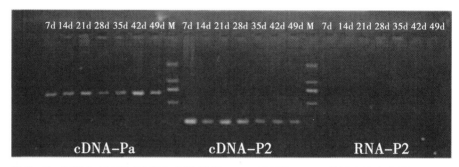

图 3 - 5　处理 5（21 ℃/12 ℃）授粉后第 7～49 天籽粒 *FAD2* 基因表达半定量 RT-PCR

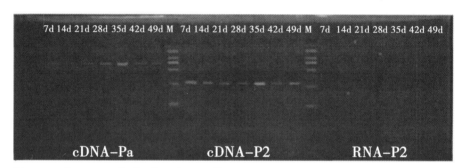

图 3 - 6　处理 6（21 ℃/17 ℃）授粉后第 7～49 天籽粒 *FAD2* 基因表达半定量 RT-PCR

FAD2 基因的扩增产物与处理 2 相似，在授粉后第 21 天和第 42 天明显高于其他时期。在处理 6（21 ℃/17 ℃）中，授粉后第 35 天，*FAD2* 的扩增产物显著高于 *actin* 的扩增产物。总体来说，处理 4 的 *FAD2* 基因表达量平均低于其他两个处理，说明夜晚低温处理对 *FAD2* 的表达有一定的减缓作用。因此，处理 4 材料的油酸含量应该高于同夜温条件下的其他两个处理。

（三）讨论

1. 六个处理中 *FAD2* 基因在不同时期的表达差异

采用 GeneTools 图像分析软件处理凝胶图片，将 PCR 扩增条带的亮度转化为数字进行定量分析，其结果取九次重复的算术平均值，如表3 - 2：

表 3 - 2　*FAD2* 和 *actin* 基因 PCR 产物亮度

处理	扩增片段	7 天	14 天	21 天	28 天	35 天	42 天	49 天
1	*FAD2*	155.6	160.4	189.5	162.3	167.3	234	167
	actin	139.5	150.4	135.3	154.5	133.3	146.5	152

处理	扩增片段	7 天	14 天	21 天	28 天	35 天	42 天	49 天
2	FAD2	144	158.7	272.4	162.1	187.4	212.9	159
	actin	127.9	134.9	130.2	130.2	123.8	112.9	136
3	FAD2	61.2	117.5	67.5	56.7	74.9	65.6	112
	actin	44.9	66.2	30.8	32.7	55.8	45.6	57.9
4	FAD2	146.7	168.15	147.9	161.25	159.6	191.25	113
	actin	99	121.35	96.3	94.5	101.7	90.45	104
5	FAD2	161.5	128.8	230.6	169.5	198.5	254.7	173
	actin	140.8	107.2	103.5	125.7	106.4	100.5	153
6	FAD2	155.4	152.6	218.6	160.4	266.2	186.1	141
	actin	106.2	96.2	117.9	136	109.3	92.8	114

将上述数据转化为 FAD2/actin 的比值，得 FAD2 基因的半定量分析结果，如表 3 – 3：

表 3 – 3　*FAD2* 和 *actin* 基因 PCR 产物亮度之比

处理	7 天	14 天	21 天	28 天	35 天	42 天	49 天
1	1.12	1.07	1.40	1.05	1.26	1.60	1.10
2	1.13	1.18	2.09	1.25	1.51	1.89	1.17
3	1.36	1.77	2.19	1.73	1.34	1.44	1.93
4	1.48	1.39	1.54	1.71	1.57	2.11	1.09
5	1.15	1.20	2.23	1.35	1.87	2.53	1.13
6	1.46	1.59	1.85	1.18	2.44	2.01	1.24

六个处理在种子成熟的初期 FAD2 基因表达差异不大，FAD2/actin 的比值维持在 1～1.5，随着籽粒的成熟，FAD2/actin 比值逐渐上升，授粉后第 21 天到达第一个高峰期。之后开始下降，授粉后第 28 天到达 7 个时间点调查的最低谷（处理 3 和处理 4 除外），然后又再次上升到最高峰，在授粉后第 42 天后呈下降趋势。从整体上看，FAD2/actin 的比值大致在 1.2～2.5 范围内波动，由此推测 FAD2 基因在油菜种子成熟期的表达为

"升—降—升—降"模式。

对比各处理的情况，发现处理1（16 ℃/12 ℃）与处理4（21 ℃/7 ℃）中*FAD2*基因的表达整体来说较弱，而且，处理4的*FAD2*基因表达量明显高于处理1。处理2与处理5（21 ℃/12 ℃）的*FAD2*基因表达在六个处理中居中。处理3（26 ℃/12 ℃）与处理6（21 ℃/17 ℃）的*FAD2*基因表达高于其他四个处理。由于温度的影响，各处理*FAD2/actin*的比值变化在平均的水平上稍有波动。比如，处理3（26 ℃/12 ℃）的最小比值最迟到授粉后第35天出现，而处理4（21 ℃/7 ℃）的最大比值也出现在授粉后第35天。说明授粉后第35天左右最易受到温度的影响。

对六个处理中*FAD2*基因表达的方差分析显示（表3-4），*FAD2*基因在不同处理间的表达差异并不显著，但是在不同时期的表达差异极显著。说明在籽粒成熟期，*FAD2*基因的表达对温度调控的反应存在差异，减饱和酶的合成在有些时期对温度很敏感，但整体上变化趋势具有相似性。

表 3-4　六个处理中 *FAD2* 基因在不同时期表达的方差分析

差异源	SS	df	MS	F	P-value	F crit
处理间	1.083731	5	0.216746	2.429934	0.05795N	2.533555
时期间	2.864025	6	0.477337	5.351413	0.00074**	2.420523
误差	2.675952	30	0.089198	—	—	—
总计	6.623708	41	—	—	—	—

注：* 显著（$p=0.05$），** 极显著，N 不显著。SS 是离均差平方和，df 是自由度，MS 是均方，F 是统计量，P-value 是相应 F 值 F 的概率值，F crit 是相应显著水平下的 F 临界值。

2. 不同昼温对 *FAD2* 基因表达的差异

由图3-7可以看出，处理1与处理2的变化趋势很相近，*FAD2*表达量的两个高峰期都是授粉后第21天和第42天，而表达量的低谷则都是授粉后第28天。*FAD2*表达量整体的变化是呈"升—降—升—降"模式。但是，处理3则有些不同，*FAD2*表达量的低谷出现在授粉后第35天，而且在授粉后第49天，*FAD2*基因的表达急剧增加。说明昼温的变化对

FAD2 基因的作用在籽粒成熟后期的影响大于籽粒成熟前期，而且白天的低温对 FAD2 基因的表达有显著的弱化作用。

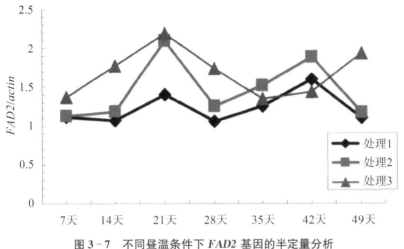

图 3-7　不同昼温条件下 FAD2 基因的半定量分析

另外，对不同昼温的三个处理进行方差分析发现，各处理间的差异显著，说明白天的温度变化对 FAD2 基因的表达有影响。而对三个处理的相关性分析结果显示，处理 1、处理 2 分别与处理 3 的相关性很低，因此，白天温度高于 21 ℃，FAD2 基因的表达有显著变化。

本研究证明了 FAD2 基因的表达量随白天温度的升高而增加，因而油酸减饱和酶的合成也应该随温度的升高而增加。但以前的研究却认为低温促进减饱和酶的重新合成。其原因可能是在实验设计过程中，由于考虑到油菜的正常生育，因此昼温处理的温差不够大，其范围在 FAD2 基因正常表达的范围内，所以本试验的结果显示出 FAD2 基因与昼温呈正相关的结果。

3. 不同夜温对 FAD2 基因表达的差异

由图 3-8 可以看出，处理 4 中 FAD2 的表达量明显低于处理 5 和处理 6，而处理 5 中 FAD2 的表达量略高于处理 4 和处理 6。同样，各处理间 FAD2 表达量的高峰期也有差别，处理 4 和处理 5 的高峰期出现在授粉后第 42 天，而处理 6 的高峰期则提前到授粉后第 35 天。但是，在籽粒成熟的后期（授粉后第 49 天左右），三个处理的 FAD2 基因表达量都为 7 个时间段的最低值，为 1.1 左右，差距不大。总体来说，FAD2 基因的表达

第三章　环境影响与油菜品质形成

呈现"升—降—升—降"的模式。而且，从图3-8中可以看出：夜温的变化对籽粒成熟前期的影响大于籽粒成熟后期，刚好与昼温变化相反。另外，*FAD2* 基因的表达与夜温的变化也不是正相关，而是在一定范围内波动。

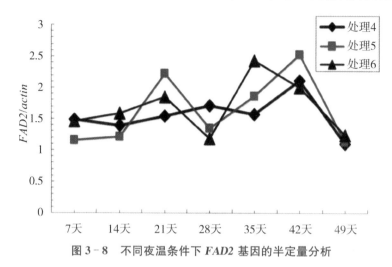

图3-8 不同夜温条件下 *FAD2* 基因的半定量分析

另外，对不同夜温的三个处理进行方差分析发现，各处理间的差异不显著，但各时期间的差异却极显著，说明夜晚温度的变化在不同时期对 *FAD2* 基因表达的影响是不一样的，*FAD2* 基因表达差异具有时期变化性。

总之，温度变化对 *FAD2* 基因的表达量影响并不显著，但是在不同时期的影响变化极显著。而且，白天温度变化的影响作用要强于夜晚温度变化的影响。

二、不同肥密条件下对脂肪酸合成相关基因的表达差异

FAD2 编码 ω-6 型不饱和脂肪酸去饱和酶，是控制油酸向亚油酸转化的关键基因，直接决定了种子中储存多不饱和脂肪酸的含量与比例；*FAD3* 编码 ω-3 型不饱和脂肪酸去饱和酶，是亚麻酸合成的关键基因。对这2个基因进行分析，有助于从分子方面促进油菜脂肪酸组成改良研究的发展。本试验分析了不同肥密条件下，甘蓝型油菜不同生育期的 *FAD2*、*FAD3* 基因表达情况，以期发现不同栽培方式对基因表达的影响，为通过栽培方式改良油菜品质提供参考。

（一）试验设计

试验于 2016 年 10 月至 2017 年 4 月在湖南农业大学浏阳基地进行，使用由国家油料改良中心湖南分中心提供的甘蓝型油菜 420。分别设氮（N）、硼（B）及种植密度各 3 个梯度，具体表示方法如表 3-5，以正常肥密条件（A2B2C2）为对照，随机区组排列，共 27 个小区，每个小区面积 10 m²，3 个重复。所有小区施有效磷肥 90 kg/hm²，有效钾肥 165 kg/hm² 作基肥，一次施入。其他农事操作均按当地管理措施操作。

表 3-5　不同字符表示的肥密条件

氮肥/（kg/hm²）	硼肥/（kg/hm²）	种植密度/（万株/hm²）
90（A1）	3.75（C1）	34.5（B1）
180（A2）	7.50（C2）	49.5（B2）
270（A3）	11.25（C3）	64.5（B3）

（二）结果与分析

1. 营养生长期 *FAD2*、*FAD3* 表达差异

（1）幼苗期基因表达差异。对幼苗期叶片中 *FAD2*、*FAD3* 的表达量进行分析，结果如图 3-9。*FAD2* 的表达量仅在 A2B1C2 处理远高于对照，是对照的 1.51 倍，*FAD3* 的表达量则在 A2B1C2、A2B1C3 及 A3B1C2 处理均高于对照，分别是对照的 1.65 倍、1.54 倍、1.36 倍。

FAD2 的表达量在 A1B3C1 处理下表达量最低，仅是对照的 0.13 倍，其次是 A1B2C1 与 A1B3C3，分别是对照的 0.18 倍、0.23 倍。*FAD3* 的表达量与 *FAD2* 类似，在 3 个处理下，分别是对照的 0.12 倍、0.21 倍、0.18 倍。另外，在 A1B1C1 处理，*FAD2*、*FAD3* 的表达量也仅有对照的 0.31 倍、0.35 倍。总体而言，在幼苗期，大部分肥密条件下都抑制两者的表达。

（2）5~6 叶期基因表达差异。对 5~6 叶期叶片中 *FAD2*、*FAD3* 的表达量进行分析，结果如图 3-10。*FAD2* 在 A2B1C2（1.86 倍）、A3B1C2（1.57 倍）与 A2B1C3（1.51 倍）处理时高于对照；*FAD3* 则在 A2B1C2、A3B1C2 与 A2B1C3 处理时高于对照，分别是对照的 1.51 倍、1.50 倍、1.31 倍。

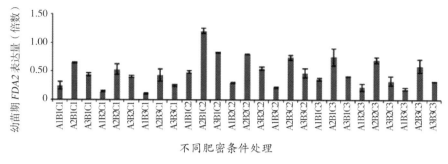

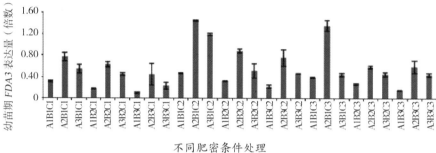

图 3 - 9　*FAD2*、*FAD3* 基因在幼苗期表达差异

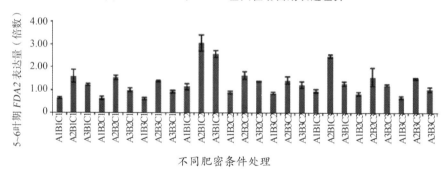

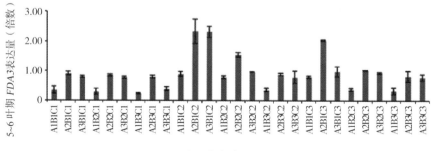

图 3 - 10　*FAD2*、*FAD3* 基因在 5～6 叶期表达差异

反之，*FAD2* 在 A1B3C1（0.38 倍）、A1B2C1（0.39 倍）、A1B1C1（0.40 倍）与 A1B3C3（0.40 倍）处理时远低于对照；*FAD3* 同之，分别是对照的 0.15 倍、0.19 倍、0.23 倍。此时期基因整体表达量大于幼苗期，可能是随着生育期的推进，油菜各生命活动加强所致。

（3）蕾薹期基因表达差异。对蕾薹期叶片中 *FAD2*、*FAD3* 的表达量进行分析，结果如图 3‑11。与对照相比，*FAD2* 表达量在 A2B1C2（1.61 倍）、A3B1C2（1.50 倍）与 A2B1C3（1.50 倍）时高于对照，*FAD3* 同之，分别是对照的 1.92 倍、1.51 倍、1.71 倍。

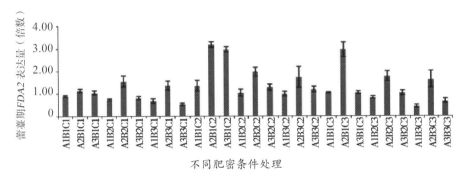

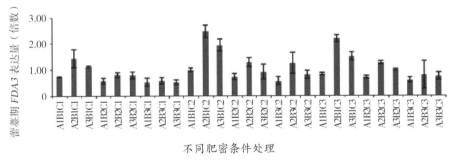

图 3‑11 *FAD2*、*FAD3* 基因在蕾薹期表达差异

反之，*FAD2* 表达量在 A1B1C1（0.46 倍）、A1B2C1（0.38 倍）、A1B3C1（0.35 倍）、A3B3C1（0.27 倍）及 A1B3C3（0.23 倍）处理下远低于对照。*FAD3* 在这几种处理下表达量也较低，分别是对照的 0.57 倍、0.45 倍、0.42 倍、0.42 倍、0.47 倍。此时期是由营养生长期进入生殖生长期的关键期，是油菜吸收氮等元素最多的时期，而 *FAD2*、*FAD3* 基因的表达量比 5~6 叶期有所增加但增幅不大，此外，在整个营养生长期，在氮、硼含量均最低（A1C1）条件下，无论密度（B）怎么变化，基因表达量均小于对照，可推测在氮、硼含量低时，密度对基因表达量的影响并不明显。

2. 生殖生长期 *FAD2*、*FAD3* 表达差异

（1）花期基因表达差异。对花瓣中 *FAD2*、*FAD3* 的表达量进行分析，结果如图 3 - 12。*FAD2* 在 A2B1C2 处理下表达量最高，是对照的 1.60 倍，其次是 A3B1C2，是对照的 1.53 倍；*FAD3* 同之，分别是对照的 1.63 倍、1.57 倍。

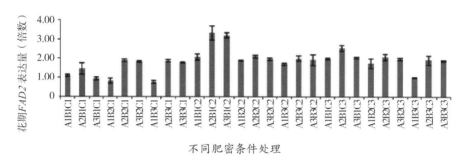

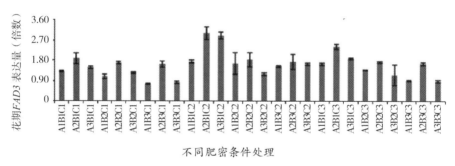

图 3 - 12 *FAD2*、*FAD3* 基因在花期表达差异

FAD2 表达量在 A1B3C1 处理下表达量最低，是对照的 0.36 倍，其次是在 A1B2C1（0.39 倍）、A3B1C1（0.45 倍）与 A1B3C3（0.48 倍）处理下亦远低于对照。*FAD3* 同样在 A1B3C1 处理下表达量最低，是对照的 0.43 倍，其次在 A3B3C1（0.46 倍）、A3B3C3（0.48 倍）处理下表达量也较低。此时期比之营养生长期，*FAD2*、*FAD3* 的表达量有明显提高，但除了上述几个处理与对照有较大差异之外，其他处理与对照间均无明显差异。

（2）授粉后 20～35 天种子基因表达差异。对授粉后 20～35 天种子中 *FAD2*、*FAD3* 的表达量进行分析，结果如图 3 - 13。*FAD2* 在 A2B1C2 条件下有最大表达量，是对照的 1.94 倍，其次是在 A2B1C3、A3B1C3、

A3B1C2 条件下，分别是对照的 1.60 倍、1.54 倍、1.50 倍；*FAD3* 则仅在 A2B1C2、A2B1C3 处理条件下远高于对照，分别是对照的 1.55 倍、1.52 倍。

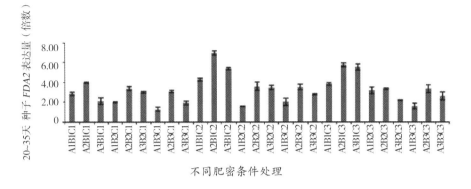

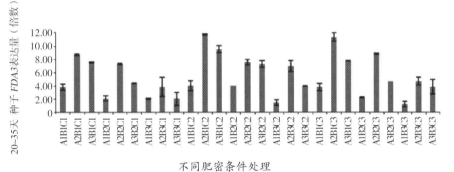

图 3-13　*FAD2*、*FAD3* 基因在授粉后 20~35 天种子中的表达差异

反之，*FAD2* 在 A1B3C1（0.35 倍）、A1B2C2（0.43 倍）、A1B3C3（0.44 倍）条件下均低于对照，*FAD3* 在 A1B3C3 条件下表达量最低，是对照的 0.16 倍，其次是 A1B3C2、A1B2C1、A1B2C3 处理，表达量分别是对照的 0.19 倍、0.27 倍、0.29 倍。此时期两基因的表达量均达整个生育期的最大值，推测与角果期是脂肪酸积累的关键期有关。

（3）角果皮中基因表达差异。对角果皮中 *FAD2*、*FAD3* 的表达量进行分析，结果如图 3-14。*FAD2* 在 A2B1C2 处理下表达量最高，是对照的 1.80 倍，其次是在 A2B1C3 处理，表达量是对照的 1.50 倍，*FAD3* 亦在 A2B1C2 处理下表达量最高，是对照的 1.85 倍，其次在 A3B1C2（1.56倍）、A2B1C3（1.51 倍）处理下表达量也较高。

反之，*FAD2* 在 A1B3C1（0.32 倍）处理下表达量最低，其次是

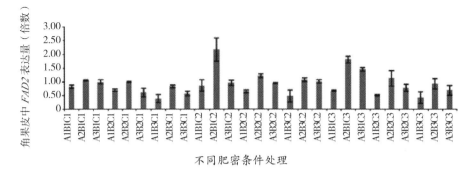

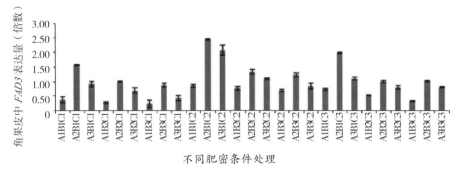

图 3-14　FAD2、FAD3 基因在角果皮中的表达差异

A1B3C3（0.35 倍）、A1B2C3（0.42 倍）、A3B3C1（0.47 倍）处理均低于对照。FAD3 则在这几种处理下也远低于对照，分别是对照的 0.17 倍、0.24 倍、0.39 倍、0.32 倍，除此之外，FAD3 在 A1B2C1 处理下表达量也较低，仅为对照的 0.21 倍。与 20~35 天的种子相比，角果皮中 FAD2、FAD3 的表达量明显较低，推测此时角果皮作为油分积累的"源"向种子"库"中转移，角果皮的油分积累与种子呈相反趋势，从基因层面验证了傅寿仲等的研究。

总体而言，生殖生长期的基因表达量高于营养生长期，特别是角果期。生殖生长期是油菜进行脂肪酸积累的关键期，有效的肥料、种植密度条件下可以促进脂肪酸的积累，本研究在 A2B1C2 与 A2B1C3 处理时 FAD2、FAD3 基因均有较高表达量，可能有助于亚油酸与亚麻酸的合成。而在 A1B3C1、A3B3C1 及 A1B3C3 处理下 FAD2、FAD3 均有较低表达量，可能有助于其他类脂肪酸（如油酸等）的积累，推动油菜籽品质的提高。

（三）结论与讨论

通过对营养生长期与生殖生长期 FAD2、FAD3 基因表达量的测定，

发现 *FAD2*、*FAD3* 在 A2B1C2 与 A2B1C3 处理下均有较高表达量,而在 A1B3C1、A3B3C1 及 A1B3C3 处理下均有较低表达量。总体而言,增加氮、硼肥在一定程度上可促进 *FAD2*、*FAD3* 表达量的增加,过多则抑制,而增加种植密度则会抑制 *FAD2*、*FAD3* 表达。施肥量及种植密度对农作物各个方面均有较大的影响,本研究发现在不同肥密条件处理下,*FAD2*、*FAD3* 的表达量有较大差异,尤其是在生殖生长期。

第三节　油酸含量与油菜抗性

官梅等用 3 个高油酸品系(油酸含量 76.9%～78.9%)和 3 个普通"双低"品系(油酸含量 61.6%～63.5%)进行田间比较,结果表明高油酸品系植株生长势、农艺性状、种子产量、菌核病危害程度等,与普通"双低"品系差异很小,单株角果数稍少,病毒病危害程度稍高,但差异未达到显著水平。

Hitz 等报道高油酸突变体 IMC129(油酸含量 77.8%),农艺性状较好,经过再次突变,油酸含量达 87%,但双突变植株农艺性状较差。

一、不同油酸含量对油菜抗倒性的影响

高油酸植物油是一种营养保健油,能预防人体心血管疾病,较耐贮藏,货架期较长。近年来高油酸油菜育种受到人们广泛重视。据报道,一些国家已经育成油酸含量 70% 以上,甚至 80% 以上的高油酸油菜品种。

(一) 试验设计

供试品系来自湖南农业大学油料作物研究所,脂肪酸含量见表 3-6。

表 3-6　供试品系种子脂肪酸组成　　　　　　　　　　单位:%

类型	品系	C18:1	C18:2	C18:3	ODR
	04-868	77.5	11.8	8.2	0.257
高油酸品系	04-942	76.9	10.8	8.4	0.199
	04-960	78.9	9.3	8.5	0.183

类型	品系	C18：1	C18：2	C18：3	ODR
普通油酸品系 （湘油 15 号）	04-1031	63.5	19.3	11.8	0.328
	04-1045	61.6	18.9	9.6	0.315
	04-1056	62.9	21.1	10.4	0.326

田间试验在湖南农业大学教学实验场进行，参试品系随机区组排列，3 次重复，每个小区长 5 m，宽 2 m，小区面积 10 m²。2005 年 9 月 30 日播种，行距 0.5 m，株距 0.15 m，每个小区 10 行。土壤肥力中等，每亩折算施 NPK 复合肥 50 kg，按一般大田进行田间管理。

抗病性及抗倒性为 100 株数据平均值。种子和叶片中脂肪酸组成均采用气相色谱仪分析（官春云，《油菜品质改良和分析方法》）。叶片脂肪酸测定，先按《现代植物生理学实验指南》分离及制备，然后再用索氏法提取油脂，最后分析脂肪酸组成（中国科学院上海植物生理研究所、上海市植物生理学会，《现代植物生理学实验指南》）。不同品系油酸减饱和率（ODR）的计算公式为：ODR＝（C18：2％＋C18：3％）/（C18：1％＋C18：2％＋C18：3％）。

（二）结果分析

从表 3-7 可以看出，高油酸品系与普通油酸品系抗倒性均较强，倒伏株率仅占 8％～17％，两者平均分别为 13.0％和 12.3％，差异不大。病毒病发病率高油酸品系略高。菌核病发病率没有差异。

表 3-7　高油酸及普通油酸品系的抗性

类型	品系	调查株数/株	倒伏株/％	病毒病/％	菌核病/％
高油酸品系	04-868	100	8	14	2
	04-942	100	17	15	0
	04-960	100	13	16	4
	平均	100	13	15	2

续表

类型	品系	调查株数/株	倒伏株/%	病毒病/%	菌核病/%
	04-1031	100	8	5	4
普通油酸品系	04-1045	100	15	0	2
(湘油 15 号)	04-1056	100	14	6	3
	平均	100	12.3	3.7	3

(三) 结论与讨论

从对高油酸油菜品系与普通油酸油菜品系抗性的研究结果看，病毒病病株率稍高，这可能与高油酸品系长期隔离繁殖有关；在抗倒性方面，高油酸油菜品系与普通油酸品系已有的研究表明，脂肪酸在植物体中起着非常重要的作用，它是磷脂和糖脂的组成部分，是生物膜的组成成分；脂肪酸还是生物体内贮存的能量；它与植物激素和信号传递有关。在拟南芥叶绿体中，Δ12 减饱和酶基因的突变体 FAD5 和 FAD6 在低温下叶片变黄，生长迟缓，叶绿体形成发生改变。另外植物感染了真菌或肽激发子可诱导微粒体中 Δ12-脂肪酸减饱和酶以及质粒中 ω-3 去饱和酶基因的表达，催化 α-亚麻酸的形成，这些 α-亚麻酸作为细胞信号分子——茉莉酮酸的一个重要前体，可以引起茉莉酮酸的累积，从而提高植物的抗病性，但如果叶片中油酸减饱和能力降低，α-亚麻酸减少，势必使叶片抗病性降低。

二、不同油酸含量对油菜抗逆性的影响

油酸含量对油菜的品质和抗性都存在一定的影响，如菌核病、病毒病、裂茎、抗倒性等。刘澄清等通过对耐菌核病性材料以及国内外具有不同遗传背景的 10 余个甘蓝型双高和单、双低油菜品种（系）及其杂交的 F_1、F_2 和回交世代材料的比较发现，国内外现有双高和单、双低甘蓝型油菜品种（系）的基因型间存在着耐菌核病性显著差异，并具有较高的遗传力。钱武等对甘蓝型冬油菜生育期与菌核病感病程度之间的关系进行了研究，认为甘蓝型冬油菜的油酸含量随生育期的增加而增加，亚麻酸含量随生育期的增加而减少，菌核病感病程度随生育期的增加而降低。本试验主

要研究不同油酸含量对油菜抗性之间的差异，为高产优质栽培提供参考。

（一）试验设计

试验于 2017 年在湖南省衡阳市衡阳县西渡镇赤水村进行，土壤类型为红壤土，前作为一季水稻，使用 7 个油酸含量 75％以上的油菜品种 101，9933，C718，L1218，L1227，H040，6161（由湖南农业大学油料作物研究所提供），对照品种沣油 520 由湖南省农业科学院作物所提供。试验共设 8 个处理，即每个品种为一个处理，其中以沣油 520 作对照（CK），3 次重复，采用随机区组设计，每个小区面积 20 m²（10 m×2 m）。2016 年 9 月 29 日条直播，种植密度为 27 万株/hm²，四叶期定苗，专人管理。施肥、播种、中耕、除草、灌水等农事措施均与当地油菜常规生产一致。2017 年 5 月 4 日统一收获测产。

（二）结果分析

1. 不同油菜品种对抗逆性的影响

对 8 个油菜品种的抗逆性调查（表 3 - 8），菌核病发病率除 H040 外，其余品种均低于对照沣油 520（CK）；病毒病均未发生；无茎秆开裂现象；抗倒性方面，沣油 520（CK）、H040、9933、L1227 和 101 均为直立，6161、C718 和 L1218 均为倾斜，未出现倒伏情况。

表 3 - 8　不同油菜品种的抗逆性

品种	发病率/％		裂茎率/％	抗倒性
	菌核病	病毒病		
沣油 520（CK）	3	0	0	直立
6161	1	0	0	倾斜
C718	1	0	0	倾斜
H040	5	0	0	直立
L1218	2	0	0	倾斜
9933	1	0	0	直立
L1227	0	0	0	直立
101	1	0	0	直立

2. 不同油菜品种对油酸含量的影响

品质分析结果表明（表 3-9），8 个品种芥酸含量未检出；油酸含量除对照沣油 520（CK）外，均超过 75%，符合高油酸品种标准，其中 6161 油酸含量达到 80.10%，排名第 1 位，C718 油酸含量达到 78.20%，排名第 2 位；参试品种含油量均超过对照沣油 520（CK），有 4 个品种含油量超过 45%，其中 C718 达到 48.26%，排名第 1 位，6161 达到 46.16%，排名第 2 位；硫苷均<30 μmol/g，符合国家品种登记标准。

表 3-9　不同油菜品种的品质分析结果

品种	芥酸/%	油酸/%	含油量/%	硫苷/（μmol·g⁻¹）
沣油 520（CK）	0	65.32	42.11	21.53
6161	0	80.10	46.16	25.96
C718	0	78.20	48.26	23.25
H040	0	75.20	42.70	26.90
L1218	0	76.61	42.29	20.88
9933	0	76.82	43.64	24.65
L1227	0	75.50	45.67	21.81
101	0	76.20	45.55	21.25

（三）结论与讨论

试验结果表明，101、9933、C718、L1218、L1227、H040、6161 共 7 个油菜品种的油酸含量明显高于对照组沣油 520。从对高油酸油菜品系与普通油酸品系的生长势、经济性状、种子产量和抗性等方面研究结果看，两者在农艺性状上仅有某些差异，且差异均不显著。在研究中发现，在高油酸品种和对照组中均未发现病毒病，也无茎秆开裂现象，而在菌核病上存在差异但是差异不显著，抗倒性的情况与菌核病基本一致，这与官梅的研究结果基本一致。

三、不同油酸含量对油菜抗病性的影响

（一）试验设计

以贵州省 1986—1992 年连续 7 年 3 届优质油菜区试决选并通过审定的

品种油研 1 号、油研 2 号、油研 6 号（均为贵州省油料所选育，油研 1 号 1990 年审定，1991 年被农业部列为全国推广种；油研 2 号 1992 年审定，同年被农业部评为全国名优品种，并获得首届"中国农业博览会"铜奖）及目前省内生产上大面积应用的杂交品种蜀杂 1 号、秦油 2 号和油研 5 号为基本材料。选用有关鉴定试验结果结合大区连续对比试验，并以油研 6 号为主体进行纵横对比分析评估其产量及抗性，以国家农业部油料及制品质量监督检测中心提供的质量精测结果为依据进行品质性状的评估。其中油研 6 号的油酸含量（67.34%）均高于油研 1 号、油研 2 号。

（二）结果分析

1. 几个优秀品种在区试中的发病调查

根据贵州省连续 7 年 3 届优质油菜区试的菌核病发病情况调查结果，几个优秀品种与对照的发病结果整理于表 3 - 10，油研 1 号发病率为 24.3%，较对照轻 11.6%；病情指数 10.37，较对照低 25.9%。油研 2 号发病率为 9.01%，较对照轻 48.5%，病情指数 6.1，较对照低 34.1%。油研 6 号发病率为 0.76%，较对照轻 85.2%，病情指数为 0.39，较对照低 35%。以对照为基数的比值分析不难看出油研 6 号的发病率及病情指数均较低，对菌核病的抗性明显比对照品种强，并优于油研 1 号、油研 2 号。

表 3 - 10　贵州省 1986—1992 年优质油菜区试优秀品种菌核病调查

年份/年	品名	发病率/%	发病率较对照（±%）	病情指数	病情指数较对照（±%）
1986—1988	油研 1 号	24.3	−11.6	10.37	−25.9
	黔油 9 号（CK）	27.50	—	14.00	—
1988—1990	油研 2 号	9.01	−48.5	6.10	−34.1
	黔油 9 号（CK）	17.51	—	9.25	—
1990—1992	油研 6 号	0.76	−85.2	0.39	−35.0
	黔油 9 号（CK）	5.13	—	0.60	—

2. 品种间菌核病发病情况的同田对比

同田对比试验调查结果（表 3 - 11）表明，油研 6 号无论是发病率，还是病情指数均低于油研 1 号、油研 2 号和中油 821。油研 6 号发病率

6.9%，病情指数 1.48；油研 2 号发病率 10.8%，病情指数 5.93；油研 1 号发病率 12.5%，病情指数 7.82；中油 821 发病率 12.4%，病情指数 8.02。说明油研 6 号对菌核病的抗（耐）性水平优于油研 1 号、油研 2 号和中油 821。

表 3 - 11　几个优秀品种菌核病发生情况比较

品名	发病率/%	病情指数
油研 1 号	12.5	7.82
油研 2 号	10.8	5.93
油研 6 号	6.9	1.48
中油 821	12.4	8.02

（三）结论与讨论

通过品种评比试验，其中油研 6 号含油量及油酸含量均高于油研 1 号、油研 2 号，由表 3 - 10 以对照为基数的比值分析不难看出油研 6 号的发病率及病情指数均较低，对菌核病的抗性明显比对照品种强，并优于油研 1 号、油研 2 号。同田对比试验调查结果表明油研 6 号的发病率和病情指数均低于油研 1 号、油研 2 号和中油 821，说明油酸较高的品种的抗菌核病水平高于油酸较低的品种。

第四章 FAD2 基因与油酸形成

第一节 油酸脱氢酶 (FAD2) 与脂肪酸组成

一、油菜主要脂肪酸组分的种类

油菜中的脂肪酸组分主要有 7 种，按照所含碳原子数和不饱和键数可分为 C16：0（棕榈酸或软脂酸）、C18：0（硬脂酸）、C18：1（油酸）、C18：2（亚油酸）、C18：3（亚麻酸）、C20：1（花生烯酸）、C22：1（芥酸）等主要脂肪酸。根据功能大致可分为三大类。其中，软脂酸和硬脂酸属于饱和脂肪酸；油酸、亚油酸和亚麻酸属于不饱和脂肪酸；二十碳烯酸、芥酸属于超长链脂肪酸。

棕榈酸：又称软脂酸，十六（烷）酸，是一种在动物及植物内最普遍存在的脂肪酸之一。棕榈酸是第一种从脂肪生成中产生的脂肪酸，亦可以从它产生更长的脂肪酸。棕榈酸盐对乙酰辅酶 A 羧化酶有负调控作用，乙酰辅酶 A 羧化酶负责催化乙酰 CoA 生成丙二酸单酰 CoA，而丙二酸单酰 CoA 是合成棕榈酸的前体物，当棕榈酸盐浓度过高会阻碍棕榈酸的合成，进而阻碍乙酰 CoA 羧化酶催化乙酰 CoA 生成丙二酸单酰 CoA。棕榈酸酯是一种抗氧化剂，也是一种被加入脱脂奶中的维生素 A 化合物，以取代因在脱脂的过程中失去的维生素。在第二次世界大战中，棕榈酸的衍生物曾被用作制造凝固汽油弹。棕榈酸酯会附于醇型态的维生素 A，即视黄醇，以稳定在牛奶内的维生素 A。棕榈酸的还原会产生鲸蜡醇。

硬脂酸：是一种含有十八个碳的饱和脂肪酸。它呈蜡状固体而比较难溶于水，化学式 $C_{18}H_{36}O_2$，可溶于乙醇和丙酮，易溶于乙醚、氯仿、四氯化碳、苯和二硫化碳等溶剂中。硬脂酸在自然界的分布很广，存在于许多植物性油脂和动物性油脂中。动物脂肪中的含量比在植物油脂中的含量要高，如牛油中的含量可达 24％，茶油为 0.8％，棕榈油为 6％，但可可脂中的含量高达 34％。将动物油与水在高温高压下反应，使甘油三酯水解。也可以用不饱和植物油与氢气合成得到。商品硬脂酸实际上是 45％硬脂酸和 55％软脂酸的混合物，并含有少量油酸，略带脂肪气味。用于制蜡、塑料及化妆品，也可以用于软化橡胶或硬化肥皂。硬脂酸酯可以使洗发水、香皂和化妆品产生珍珠似的光泽；在烟花中的铝、铁等金属粉末表面涂以硬脂酸可以防止氧化；或在糖果中作硬化剂。硬脂酸具有饱和羧酸的通性，可以被还原为硬脂醇，也可以与多种醇发生酯化生成相应的硬脂酸酯。

油酸是油菜脂肪酸中的一种重要成分，含高油酸的菜籽油具有很高的营养价值，是一种健康食用油。此外，双键的数量与油脂的稳定性有关，含高油酸和低亚油酸、低亚麻酸的油脂具有比较高的氧化稳定性，形成比较少的氧化产物。高油酸菜籽油具有较长的保质期，并具有更好的食用风味。贮存期限和食用风味研究结果表明，食用油的最佳脂肪酸组成是 5％～7％的饱和脂肪酸（C16：0＋C18：0＋C20：0）、67％～75％的油酸（C18：1），15％～22％的亚油酸（C18：2）和小于 3％的亚麻酸（C18：3）。工业上，油酸可用于制备其含氮衍生物、油酸酯；油酸也可以与碱金属的氢氧化物发生反应，生成如油酸钾、油酸钠等油酸盐，这些高纯度的油酸可以制成口红、皂类、唇膏、防晒霜等生活用品和日用化妆品。高油酸油的甲酯化程度高，且燃烧值也高，这有利于生物柴油的生产。因此，理论上来说高油酸油菜是理想的可替代石化燃料的生物柴油生产原料。在日常饮食中高油酸油能有效降低血液中低密度脂蛋白及胆固醇的含量。高纯度油酸还是一种安全性高的抗肿瘤药剂，它对一些难以吸收的抗菌物质、抗癌剂等药品有显著的促进吸收效果，因此，它可以用作药物吸收促进剂，也能用作稳定性和安全性高的医药基剂或辅助剂。

亚油酸：又名十八碳-9，12-二烯酸，C18：2。含有 18 个碳原子和 2 个不饱和键。广泛分布于植物的油脂中，为哺乳动物营养所必需的脂肪酸。人体本身不能合成，或者合成的量远不能满足人体需要，我们把这一类脂肪酸叫作必需脂肪酸。亚油酸是功能性多不饱和脂肪酸中被最早认识的一种脂肪酸，也是公认的唯一的必需脂肪酸。亚油酸可以降低血液中的胆固醇，而且可以预防动脉粥样硬化。有报道称，胆固醇的代谢需要先与亚油酸结合，当体内缺乏亚油酸时，胆固醇就会与一些饱和脂肪酸结合，而不能在体内正常运转和代谢。血管壁上沉积过多的胆固醇时，就会使动脉形成粥样硬化，从而引发心脑血管病和其他一些疾病。Shepherd 研究表明：葡萄籽油能降低血液中 LDL（低密度脂蛋白）胆固醇，同时能提高 HDL（高密度脂蛋白）胆固醇的水平，对防治冠心病有利。此外，亚油酸还是 ω-6 长链多不饱和脂肪酸尤其是 γ-亚麻酸和花生四烯酸的前体。

亚麻酸：又名十八碳-9，12，15-三烯酸，C18：3Δ9C，12C，15C。含有 18 个碳原子和 3 个双键的不饱和脂肪酸，为人体营养所必需。亚麻酸可以分为 α-亚麻酸和 γ-亚麻酸两种，它们均为直链脂肪酸，相对分子量为 278。两者差异仅在于其中一个不饱和键位置不同。在天然油脂中，不饱和脂肪酸被分了 3 类。第一类，以油酸为主，它的不饱和键与碳链的甲基端相距 9 个碳原子；第二类，以亚油酸、γ-亚麻酸、花生四烯酸为主，它们的不饱和键与碳链的甲基端相距 6 个碳原子；第三类，以 α-亚麻酸、EPA、DHA 为主，它们的不饱和键与碳链的甲基端相距 3 个碳原子。这 3 类脂肪酸在体内不能相互转化。其中，第三类的 α-亚麻酸可在体内代谢为 EPA 和 DHA，所以 α-亚麻酸具有类似于 EPA 和 DHA 的生理功能和生化特性。n-3 系列多不饱和脂肪酸被认为是动脉保护神，AnneMorise 等将雄性和雌性大鼠分别用含有 12.5% 亚麻酸（亚麻籽油）和饱和脂肪酸（黄油）饲料连续饲养 9 周。亚麻酸组大鼠血浆胆固醇含量低，与饱和脂肪酸组相比，LDL 降低 17%，葡萄糖降低 20%，LDL/HDL 降低 27%。此外，α-亚麻酸能抑制过敏反应，有抗炎作用；能保护视力、增强智力；能抑制衰老，有降血脂和预防心脑血管病等作用。

芥酸（C22：1，或称芥子酸），是一种重要的工业原料。由于芥酸不溶于水而溶于乙醇和甲醇，所以它是很好的增塑剂和防水剂。另外，它可以作为润滑剂和表面活性剂等，还可以作为食品、印刷品、化妆品和医药等的添加剂，是一种被广泛利用的原料。在自然界中仅存在于十字花科芸薹属植物白芥（*Brassica alba*）种子脂肪及菜籽油中。有时把 α-羟-15-二十四碳烯酸也包括在芥酸内。目前工业用的芥酸主要从菜籽油和鱼油中提取。但是，由于芥酸不利于人体健康，我国的油菜育种专家都以育成低芥酸含量的油菜品种为主要任务。所以随着工业用的芥酸的需求量越来越大，迫使芥酸的供应依赖于寻找新的含芥酸的植物，或者利用基因工程手段将油菜中参与合成芥酸的关键酶导入其他植物，在其他物种中合成芥酸。

二、植物脂肪酸的代谢途径

尽管脂肪酸的合成是一个非常复杂的生化过程，但大多数反应步骤已了解得很清楚了（图4-1）。植物中低于18碳的脂肪酸合成是在质体中进行的。在种子里，脂肪酸的合成是在未分化的质体中进行，由脂肪酸合成酶（fatty acid synthase，FAS）所催化。首先，在种子的发育过程中，蔗糖作为合成脂肪酸的主要碳源，从光合作用的主要器官（如叶片）转运到种子细胞中，通过卡尔文循环将其转变为丙酮酸，并转化成乙酰CoA（acetyl-CoA），即脂肪酸合成的前体物。在质体中，乙酰CoA在乙酰CoA羧化酶的作用下生成丙二酸单酰CoA（malonyl-CoA）。然后脂肪酸合成酶（FAS）以丙二酸单酰CoA为底物进行连续的聚合反应，以每次循环增加两个碳的频率合成酰基碳链。同时增长的酰基碳链又与酰基载体蛋白（acyl-carried proteins，ACP）结合，以保护其不受代谢途径中多种酶的侵蚀。在这种碳链延伸过程中碳键是通过产生一个β-酮酯酰基ACP（β-ketoacyl-ACP）而形成的。随后，经过羰基的还原、脱水、再还原将其变成比上一个循环多两个碳原子的酰基ACP。研究发现，FAS通常为三种（KASⅠ、KASⅡ、KASⅢ）不同的β-酮酯酰基ACP合成酶（β-ketoacyl-ACP synthase，KAS）：KASⅢ是以乙酰CoA和丙二酰CoA为底物；KASⅠ作用于碳链长度为4～14个碳之间的酰基ACP；KASⅡ则是催化棕榈酰基ACP与丙二酰ACP之间的聚合反应，产生硬脂酰基ACP（stearoyl-ACP，C18：0-ACP）。经过数次循环聚合反应后，脂肪酸合成可在酰基ACP硫酯酶（acyl-ACP thioesterase）或酰基转移酶（acyl-transferase）作用下终止，将游离的脂肪酸从ACP上释放出来。同时在与质体膜结合的酰基CoA合成酶的作用下合成酰基CoA，并从质体运输到内质网或胞质中。因为酰基ACP硫酯酶具有链的长度特异性，其活性影响各脂肪酸成分之间的比率，在油料作物中，由于C16和C18脂肪酰基ACP

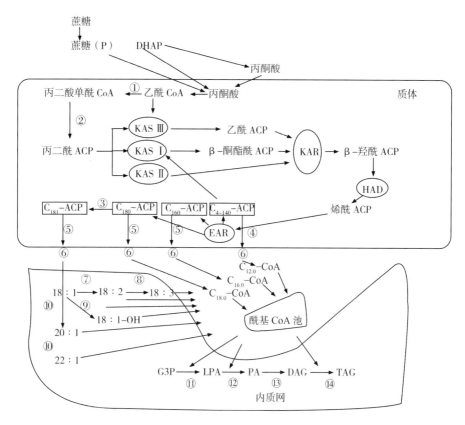

KAS I、KAS II、KAS III：β-酮酯酰基 ACP 合成酶 I、II、III；KAR：β-酮酯酰基 ACP 还原酶；HAD：β-酮酯酰基 ACP 脱氢酶；EAR：酰基 ACP 还原酶。

①乙酸 CoA 羧化酶；②丙二酰 CoA：ACP 转酰基酶；③硬脂酰 ACP 脱饱和酶；④中链酰基 ACP 硫酯酶；⑤酰基 ACP 硫酯酶；⑥酰基 CoA 合酶；⑦油酸脱饱和酶；⑧亚油酸脱饱和酶；⑨油酸羟化酶；⑩脂肪酸延伸酶；⑪甘油 2-磷酸酰基转移酶；⑫溶磷脂酸酰基转移酶；⑬磷酯酸磷酸酶；⑭二酰甘油酰基转移酶。

图 4-1 脂肪酸生物代谢的基本途径

特异性的硫脂酶大量存在，故大部分脂肪酸为 C16 或 C18 脂肪酸。脂肪酸合成的其余步骤是在内质网中进行的，包括脂肪酸的去饱和以及链的延长是在与内质网结合的脱饱和酶和延伸酶的作用下完成，最后贮存在胞质中的酰基 CoA 池中。TAG 合成的骨架成分甘油 3-磷酸是糖酸解中间产物合成的，TAG 的组装是通过 Kennedy 途径：3-磷酸甘油（G-3-P）→溶血性磷脂（LAP）→磷脂酸（PA）→乙酰甘油酯（DAG）→三酰甘油酯

（TAG），它们分别由 3-磷酸甘油酰基转移酶（GPAT）、溶血性磷脂酸酰基转移酶（LPAAT）、磷脂酸磷酸化酶（PAP）和二酰甘油酰基转移酶（DGAT）所催化，它们均定位在内质网膜上。

此外一些少见的、很有商业价值的羟基脂肪酸或环氧化脂肪酸等都是由单一的酶催化完成的。目前，对这些生化途径的研究也取得了一定成果。

三、油酸与 FAD2 的关系

（一）油酸合成过程

在油菜脂肪酸的形成过程中，首先是由棕榈酸（C16：0）在延伸酶的作用下合成硬脂酸（18：0）。然后，硬脂酸（18：0）在硬脂酰-ACP 脱氢酶于质体基质中催化形成油酸（C18：1）。接着，油酸（C18：1）会在 $\Delta 12$ 油酸减饱和酶作用下进一步减饱和生成亚油酸（图4-2）。

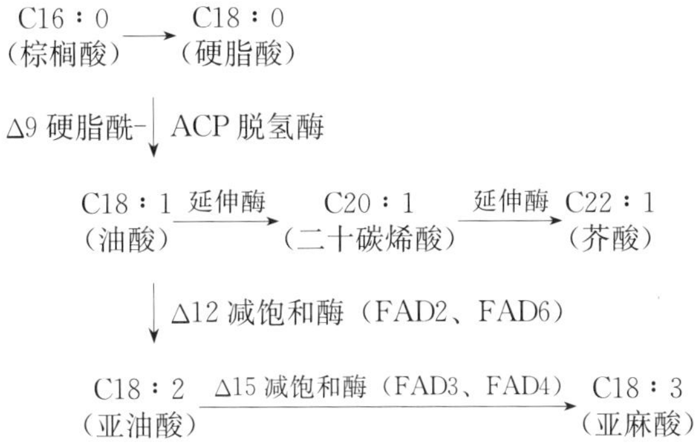

C16：0 ⟶ C18：0
（棕榈酸）（硬脂酸）

$\Delta 9$ 硬脂酰- ACP 脱氢酶

C18：1 —延伸酶→ C20：1 —延伸酶→ C22：1
（油酸）（二十碳烯酸）（芥酸）

↓ $\Delta 12$ 减饱和酶（FAD2、FAD6）

C18：2 —$\Delta 15$ 减饱和酶（FAD3、FAD4）→ C18：3
（亚油酸）（亚麻酸）

图 4-2 油菜发育种子中脂肪酸生物合成过程

硬脂酰-ACP 脱氢酶决定硬脂酸形成油酸，而 FAD2 和 FAD6 则决定油酸形成亚油酸（FAD2 位于内质网膜上，FAD6 位于叶绿体膜上，但 FAD2 的作用效果比 FAD6 强很多）。FAD3 和 FAD7（FAD3 位于内质网膜上，FAD7 位于叶绿体膜上，FAD3 的效果也比 FAD7 强）决定亚油酸形成亚麻酸。

有资料表明，FAD2 控制 $\Delta 12$ 油酸减饱和酶的活性。它首先催化油酰-ACP 脱氢生成亚油酰-ACP，再由其他脱氢酶催化生成一系列多不饱和酯酰-ACP。故对 *FAD2* 基因表达进行抑制，则可减少油菜种子内部油酸减饱和酶的合成含量，从而降低了油酸减饱和酶的活性，使油酸减饱和产生亚油酸的步骤受阻。而此步减饱和反应也是多不饱和脂肪酸如亚油酸、亚麻酸产生的关键步骤，当亚油酸的含量下降时，产生亚麻酸的底物不足，间接导致亚麻酸含量的降低。据报道，通过 $\Delta 12$ 油酸减饱和酶反义抑制可使油酸提高到 83%。这种转基因的油菜和另一个突变体油菜杂交，已培养出油酸含量达 88.4% 的油菜新材料。

Diepenbrock 等人曾测量了授粉后前 15 天不同时间点的角果长度，发现第 2 天的长度仅为 1.5 cm，而到第 15 天时全长即达到 6.5 cm，这期间种子发育缓慢、含油量低、脂肪酸组成与叶片相似。Diepenbrock 等人还检测了授粉后第 15 天以后种子中的含油量，发现开花后第 10 天含油量为 6% 左右，第 20 天为 18%，到第 30 天时即达到 43%，第 30 天以后含油量增加趋缓。戴晓峰研究高低芥酸油菜品种的脂肪酸积累模式，根据主要脂肪酸在种子发育过程中呈现出的不同积累模式，将它们分成两类，"早期积累脂肪酸"——棕榈酸、硬脂酸、亚油酸、亚麻酸——其积累过程主要集中在种子发育早期，"晚期积累脂肪酸"——油酸、二十碳烯酸、芥酸——其积累过程集中在种子发育后期。同时，他根据多不饱和脂肪酸和超长链脂肪酸集中合成的时期不同，将种子发育全过程以第 15 天为界分成两个阶段，即授粉后前 15 天为多不饱和脂肪酸合成期，第 15 天以后为超长链脂肪酸合成期。并根据种子发育过程中的生理变化将种子发育过程分成三个阶段：授粉后前 15 天为角果伸长期、第 15~30 天为种子发育期、30 天以后为种子成熟期。得出如下结论：脂肪酸去饱和过程主要发生在角果伸长期，而脂肪酸碳链延长则发生在种子发育期和成熟期，其中二十碳烯酸的积累主要集中在种子发育期，芥酸则在种子发育期和成熟期具有两个快速合成阶段。

通常来讲，作物品质和产量往往被认为存在相互矛盾，即追求产量的同时品质就难以保障，追求品质的同时往往产量降低。一些优质的作物品种产量不高，正是由于抗性不好而未得到推广。油菜油酸含量的提高，不仅使食用菜籽油营养价值提高，在工业、药用领域都具有广泛用途。然而，Kinney 等研究发现，油酸位点基因双突变导致植物正常生长发育缓慢，产生植物抗寒能力降低、结实率下降等不利影响。在油菜中，研究者也认为菜籽油酸含量的提高与产量呈负相关。在高油酸背景的油菜研究中发现，油菜株高、有效分枝数、角果平均粒数略低于普通油酸品种，千粒重和含油量略有升高，但差异均不显著，也反映出油菜高油酸与含油量、千粒重等产量性状并没有矛盾关系，相互并不影响。

（二）FAD2 的性质

植物中产生多不饱和脂肪酸的一个比较重要的酶是位于内质网上的油酸脱氢酶（1-acyl-2-oleoyl-sn-glycero 3-phosphocholine Δ12-desaturase，EC1.3.1.35；FAD2）。FAD2 是在脂肪酸上引入第二个双键的酶，催化多不饱和脂肪酸生物合成的第一步反应，FAD2 去饱和酶还有低水平的羟化活性，说明去饱和与羟化作用有相似的作用机制。FAD2 以 1 - 酰基 - 2 - 油酰甘油三磷酸胆碱作为底物，活性需要 NADH，NADH：Cyt b 氧化还原酶、细胞色素 b5 和氧气。FAD2 有可能在 sn-1 位和 sn-2 位上都起作用，虽然一般认为它是作用于磷脂酰胆碱（PC）的去饱和酶，但也可能作用于其他磷脂。FAD2 作用于底物时有方向特异性，只在脂肪酸已有的双键和甲基端引入一个双键。FAD2 位于内质网上，其 N 端暴露于内质网膜的胞质一侧。FAD2 酶蛋白在翻译的同时，依靠其自身的第一个疏水跨膜区作为 N 端信号序列和信号识别颗粒 SRP（signal recognition pratical）相互作用，插入内质网膜上。根据抗原决定基标记的 FAD2 免疫荧光分析，推测 FAD2 的结构以及在内质网上的拓扑结构（图 4 - 3）。

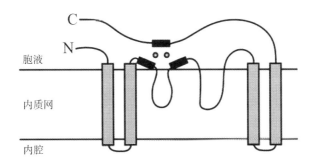

图 4 - 3　FAD2 的结构以及在内质网上的拓扑结构

（三）FAD2 活性调节

FAD2 催化油酸去饱和成为亚油酸，亚油酸是种子三酯甘油的主要脂肪酸。FAD2的活性受温度调节，温度可以调控油酸的去饱和过程，从而控制油酸的含量。此外，FAD2的活性可能还受供氧情况的调节。然而，不同植物的FAD2受温度的影响程度不同：例如生长温度对红花种子的亚油酸含量影响很小；向日葵种子受温度的影响很大，温度下降时油酸去饱和作用增加。

植物FAD2活性受温度调节的机制还存在不同的看法。实验证明，当拟南芥或大豆置于低温之下或者受冷刺激时，*FAD2*基因转录并不增加，说明温度调节FAD2活性不是在转录水平上进行的。一些研究者认为，低温下去饱和加速的原因是在低温下去饱和酶的活性比在高温下高些，而在大肠杆菌中过表达蓝细菌（PCC 6803）的*des*A的实验中，证明去饱和酶与温度呈正相关，说明低温下脂肪酸去饱和增加的原因不是低温下去饱和酶的活性升高，而是去饱和酶的重新合成。在体外对FAD2的活性测定的实验也证明其最适温度是20℃，温度调节FAD2酶活性，可能是通过低温下FAD2酶重新合成，高温对已存在的酶快速可逆性的部分失活来完成。

第二节　*FAD2*基因的功能

一、高油酸突变体*FAD2*基因的克隆及序列分析

由*FAD2*基因控制的油酸减饱和酶是负责从油酸形成亚油酸及其他多不饱和脂肪酸的关键酶。一些学者对油菜、向日葵、花生及玉米等研究发现，高油酸突变体*FAD2*基因都已受到了不同程度的影响，从而导致它转录水平下降或者丧失。官春云等对辐射诱变获得的高油酸材料*FAD2*基因序列分析发现，在270 bp发生了无义突变，导致油酸含量的提高。Topfer等人通过构建反义表达载体，来抑制甘蓝型油菜*FAD2*基因，获得了油酸含量85%的突变体，Hitz对Δ12油酸减饱和酶*FAD2*基因进行了反义抑制，使得油酸含量上升到83%，Stoutjesdijk等人通过共抑制使甘蓝型油菜油酸含量达到89%，可见由*FAD2*基因编码蛋白质的失活是形成高油酸

的关键。

（一）材料和方法

1. 材料

供试材料为湘油15号经EMS处理后获得油酸含量在71.5%的突变材料05-4，对照材料为未经过EMS处理的湘油15号（油酸含量60%左右）自交材料，采用气相色谱法测定油酸含量。受体菌DH5α，克隆载体pMD18-T载体、加"A"尾试剂盒和高保真DNA聚合酶均购自北京天根生物有限公司，DNA快速回收试剂盒和质粒提取试剂盒购自安比奥生物公司。

2. 方法

（1）基因组DNA的提取

参考CTAB法略有改进。

（2）引物设计

参照GeneBank中甘蓝型油菜*FAD2*基因（AY577313）的保守序列设计，由上海华大生物公司合成。引物序列为：正引：5′ATGGGTGCAGGT-GGAAGAATGCAAG 3′，反引：5′ACTTATTGTTGTACCAGAACACACC 3′。

（3）PCR反应体系

30 μL反应体系，包括ddH$_2$O 23 μL，10X buffer3 μL（含3.0mmol/L MgCl$_2$），dNTP 0.6 μL（10 mmol/L），0.4 μL Taq酶（2.5U/μL），1 μL正引物（10 mmol/L），1 μL反引物（10 mmol/L），1 μL模板。PCR扩增程序为94 ℃预变性5 min，94 ℃变性50 s，57 ℃退火40 s，72 ℃延伸2 min，72 ℃后延伸10 min，共35个循环。

（4）PCR产物回收和克隆

采用纯化试剂盒进行回收的PCR产物，通过加"A"尾后与pMD18-T载体连接，16 ℃连接过夜。将连接产物与DH5α感受态细胞一起进行转化，取200 μL转化产物涂布于含7 μL的IPTG，40 μL的X-gal和60 ng/μL Amp的LB平板上，37 ℃倒置培养16～18 h。

（5）重组子的筛选及菌落 PCR

从 LB 平板上选白色菌落进行 PCR，PCR 反应体系和扩增程序同上，目的是检测目的片段是否连在 T 载体上。

（6）质粒提取及质粒 PCR 提取

试剂盒提取，PCR 反应体系和扩增程序同上。

（二）结果与分析

1. 甘蓝型油菜基因组 DNA

采用 CTAB 法分别对 05-4 和湘油 15 号自交材料的基因组 DNA 进行了提取，用 DH-600 型核酸蛋白分析仪测定 OD_{280} 和 OD_{260} 的值，计算出 OD_{260}/OD_{280} 在 $1.8\sim2.0$ 之间，可以作为基因扩增的模板，如图 4-4。

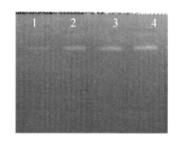

注：第 1 和第 2 泳道为对照；第 3 和第 4 泳道为 05-4。

图 4-4 油菜基因组 DNA

2. PCR 扩增产物

如图 4-5，用特异引物分别对 05-4 和湘油 15 号自交材料的基因组 DNA 进行 *FAD2* 基因扩增，所得到的片段大小和目的基因大小（1150 bp）一致，将所得的片段回收，通过加尾 "A" 后与 T 载体连接。

3. 菌落 PCR 结果

将目的片段连到 T 载体上以后，转到大肠杆菌中，然后涂平板，挑白色单菌落进行菌落 PCR，用来初步检测目的基因是否已经转到大肠杆菌中去。结果如图 4-6，第 1~6 泳道为对照菌落 PCR 扩增结果，片段大小和目的基因一致；第 7~12 泳道为 05-4 菌落 PCR 扩增结果，除第 12 泳道菌落外，其他菌落都含有目的基因片段。

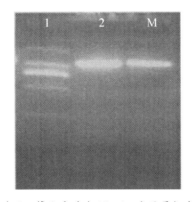

注：第 1 泳道为对照；第 2 泳道为 05 - 4；分子量标准：2000 bp DNA。

图 4 - 5　PCR 扩增结果

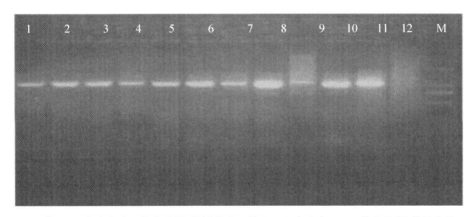

注：第 1～6 泳道为对照菌落 PCR 扩增结果；第 7～12 泳道为 05 - 4 菌落 PCR 扩增结果。

图 4 - 6　菌落 PCR 扩增结果

4. 质粒 PCR 结果

将检测到的白色菌落进行摇菌，用试剂盒提取质粒，并进行质粒 PCR，结果如图 4 - 7，从图中可以看到质粒中含有我们想要的大小一致的片段，然后将带有目的基因的大肠杆菌送到上海华大生物公司测序。每个材料选 5 个菌进行测序，每个菌分别测了 5′ 和 3′ 端。

5. 高油酸突变材料 05 - 4 与对照 *FAD2* 基因测序结果

将测得序列用 DNAstar 软件将其接成一个完整的基因序列。用 DNA-man 软件对所有序列进行了比较（比对图略），结果发现，无论是在高油酸材料 05 - 4 还是对照材料中，在第 41～46 处的核苷酸序列都有连续的 6

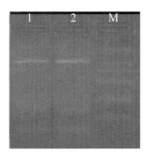

注：第1泳道为对照；第2泳道为05－4；分子量标准：2000 bp DNA。

图4-7 质粒 PCR 扩增产物结果

个碱基不能配对，从而粗略判断，我们克隆的 *FAD2* 基因不完全是一个序列，可能是两个（分别标注为 *FAD2A* 和 *FAD2B*）。

（1）高油酸材料的两个 *FAD2* 基因序列

FAD2A：

ATGGGTGCAGGTGGAAGAATGCAAGTCTCTCC

TCCCTCCAGCTCCCCGGAACCAACACCCTCAAACGC

GTCCCTGCGAGACACCACCCTTCACTCTCGGAGA

CCTCAAGAAAGCAATCCCACCTCACTGCTTCAAAC

GCTCCATCCCTCGCTCCTTCTCCTACCTCATCTTCG

ACATCCTCGTCGCCTCCTCCCTCTACCACTCTCCA

CAGCCTACTTCCCTCTCCTCCCCACCCTCTCCCTT

ACTTCGCCTGGCCTCTCTACTGGCCTGCCAAGGGT

GCGTCCTAACCGGCGTCTGGGTCATAGCCCACGAG

TGCGGCCACCACGCCTTCAGCGACTACCAGTGGCT

TGACGACACCGTCGGTCTCATCTTCCACTCCTTCC

TCCTCGTCCCTTACTTCTCCTGGAAGTACAGTCAT

CGACGCCACCATTCCAACACTGGCTCCCTCGAGAG

AGACGAAGTGTTTGTCCCCAAGAAGAAGTCAGAC

ATCAAGTGGTACGGCAAGTACCTCAACAACCCGCT

GGGACGCACCGTGATGTTAACGGTTCAGTTCACTC

TCGGCTGGCCGTTGTACTTAGCCTTCAACGTCTCG

GGAAGACCTTACAGCGGCGGCTTCGCTTGCCATTT
CCACCCCAACGCTCCCATCTACAACGACCGCGAGCG
TCTCCAGATATACATCTCTGACGCTGGCGTCCTCT
CCGTATGTTACGGTCTCTACCGTTACGCTGCTTCG
CGAGGAGTAGCCTCTGTGGTCTGTGTCTACGGAGT
TCCGCTTCTAATTGTCAACTGTTTCCTCGTCTTGA
TCACTTACTTGCAGCACACGCACCCTTCGCTGCCT
CACTATGATTCTTCCGAGTGGGATTGGTTGAGAGG
AGCTTTGGCTACTGTGGATAGAGACTATGGAATC
TTGAACAAGGTGTTCCATAACATCACGGACACGCA
CGTGGCGCATCATCTGTTCTCGACGATGCCGCATT
ATAACGCGATGGAAGCGACCAAGGCGATAAAGCCG
ATACTTGGAGAGTATTACCAGTTCGATGGAACGCC
GGCGGTTAAGGCGATGTGGAGGGAGGCGAAGGAG
TGTATCTATGTTGAACCGGATAGGCAAGGTGAGA
AGAAAGGTGTGTTCTGGTACAACAATAAGT

FAD2B：

ATGGGTGCAGGTGGAAGAATGCAAGTGTCTCC
TCCCTCCAAAAAGTCTGAAACCGACACCATCAAGC
GCGTACCCTGCGAGACACCGCCCTTCACTGTCGGA
GAACTCAAGAAGCAATCCCACCGCACTGTTTCAAA
CGCTCGATCCCTCGCTCTTTCTCCTACCTCATCTGG
GACATCATCATAGCCTCCTGCTTCTACTACGTCGC
CACCACTTACTTCCCTCTCCTCCCTCACCCTCTCTC
CTACTTCGCCTGGCCTCTCTACTGGGCCTGCCAAG
GGTGCGTCCTAACCGGCGTCTGGGTCATAGCCCAC
GAGTGCGGCCACCACGCCTTCAGCGACTACCAGTG
GCTTGACGACACCGTCGGTCTCATCTTCCACTCCT
TCCTCCTCGTCCCTTACTTCTCCTGGAAGTACAGT
CATCGACGCCACCATTCCAACACTGGCTCCCTCGA

GAGAGACGAAGTGTTTGTCCCCAAGAAGAAGTCA
GACATCAAGTGGTACGCAAGTACCTCAACAACCCT
TTGGGACGCACCGTGATGTTAACGGTTCAGTTCAC
TCTCGGCTGGCCGTTGTACTTAGCCTTCAACGTCT
CGGGAAGACCTTACGACGGCGGCTTCGCTTGCCAT
TTCCACCCAACGCTCCCATCTACAACGACCGCGA
GCGTCTCCAGATATACATCCGACGCTGGCATCC
TCGCCGTCTGCTACGGTCTCTTCCGTTACGCCGCCG
CGCAGGGAGTGGCCTCGATGGTCTGCTTCTACGGA
GTCCCGCTTCTGATTGTCAATGGTTTCCTCGTGTT
GATCACTTACTTGCAGCACACGCATCCTTCCCTGC
CTCACTACGATTCGTCCGAGTGGGATTGGTTGAGG
GGAGCTTTGGCTACCGTTGACAGAGACTACGGATC
TTGAACAAGGTCTTCCACAATATTACCGACACGCA
CGTGGCGCATCATCTGTTCTCCACGATGCCGCATT
ATCACGCGATGGAAGCTACTAAGGCGATAAAGCCG
ATACTGGGAGAGTATTATCAGTTCGATGGGACGCC
GGTGGTTAAGGCGATGTGGAGGGAGGCGAAGGAG
TGTATCTATGTGGAACCGGACAGGCAAGGTGAGA
AGAAAGGTGTGTTCTGGTACAACAATAAGT

（2）对照材料的两个 *FAD2* 基因序列

FAD2A：

ATGGGTGCAGGTGGAAGAATGCAAGTCTCTCC
TCCCTCCAGCTCCCCGGAACCAACACCCTCAAACG
CGTCCCTGCGAGACACCACCCTTCACTCTCGGAG
ACCTCAAGAAGCAATCCCACCTCACTGCTTCAAAC
GCTCCATCCCTCGCTCCTTCTCCTACCTCATCTTCG
ACATCCTCGTCGCCTCCTCCCTCTACCACCTCTCCA
CAGCCTACTTCCCTCTCCTCCCCCACCCTCTCCCTT
ACTTCGCCTGGCCTCTCTACTGGGCCTGCCAAGGG

TGCGTCCTAACCGGCGTCTGGGTCATAGCCCACGA
GTGCGGCCACCACGCCTTCAGCGACTACCAGTGGC
TTGACGACACCGTCGGTCTCATCTTCCACTCCTTC
CTCCTCGTCCCTTACTTCTCCTGGAAGTACAGTCA
TCGACGCCACCATTCCAACACTGGCTCCCTCGAGA
GAGACGAAGTGTTTGTCCCCAAGAAGAAGTCAGA
CATCAAGTGGTACGGCAAGTACCTCAACAACCCGC
TGGGACGCACCGTGATGTTAACGGTTCAGTTCACT
CTCGGCTGGCCGTTGTACTTAGCCTTCAACGTCTC
GGGAAGACCTTACAGCGACGGCTTCGCTTGCCATT
TCCACCCGAACGCTCCCATCTACAACGACCGCGAG
CGTCTCCAGATATACATCTCTGACGCTGGCGTCCT
CTCCGTATGTTACGGTCTCTACCGTTACGCTGCTT
CGCGAGGAGTAGCCTCTGTGGTCTGTGTCTACGGA
GTTCCGCTTCTAATTGTCAACTGTTTCCTCGTCTT
GATCACTTACTTGCAGCACACGCACCTTCGCTGC
CTCACTATGATTCTTCCGAGTGGGATTGGTTGAGA
GGAGCTTTGGCTACTGTGGATAGAGACTATGGAA
TCTTGAACAAGGTGTTCCATAACATCACGGACACG
CACGTGGCGCATCATCTGTTCTCGACGATGCCGCA
TTATAACGCGATGGAAGCGACCAAGGCGATAAAG
CCGATACTTGGAGAGTATTACCAGTTTGATGGAA
CGCCGGCGGTTAAGGCGATGTGGAGGGAGGCGAAG
GAGTGTATCTATGTTGAACCGGATAGGCAAGGTG
AGAAGAAAGGTGTGTTCTGGTACAACAATAAGT

FAD2B：

ATGGGTGCAGGTGGAAGAATGCAAGTGTCTCC
TCCCTCCAAAAAGTCTGAAACCGACAACATCAAGC
GCGTACCCTGCGAGACACCGCCCTTCACTGTCGGA
GAACTCAAGAAAGCAATCCCACCGCACTGTTTCAA

ACGCTCGATCCCTCGCTCTTTCTCCTACCTCATCTG
GGACATCATCATAGCCTCCTGCTTCTACTACGTCG
CCACCACTTACTTCCCTCTCCTCCCTCACCCTCTCT
CCTACTTCGCCTGGCCTCTCTACTGGGCCTGCCAG
GGCTGCGTCCTAACCGGCGTCTGGGTCATAGCCCA
CGAGTGCGGCCACCACGCCTTCAGCGACTACCAGT
GGCTGGACGACACCGTCGGCCTCATCTTCCACTCC
TTCCTCCTCGTCCCTTACTTCTCCTGGAAGTACAG
TCATCGACGCCACCATTCCAACACTGGCTCCCTCG
AGAGAGACGAAGTGTTTGTCCCCAAGAAGAAGTC
AGACATCAAGTGGTACGGCAAGTACCTCAACAACC
CTTTGGGACGCACCGTGATGTTAACGGTTCAGTTC
ACTCTCGGCTGGCCGTTGTACTTAGCCTTCAACGT
CTCGGGAAGACCTTACGACGGCGGCTTCGCTTGCC
ATTTCCACCCCAACGCTCCCATCTACAACGACCGC
GAGCGTCTCCAGATATACATCTCCGACGCTGGCAT
CCTCGCCGTCTGCTACGGTCTCTACCGCTACGCTGC
TGCGCAAGGAGTGGCCTCGATGGTCTGCTTCTACG
GAGTTCCGCTTCTGATTGTCAACGGTTTCCTCGTC
TTGATCACTTACTTGCAGCACACGCATCCTTCCCT
GCCTCACTATGATTCGTCGGAGTGGGATTGGTTGA
GGGGAGCTTTGGCTACCGTTGACAGAGACTACGGA
ATCTTGAACAAGGTCTTCCACAATATCACGGACAC
GCACGTGGCGCATCATCTGTTCTCGACGATGCCGC
ATTATCACGCGATGGAAGCTACCAAGGCGATAAA
GCCGATACTGGGAGAGTATTATCAGTTCGATGGAC
GCCGGTGGTTAAGGCGATGTGGAGGGAGGCGAAG
GAGTGTATCTATGTGGAACCGGACAGGCAAGGTG
AGAAGAAAGGTGTGTTCTGGTACAACAATAAGT

6. 序列比对结果

为了进一步弄清所测序列是同一个还是完全不同的两个 *FAD2* 基因，我们将这一结果上传到美国国家生物技术信息中心 NCBI 上进行 Blast，将高油酸材料 05－4 和对照材料 *FAD2* 序列分别和网上公布的甘蓝型油菜 *FAD2* 两个基因序列（AY592975.1 和 AY577313.1）进行比对，结果发现，对照材料 *FAD2A* 序列和 AY592975.1 具有 98％的同源性，而和 AY577313.1 的同源性为 92％，同时伴有连续 6 个碱基不能配对，说明 *FAD2A* 序列和 AY592975.1 是同一个基因；而 *FAD2B* 序列和 AY592975.1 只有 93％的同源性，并伴有连续 6 个碱基不能配对，但和 AY577313.1 具有 99％的同源性，说明 *FAD2B* 序列和 AY577313.1 是同一个基因，从而证明我们所得到的 *FAD2A* 序列和 *FAD2B* 序列是两个不同基因，具体比对结果如下（其中 05－4 比对结果图略）。

（1）对照材料 *FAD2A* 序列和网上公布的甘蓝型油菜 *FAD2* 基因序列（AY592975.1）比对结果：

```
gb|AY592975.1| Brassica napus delta-12 oleate desaturase mRNA, Length=1172
Identities = 888/904 (98%), Gaps = 0/904 (0%)
Query  1   ATGGGTGCAGGTGGAAGAATGCAAGTCTCTCCTCCCTCCAGCTCCCCCGGAACCAACACC  60
           ||||||||||||||||||||||||||||||||||||||||||||||||||||||||||||
Sbjct  4   ATGGGTGCAGGTGGAAGAATGCAAGTCTCTCCTCCCTCCAGCTCCCCCGGAACCAACACC  63
```

（2）对照材料 *FAD2A* 序列和网上公布的甘蓝型油菜 *FAD2* 基因序列（AY577313．1）比对结果：

```
gb|AY577313.1| Brassica napus delta-12 oleate desaturase mRNA, Length=1155
Identities = 1129/1150 (98%), Gaps = 0/1150 (0%)
Query  1   ATGGGTGCAGGTGGAAGAATGCAAGTGTCTCCTCCCTCCAAAAAGTCTGAAACCGACAAC  60
           ||||||||||||||||||||||||||||||||||||||||||||||||||||||||||||
Sbjct  1   ATGGGTGCAGGTGGAAGAATGCAAGTGTCTCCTCCCTCCAAAAAGTCTGAAACCGACAAC  60
```

（3）对照材料 *FAD2B* 序列和网上公布的甘蓝型油菜 *FAD2* 基因序列（AY577313.1）比对结果：

gb|AY577313.1| Brassica napus delta-12 oleate desaturase mRNA, Length=1155
Identities = 840/904 (92%), Gaps = 0/904 (0%)

```
Query   1    ATGGGTGCAGGTGGAAGAATGCAAGTCTCTCCTCCCTCCAGCTCCCCCGGAACCAACACC   60
             |||||||||||||||||||||||||| ||||||||||||         |  |  |||| ||| |
Sbjct   1    ATGGGTGCAGGTGGAAGAATGCAAGTGTCTCCTCCCTCCAAAAAGTCTGAAACCGACAAC   60
```

（4）对照材料 *FAD2B* 序列和网上公布的甘蓝型油菜 *FAD2* 基因序列
（AY592975.1）比对结果：

gb|AY592975.1| Brassica napus delta-12 oleate desaturase mRNA, Length=1172
Identities = 1092/1150 (93%), Gaps = 0/1150 (0%)

```
Query   1    ATGGGTGCAGGTGGAAGAATGCAAGTGTCTCCTCCCTCCAAAAAGTCTGAAACCGACAAC   60
             |||||||||||||||||||||||||| ||||||||||||         |  |  |||| ||| |
Sbjct   4    ATGGGTGCAGGTGGAAGAATGCAAGTCTCTCCTCCCTCCAGCTCCCCCGGAACCAACACC   63
```

（5）*FAD2* 基因序列和网上公布的白菜型油菜及甘蓝型油菜 *FAD2* 基
因序列比对结果：

甘蓝型油菜（*Brassica napus* AACC＝38）是由白菜型油菜（*Brassica campestris* AA＝20）和甘蓝（*Brassica oleracea* CC＝18）杂交而成。虽然我们得到了两个 *FAD2* 基因，但还不清楚这两个基因哪个属于 A 基因组，哪个属于 C 基因组，网上也没有明确说明。通过 DNAstar 软件对 *FAD2* 基因做了同源性比较，以弄清我们得到的这两个基因归属问题，见表 4-1 和表 4-2。结果表明，*FAD2A* 和白菜型油菜 *FAD2*（AJ459108）序列具有 91.6% 的同源性，而 *FAD2B* 和 AJ459108.2 具有 98.4% 的同源性；在和甘蓝 *FAD2* 基因进行序列比对时发现，网上公布的甘蓝 *FAD2* 的序列和白菜型油菜 *FAD2* 序列同源性竟达到 97% 以上，所以这样很难判断两个基因哪个属于 A 基因组，哪个属于 C 基因组。从图 4-8 和图 4-9 亲缘关系树可以看出，对照 *FAD2B* 和白菜型油菜亲缘关系更近一些，所以初步认定 *FAD2A* 属于 C 基因组，*FAD2B* 属于 A 基因组。

表 4-1　不同来源的 *FAD2* 基因和对照 *FAD2A* 之间同源百分比

一致性百分数

差异	1	2	3	4	5	6	7	
1	■	92.4	91.1	96.6	91.6	91.6	92.2	1
2	8.0	■	96.5	94.3	97.0	97.0	99.8	2
3	9.5	3.6	■	93.2	99.6	99.6	96.8	3
4	3.5	6.0	7.1	■	93.6	93.6	95.0	4
5	9.0	3.1	0.4	6.7	■	100.0	97.1	5
6	9.0	3.1	0.4	6.7	0.0	■	97.1	6
7	8.3	0.2	3.3	5.2	2.9	2.9	■	7
	1	2	3	4	5	6	7	

CK *FAD2A*.seq
B.napus mRNA *FAD2*(AF243045).seq
B.napus mRNA *FAD2*(AY577313).seq
B.campestris *FAD2* gene(AJ459108).seq
B.campestris mRNA *FAD2*(AJ459107).seq
B.oleracea *FAD2* gene(AF243045).seq

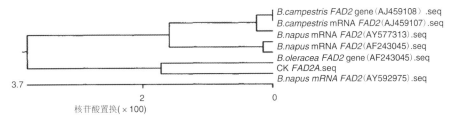

B.campestris *FAD2* gene(AJ459108).seq
B.campestris mRNA *FAD2*(AJ459107).seq
B.napus mRNA *FAD2*(AY577313).seq
B.napus mRNA *FAD2*(AF243045).seq
B.oleracea *FAD2* gene(AF243045).seq
CK *FAD2A*.seq
B.napus mRNA *FAD2*(AY592975).seq

3.7　　　　　　　2　　　　　　　0

核苷酸置换(×100)

图 4-8　不同来源的 *FAD2* 基因和对照 *FAD2A* 之间进化树

表 4-2　不同来源的 *FAD2* 基因和对照 *FAD2B* 之间同源百分比

一致性百分数

差异	1	2	3	4	5	6	7	
1	■	98.2	98.2	95.0	98.4	99.4	98.3	1
2	1.9	■	96.5	94.3	97.0	97.0	99.8	2
3	1.8	3.6	■	93.2	99.6	99.6	96.8	3
4	5.2	6.0	7.1	■	93.6	93.6	95.0	4
5	1.6	3.1	0.4	6.7	■	100.0	97.1	5
6	1.6	3.1	0.4	6.7	0.0	■	97.1	6
7	1.8	0.2	3.3	5.2	2.9	2.9	■	7
	1	2	3	4	5	6	7	

CK *FAD2B*.seq
B.napus mRNA *FAD2*(AF243045).seq
B.napus mRNA *FAD2*(AY577313).seq
B.napus mRNA *FAD2*(AY592975).seq
B.campestris *FAD2* gene(AJ459108).seq
B.campestris mRNA *FAD2*(AJ459107).seq
B.oleracea *FAD2* gene(AF243045).seq

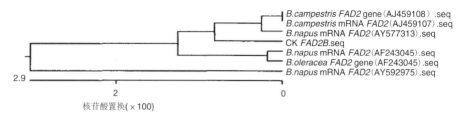

图 4-9 不同来源的 *FAD2* 基因和对照 *FAD2B* 之间进化树

（6）高油酸突变材料与对照材料 *FAD2* 基因序列比对结果：

在弄清了我们所得到的是两个基因的基础上，对高油酸突变材料 05-4 与对照材料 *FAD2A* 基因和 *FAD2B* 基因序列分别进行了比对，看两个材料之间有没有差异。结果表明，和对照相比，在 05-4 中，*FAD2A* 基因核苷酸序列只有两处发生了改变，第 614 位上的 A 碱基变成了 G，第 639 位上的 G 碱基变成了 C；而在 *FAD2B* 中有多处碱基发生变化，第 59 位上的 A 碱基变成了 C，第 279 位上的 G 碱基变成了 A，第 282 位上的 C 碱基变成了 G，第 354 位上的 G 碱基变成了 T，369 位上的 C 碱基变成了 T，第 722 位上的 A 碱基变成了 T，第 726 位上的 C 碱基变成了 T，第 732 位上的 T 碱基变成了 C，第 735 位上的 T 碱基变成了 C，第 741 位上的 A 碱基变成了 G，第 774 位上的 T 碱基变成了 C，第 793 位上的 C 碱基变成了 T，第 805 位上的 C 碱基变成了 G，第 849 位上的 T 碱基变成了 C，第 858 位上的 G 碱基变成了 C，第 937 位上的 C 碱基变成了 T，第 941 位上的 G 碱基变成了 C，第 969 位上的 G 碱基变成了 C，第 1003 位上的 C 碱基变成了 T。具体比对结果如下：

1）高油酸突变材料 05-4 与对照材料 *FAD2A* 基因序列比对结果：

```
Fast alignment of DNA sequences高油酸材料Fad2A.seq and CKFad2A.seq
Upper line: 高油酸材料Fad2A.seq, from 1 to 1150
Lower line:CKFad2A.seq, from 1 to 1150
HFad2A.seq: CKFad2A.seq identity= 99%


601    AGACCTTACAGCGGCGGCTTCGCTTGCCATTTCCACCCCAACGCTCCCATCTACAACGAC
       ||||||||||||||| |||||||||||||||||||||||| ||||||||||||||||||||
601    AGACCTTACAGCGACGGCTTCGCTTGCCATTTCCACCCGAACGCTCCCATCTACAACGAC
```

高油酸油菜育种栽培学

2）高油酸突变材料 05 - 4 与对照材料 *FAD2B* 基因序列比对结果：

Fast alignment of DNA sequences高油酸材料Fad2B.seq and 对照Fad2B.seq

Upper line: 高油酸材料Fad2B.seq, from 1 to 1150

Lower line: 对照Fad2B.seq, from 1 to 1150

高油酸材料Fad2B.seq: 对照Fad2B.seq identity= 98.26%(1130/1150) gap=0.00%(0/1150)

```
  1    ATGGGTGCAGGTGGAAGAATGCAAGTGTCTCCTCCCTCCAAAAAGTCTGAAACCGACACC
       ||||||||||||||||||||||||||||||||||||||||||||||||||||||||||| |
  1    ATGGGTGCAGGTGGAAGAATGCAAGTGTCTCCTCCCTCCAAAAAGTCTGAAACCGACAAC

241    CTCTCCTACTTCGCCTGGCCTCTCTACTGGGCCTGCCAAGGGTGCGTCCTAACCGGCGTC
       ||||||||||||||||||||||||||||||||||||||||| || |||||||||||||||||
241    CTCTCCTACTTCGCCTGGCCTCTCTACTGGGCCTGCCAGGGCTGCGTCCTAACCGGCGTC

301    TGGGTCATAGCCCACGAGTGCGGCCACCACGCCTTCAGCGACTACCAGTGGCTTGACGAC
       |||||||||||||||||||||||||||||||||||||||||||||||||||||| ||||||
301    TGGGTCATAGCCCACGAGTGCGGCCACCACGCCTTCAGCGACTACCAGTGGCTGGACGAC

361    ACCGTCGGTCTCATCTTCCACTCCTTCCTCCTCGTCCCTTACTTCTCCTGGAAGTACAGT
       ||||||||| |||||||||||||||||||||||||||||||||||||||||||||||||||
361    ACCGTCGGCCTCATCTTCCACTCCTTCCTCCTCGTCCCTTACTTCTCCTGGAAGTACAGT

721    TTCCGTTACGCCGCCGCGCAGGGAGTGGCCTCGATGGTCTGCTTCTACGGAGTCCCGCTT
       | ||| ||||| || ||||| ||||||||||||||||||||||||||||||||| ||||||
721    TACCGCTACGCTGCTGCGCAAGGAGTGGCCTCGATGGTCTGCTTCTACGGAGTTCCGCTT

781    CTGATTGTCAATGGTTTCCTCGTGTTGATCACTTACTTGCAGCACACGCATCCTTCCCTG
       ||||||||||| ||||||||||||| ||||||||||||||||||||||||||||||||||
781    CTGATTGTCAACGGTTTCCTCGTGTCTTGATCACTTACTTGCAGCACACGCATCCTTCCCTG

841    CCTCACTACGATTCGTCCGAGTGGGATTGGTTGAGGGGAGCTTTGGCTACCGTTGACAGA
       |||||||| |||||||||| |||||||||||||||||||||||||||||||||||||||||
841    CCTCACTATGATTCGTCGGAGTGGGATTGGTTGAGGGGAGCTTTGGCTACCGTTGACAGA

901    GACTACGGAATCTTGAACAAGGTCTTCCACAATATTACCGACACGCACGTGGCGCATCAT
       |||||||||||||||||||||||||||||||||||||| |||||||||||||||||||||
901    GACTACGGAATCTTGAACAAGGTCTTCCACAATATCACGGACACGCACGTGGCGCATCAT

961    CTGTTCTCCACGATGCCGCATTATCACGCGATGGAAGCTACTAAGGCGATAAAGCCGATA
       |||||| |||||||||||||||||||||||||||||||| |||||||||||||||||||||
961    CTGTTCTCGACGATGCCGCATTATCACGCGATGGAAGCTACCAAGGCGATAAAGCCGATA
```

7. 高油酸突变材料 05 - 4 及对照 *FAD2* 基因氨基酸序列比对结果

研究发现，甘蓝型油菜两个 *FAD2* 基因没有内含子，所以从基因组

DNA 中扩出的 *FAD2* 基因序列可以直接转变成氨基酸。用 DNAman 软件将测序得到的 *FAD2* 基因转变成了 383 个氨基酸，用于氨基酸序列比对。结果发现，和对照相比，在高油酸材料（05‐4）*FAD2A* 中，第 614 位上的 G 碱基变成了 C，从而导致第 205 位氨基酸 D 变成了 G，即天冬氨酸（Asp）变成了甘氨酸（Gly）；在 *FAD2B* 中，第 59 位上的 A 碱基变成了 C，导致第 20 位氨基酸 N 变成 T，即天冬酰胺（Snp）变成了苏氨酸（Thr），在第 732 位上的 T 碱基变成了 C，导致第 241 位氨基酸 Y 变成了 F，即苏氨酸（Thr）变成了半胱氨酸（Cys）。我们也看到，特别是在高油酸材料（05‐4）*FAD2B* 和对照在进行核苷酸序列比对时，有 17 处发生了碱基上的变化，但是只有两处发生了氨基酸的变化，说明少数的碱基的变化（单碱基）有可能改变氨基酸的序列，这主要是由于密码子的兼并性造成的。这三处氨基酸的变化是否真的引起 FAD2 编码蛋白质的改变，从而减弱油酸减饱和酶的活性，来增加油酸的含量，还有待进一步的研究和观察。两个基因氨基酸序列比对结果如下：

（1）高油酸突变材料 05‐4 与对照材料 *FAD2A* 基因氨基酸序列比对结果：

Upper line:高油酸材料 Fad2A. seq, from 1 to 383 ， Lower line: 对照Fad2A. seq, from 1 to 383

```
201      R P Y S G G F A C H F H P N A P I Y N D
201      R P Y S D G F A C H F H P N A P I Y N D
```

（2）高油酸突变材料 05‐4 与对照材料 *FAD2B* 基因氨基酸序列比对结果：

Upper line:高油酸材料 Fad2B. seq, from 1 to 383, Lower line:对照 Fad2B. seq, from 1 to 383

```
1        M G A G G R M Q V S P P S K K S E T D T
1        M G A G G R M Q V S P P S K K S E T D N

241      F R Y A A A Q G V A S M V C F Y G V P L
241      Y R Y A A A Q G V A S M V C F Y G V P L
```

（三）讨论

1. 高油酸材料 *FAD2* 基因个别氨基酸的改变能否引起油酸的变化还有待研究

对高油酸材料的 *FAD2* 基因序列进行分析，结果发现，和对照相比，高油酸材料 *FAD2* 基因有个别碱基发生了变化，从而引起了相应氨基酸序列的变化。在其他的油料作物中有报道，比如在向日葵中，由于 *FAD2* 基因中的亮氨酸（Leo）转变成了脯氨酸（Pro），产生了高油酸的突变材料。但在油菜中还没有报道氨基酸序列变化产生高油酸材料。因此，这些氨基酸序列的变化能不能导致甘蓝型油菜整个 *FAD2* 基因编码蛋白质的改变，还有待进一步研究以及对高油酸材料后代进一步分析。

2. 关于两个 *FAD2* 基因的归属问题

在进行序列比对时发现，美国国家生物技术信息中心 NCBI 上公布的甘蓝（*B. oleracea* CC＝18）基因组的 *FAD2* 基因和白菜型油菜（*B. campestris* AA＝20）基因组的 *FAD2* 基因（部分序列）在同源性上达到100%，这个结果和其他前人的研究有些出入，所以有必要将甘蓝（*B. oleracea* CC＝18）基因组的 *FAD2* 基因全长序列克隆出来，用以对甘蓝型油菜两个 *FAD2* 基因的归属问题做出正确的判断，为下一步的研究打下基础。

二、不同甘蓝型油菜品种 *FAD2* 基因在不同时期的表达差异分析

油菜的脂肪酸合成受一系列基因控制，这些基因的相互作用决定了油菜种子脂肪酸的组成与含量。据相关报道，油酸（C18：1）会在 Δ12 油酸减饱和酶（FAD2）作用下进一步减饱和而生成亚油酸，或在延伸酶（FAE1）的作用下转化为二十碳烯酸，并进一步延伸成芥酸。在现有的低芥酸油菜中，由油酸转化到芥酸的途径已经被阻断，FAE1 的作用微乎其微。所以，油酸的含量与油酸是否进一步减饱和转化为亚油酸有关。*FAD2* 基因控制着油酸减饱和至亚油酸的过程，*FAD2* 基因表达的强弱就决定减饱和酶合成的多少，决定减饱和作用的强弱，决定油酸含量的减少以及亚油酸含量的增加。若油酸的减饱和酶基因（*FAD2*）受到抑制或者发生突变，油酸的含量就会大大提高。而且许多的研究表明，油菜的油酸性状主要是由基因型控制，环境的影响很小。因此，研究油菜油酸含量在不同时期的变化与基因表达之间的关系对油菜品质改良和选育高油酸油菜品种具有重要意义。

（一）材料与方法

1. 供试材料

供试材料分别为湘油 15 号的诱变自交群体中的两个高油酸含量材料

（编号 1017 和 1036，油酸含量为 78.17％和 79.06％）和具有相同遗传背景的未诱变的湘油 15 号（编号 1179，油酸含量为 61.5％）。于 2006 年 10 月播种，至花期开始提取 RNA。

2. 试验方法

（1）RNA 的提取、检测与保存

采用安比奥公司的 RNA 提取试剂盒，从开花后第 7 天到开花后第 49 天，每隔一周提取一次总 RNA，−70 ℃中保存。

（2）逆转录反应

以 actin 基因为内参照基因，对 FAD2 基因表达水平进行半定量 RT-PCR 分析，并重复三次。将已检测的总 RNA 采用东洋纺的反转录酶，取 1 μg RNA 模板进行反转录得到第一链 cDNA。逆转录反应按东洋纺公司实验指南进行。

（3）FAD2 及 actin 引物的 PCR 扩增

根据 NCBI 网站上公布的甘蓝型油菜 FAD2 基因 mRNA 序列（Accession Number：AY592975），设计 FAD2 基因特异引物（RF1 和 RF2），扩增 FAD2 编码区内 276 bp 片段，引物核苷酸序列为：

正向引物 RF1：5-TTCACTGTCGGAGAACTCAAGAAAG CA-3′；
反向引物 RF2：5′-GACGGTGTCGTCAAGCCACTGGTAG-3′。

参照基因 actin 引物（A1 和 A2）采用严明理设计的，扩增 actin 编码区内 666 bp 的片段，引物核苷酸序列为：

正向引物 A1：5′-GACATTCAACCTCTTGTTTGCG-3′；
反向引物 A2：5′-CTGCTCGTAGTCAAGAGCAATG-3′。

经过 PCR 体系优化后，反应体系如表 4-3 所示。

表 4-3 PCR 反应体系

试剂	体积/μL
去离子水	15
10XPCR 缓冲液	3
第一链 cDNA＋dNTP 产物	5
正向引物 RF1 或 A1	1

续表

试剂	体积/μL
反向引物 RF2 或 A2	1
pfuDNA 聚合酶	5
合计	30

反应条件为：95 ℃预变性 5 min，95 ℃变性 40 s，退火 30 s，*FAD2* 和 *actin* 退火温度都为 50 ℃，72 ℃延伸 60 s，72 ℃预延伸 10 min，32 个循环，16 ℃保温。

（4）电泳及结果检测

琼脂糖凝胶电泳和 EB 染色，用 2.5％的琼脂糖凝胶对 PCR 扩增产物进行电泳，电压为 3 V/cm，2～3 h。电泳结束后用凝胶成相系统拍照和观察各条带的亮弱，用 GeneTools 图像分析软件将各条带的亮弱转化为数量分析 *FAD2* 基因表达差异。三次重复以降低误差。

（二）结果与分析

1. *FAD2* 基因半定量 RT-PCR 扩增电泳图

供试材料 1017、1036、1179 在授粉后第 7～49 天籽粒 *FAD2* 基因表达半定量 RT-RCR 扩增电泳图见图 4‑10、图 4‑11、图 4‑12。

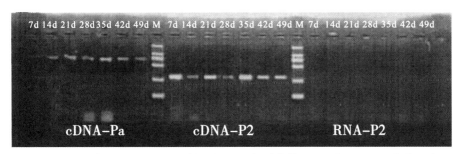

RNA-P2：总 RNA 与 *FAD2* 引物的 PCR 扩增产物；cDNA-P2：cDNA 与 *FAD2* 引物的 PCR 扩增产物；cDNA-Pa：cDNA 与 *actin* 引物的 PCR 扩增产物。M：由上至下分别为 2000 bp、1000 bp、750 bp、500 bp、250 bp、100 bp。7～49 天：分别指授粉后第 7～49 天。

图 4‑10　1017 材料授粉后第 7～49 天籽粒 *FAD2* 基因表达半定量 RT-PCR

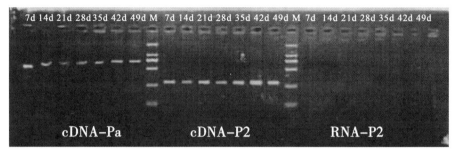

图 4-11　1036 材料授粉后第 7～49 天籽粒 *FAD2* 基因表达半定量 RT-PCR

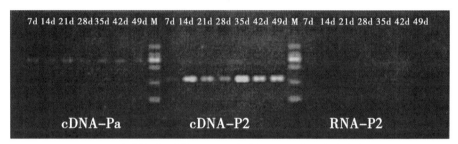

图 4-12　1179 材料授粉后第 7～49 天籽粒 *FAD2* 基因表达半定量 RT-PCR

2. *FAD2* 基因半定量 RT-PCR 扩增结果分析

实验结果表明：普通材料 1179 从授粉后第 7～49 天，*FAD2* 基因的扩增产物都普遍高于看家基因（*actin*）的扩增产物；而且 *FAD2* 基因的扩增产物在授粉后的第 14 天和第 35 天明显高于 *actin* 基因。其结果显示，*FAD2* 基因在材料 1179 中的整个成熟期都显著表达，也就是说，*FAD2* 基因的产物油酸减饱和酶在湘油 15 号的种子成熟期内合成正常，进而油酸减饱和作用正常进行，因此导致油酸含量减少、亚油酸含量增加。

高油酸突变材料 1017 和 1036 的 *FAD2* 基因扩增产物都大致高于看家基因的扩增产物（图 4-10、图 4-11），不过与普通品种 1179 相比，*FAD2* 的扩增产物则明显低于普通材料 1179。说明在湘油 15 号的突变材料中，油酸减饱和酶基因（*FAD2*）也有一定的表达，油酸减饱和反应在油菜体内依然进行，但是没有普通材料 1179 的强烈。然而，在高油酸突变材料 1017 和 1036 之间也有一定的差异，具体表现在 1017 材料的 *FAD2* 基因扩增产物在授粉后第 7 天、第 35 天和第 49 天明显高于其他时期。而 1036 材料的 *FAD2* 基因扩增产物在授粉后第 35 天和第 42 天高于 *actin* 基因的扩增产物；在授粉后的第 7 天则明显低于 *actin* 的扩增产物。

湘油 15 号的突变材料 1017 和 1036 的 *FAD2* 基因产物明显低于普通材料 1179，表明 1179 材料的减饱和反应强度明显高于突变材料 1017 和 1036。所以，从理论上讲，除去其他反应和环境的影响，1179 的油酸含量将低于 1017 与 1036 的油酸含量，而 1179 的亚油酸含量则应该高于 1017 和 1036 的亚油酸含量。

（三）讨论

1. *FAD2* 基因在不同时期的表达差异

采用 GeneTools 图像分析软件处理凝胶图片，将 PCR 扩增条带的亮度转化为数字进行定量分析，其结果取九次重复的平均值，如表 4-4：

表 4-4　*FAD2* 和 *actin* 基因 PCR 产物亮度（授粉后第 7~49 天）

材料	扩增片段	7 天	14 天	21 天	28 天	35 天	42 天	49 天
1036	*FAD2*	18.0	27.9	39.4	38.6	74.4	96.2	68.9
	actin	15.0	20.5	15.9	21.0	21.7	22.4	28.1
1017	*FAD2*	204.5	157.2	176.1	152.6	341.1	257.8	221.3
	actin	97.3	123.9	113.2	135.5	155.2	146.2	105.3
1179	*FAD2*	56.8	181.5	126.3	100.1	196.3	165.1	157.5
	actin	41.0	21.3	16.1	24.1	23.9	28.5	27.2

将上述数据转化为 *FAD2/actin* 的比值，得 *FAD2* 基因的半定量分析结果，如表 4-5 和图 4-13。

表 4-5　*FAD2* 基因的半定量分析（*FAD2/actin*）

材料	7 天	14 天	21 天	28 天	35 天	42 天	49 天
1036	1.20	1.36	2.48	1.83	3.42	4.29	2.45
1017	2.10	1.27	1.56	1.12	2.19	1.76	2.10
1179	1.39	8.52	7.84	4.15	8.21	5.79	5.79

由表 4-4、表 4-5 可以看出，材料 1179 的 *FAD2/actin* 的比值存在两个高峰期，分别是授粉后第 14 天和第 35 天。而授粉后第 28 天和第 49 天相对较低，说明 *FAD2* 基因在授粉后第 14 天和第 35 天转录强，油酸减

饱和酶合成在此期间多，油酸减饱和作用频繁；相反，在开花后第28天和第49天，*FAD2*基因表达弱，油酸减饱和酶合成量降低，油酸减饱和作用在此期间较弱。而材料1017与1036的整个成熟期中，*FAD2*基因的表达较平稳，较之材料1179则弱些。对比高油酸突变材料，可以看出材料1036的*FAD2*基因的表达量每个时期大致高于材料1017的表达量。

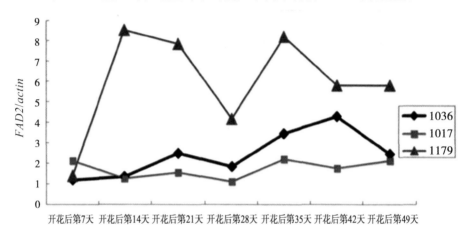

图 4 - 13　*FAD2* 基因在不同时期的表达趋势图

如图 4 - 13，普通材料 1179 与突变材料 1017、1036 之间存在显著差异，1179 的 *FAD2* 基因表达量显著高于 1017 和 1036 的。因此，1017 和 1036 的油酸含量将高于 1179 的油酸含量，而 1179 的亚油酸含量则应该高于 1017 和 1036 的亚油酸含量。而且，由这三个材料在不同时期 *FAD2* 基因表达量的测定结果可以看出，授粉后第 28 天 $FAD2/actin$ 的比值最小，而授粉后第 35 天 $FAD2/actin$ 的比值最大。这说明授粉后第 35 天左右是 *FAD2* 基因表达的高峰期。如果在此时期通过环境或者其他因素的影响来抑制 *FAD2* 基因的表达，应该可以显著提高湘油 15 号的油酸含量。

2. 不同材料间 *FAD2* 基因表达差异

由表 4 - 6 可以看出，不同材料间 *FAD2* 基因的表达差异极显著，但各材料的 *FAD2* 基因在不同时期间的表达差异却不显著，说明 *FAD2* 基因表达过程的时期性在各材料间具有相似性，但表达量却存在极大的区别。同样，在对不同材料的 *FAD2* 基因表达的 t 检验中发现，材料 1017、1036 与材料 1179 分别差异极显著，其 p 值分别为 0.00025 和 0.00016；材料

1017 与 1036 的 t 检验比较中 p 值为 0.013，差异显著。这也证明了不同材料间 *FAD2* 基因表达差异极显著的结论。

表 4 - 6 　不同材料在不同时期内 *FAD2* 基因表达的方差分析

差异源	SS	df	MS	F	P-value	F crit
材料间	71.77718	2	35.88859	15.28936	0.0005＊＊	3.885294
时期间	19.85561	6	3.309269	1.409825	0.2879N	2.99612
误差	28.1675	12	2.347291			
总计	119.8003	20				

注：＊显著（$P=0.05$），＊＊极显著，N 不显著，下同。

　　理论上讲，参照基因 *actin* 在植物发育的各个时期的表达量是一定的、不变的，那么 *actin* 基因的扩增片段量也应该是恒定的。但在实际实验中，*actin* 基因扩增片段之间还是存在少许差异。究其原因，一方面有些参照基因的表达并不是完全恒定的；另一方面可能是 RNA 浓度差异以及在反转录成第一链 cDNA 后，cDNA 的质量和浓度有差异。这也是 RT-PCR 技术，特别是半定量 RT-PCR 技术的不足之处。因此，在运用半定量 RT-PCR 技术研究基因表达时，每个时期都必须进行参照基因 *actin* 的 PCR 扩增，目的基因的扩增片段要与同时期的 *actin* 基因扩增片段对比，才能折算成目的基因表达量进行定量分析。

第三节　*FAD2* 基因的进化

　　利用当前世界上广泛使用的生物信息学软件较全面地对油菜 *FAD2* 基因进行多方面的深入研究，目的是比对分析油菜 *FAD2* 基因与其他物种中 *FAD2* 基因核酸序列和蛋白质序列的差异及其序列特征，蛋白质结构位点和功能结构域的同异，从而探究油菜 *FAD2* 基因的特点。

（一）*FAD2* 基因核酸序列比对分析

　　本文序列全基于 NCBI 选择并筛选，然后对所有序列进行比对分析。利用成对序列的比对（pairwise alignment）可显示出序列间的类似性，也是多序列比对算法的基础。对已知的两个序列进行序列比对，要发现这两个序列间的距离（edit distances），就是要计算程序之间有多少匹配（identities），k 的长度，分值。

基于使用 BioEdit 进行全部 19 条 *FAD2* 核酸序列片段两两比对的结果，取核酸序列比对的相似度在 40% 以上，蛋白质序列的相似度在 23% 以上，序列长度相近的比对组成可能存在潜在研究意义的比对组为研究对象，分成三组，即：a. 拟南芥 & 油菜；b. 油菜 & 油菜；c. 油菜 & 其他品种。材料详细资料如表 4 - 7 所示。

表 4 - 7　所选材料详细资料

材料名称	学名	检索号	长度
拟南芥	*Arabidopsis thaliana*（thale cress）	AY142057	1152 bp
甘蓝型油菜	*Brassica rapa*（rapa）	AY577313	1155 bp
甘蓝型油菜	*Brassica rapa*（rapa）	CS628389	1155 bp
白菜型油菜	*Brassica rapa*（brassica *campestris*）	AJ459107	1465 bp
芥菜型油菜	*Brassica juncea*	EF639848	1445 bp
埃塞俄比亚芥	*Brassica carinata*	AF124360	1155 bp
烟草	*Nicotiana tabacum*（common tobacco）	AY660024	1492 bp
向日葵	*Helianthus annuus*（common sunflower）	AJ292275	1344 bp
果蝇	*Drosophila melanogaster*（fruit fly）	NM_143709	1068 bp
芝麻	*Sesamum indicum*（semase）	AF192486	1466 bp
玉米	*Zea mays*	AB257309	1164 bp
花生	*Arachis ipaensis*	AF272952	1140 bp
亚麻	*Linum usitatissimum*	DQ222824	1137 bp
酵母	*Pichia pastoris*	AY863218	1394 bp
橄榄	*Olea europaea*（common olive）	AY733076	1430 bp
棉花	*Gossypium hirsutum*（upland cotton）	AY279315	1328 bp
蓖麻	*Ricinus communis*（castor bean）	EF071863	1558 bp
大豆	*Glycine max*（soy bean）	EU908062	1197 bp
油桐	*Vernicia montana*	EF152993	1152 bp

1. 应用 BLAST 分析 *FAD2* 基因核酸序列

准确地说，BLAST 的 Needleman-Wunsch 及 Smith-Waterman 算法的近似，减少了算法的运行时间。本文主要用到：blastp（比较氨基酸序列和蛋白质数据库）和 blastn（比较核酸序列和核酸数据库）。BLAST 在网络上也可以直接使用，在 NCBI 的主页上就可以找到在线进行 BLAST 的链接。同时由于使用了 GenBank 中的数据，使得查询的结果比较完全。表 4-8 是比对的结果。

参数设置：

March：1；Mismatch：-2；Gap open：2；Expect：10.0；Matrix：PAM30。

表 4-8　BLAST 两两比对分析 *FAD2* 核酸序列结果

比对材料（检索号）	分值	E 值	相似度	相似度百分比
甘蓝型-拟南芥（AY577313-AY142057）	1205	0	998/1165	85%
甘蓝型-甘蓝型（AY577313-CS628389）	1923	0	1119/1157	96%
甘蓝型-芥菜型（AY577313-EF639848）	1080	0	1130/1155	97%
甘蓝型-白菜型（AY577313-AJ459107）	2106	0	1150/1155	99%
拟南芥-芥菜型（AY142057-EF639848）	1227	0	1001/1164	85%
白菜型-芥菜型（AJ459107-EF639848）	2532	0	1422/1447	98%
拟南芥-白菜型（AY142057-AJ459107）	1227	0	1002/1165	86%
甘蓝型-埃塞俄比亚芥（AY577313 AF124360）	1669	0	1063/1155	92%
甘蓝型-烟草（AY577313-AY660024）	576	4e-168	775/1071	72%
甘蓝型-向日葵（AY577313-AJ292275）	293	4e-83	426/595	71%
甘蓝型-果蝇（AY577313-NM143709）	*	*	*	*
甘蓝型-芝麻（AY577313-AF192486）	563	3e-164	779/1076	72%
甘蓝型-玉米（AY577313-AB257309）	453	3e-131	754/1081	69%
甘蓝型-花生（AY577313-AB257309）	379	5e-109	737/1080	68%
甘蓝型-亚麻（AY577313-DQ222824）	764	0	871/1161	75%
甘蓝型-酵母（AY577313-AY863218）	64.4	6e-14	88/123	71%

比对材料（检索号）	分值	E值	相似度	相似度百分比
甘蓝型-橄榄（AY577313-AY733076）	504	2e-146	763/1080	68%
甘蓝型-棉花（AY577313-AY279315）	619	0	786/1072	73%
甘蓝型-蓖麻（AY577313-EF071863）	619	0	841/1161	72%
甘蓝型-大豆（AY577313-EU908062）	405	1e-116	740/1071	69%
甘蓝型-油桐（AY577313-EF152993）	556	3e-162	821/1157	70%

2. 应用 BioEdit 分析 FAD2 基因核酸序列

BioEdit 排列两个序列有两种方法。其一是最佳全球化排列（optimal global alignment），它使用基于 Smith 和 Wasterman 最佳排列模式的全球排列运算法则，最佳排列两个序列。其二是允许末端滑动的排列两个序列（allow ends to slide），它使用基于 Gotoh 修正的 Smith 和 Wasterman 最佳排列模式的全球排列运算法则，最佳排列两个序列，使其不能约束序列末端每一个序列末端（允许自由滑动到其他序列）。这种排列适用于快速识别小序列的序列阅读区的重叠区域，而不需要自动邻近装配程序。本文分别用两种方法比对了所有研究对象。表 4-9 是应用 BioEdit 比对分析 FAD2 基因核酸序列的结果。

参数设置：

Gap initiation penalty：8；Gap extension penalty：2；Base match score：1；Base mismatch penalty：-2；No Matrix。

表 4-9　BioEdit 比对分析 FAD2 基因核酸序列的结果

比对材料（检索号）	最优全局比对		允许末端滑动	
	序列长度（b）	相似指数	序列长度（b）	相似指数
甘蓝型-拟南芥（AY577313-AY142057）	1804	85.57%	1804	85.57%
甘蓝型-甘蓝型（AY577313-CS628389）	2196	96.71%	2196	96.71%

比对材料（检索号）	最优全局比对		允许末端滑动	
	序列长度（b）	相似指数	序列长度（b）	相似指数
甘蓝型-芥菜型 （AY577313-EF639848）	1939	78.20%	2235	78.20%
甘蓝型-白菜型 （AY577313-AJ459107）	1981	78.50%	2295	78.50%
拟南芥-芥菜型 （AY142057-EF639848）	1520	68.69%	1814	68.69%
白菜型-芥菜型 （AJ459107-EF639848）	2795	97.07%	2815	97.07%
拟南芥-白菜型 （AY142057-AJ459107）	1500	67.76%	1814	67.76%
甘蓝型-埃塞俄比亚芥 （AY577313-AF124360）	2034	92.04%	2034	92.04%
甘蓝型-烟草 （AY577313-AY660024）	964	57.01%	1278	55.39%
甘蓝型-向日葵 （AY577313-AJ292275）	1042	61.20%	1235	60.06%
甘蓝型-果蝇 （AY577313-NM143709）	370	50.56%	393	49.80%
甘蓝型-芝麻 （AY577313-AF192486）	983	58.31%	1279	56.79%
甘蓝型-玉米 （AY577313-AB257309）	1177	68.28%	1184	68.09%
甘蓝型-花生 （AY577313-AB257309）	1136	67.63%	1136	67.63%
甘蓝型-亚麻 （AY577313-DQ222824）	1430	75.60%	1430	75.60%

第四章 *FAD2* 基因与油酸形成

比对材料（检索号）	最优全局比对		允许末端滑动	
	序列长度（b）	相似指数	序列长度（b）	相似指数
甘蓝型-酵母 （AY577313-AY863218）	529	51.88%	854	48.53%
甘蓝型-橄榄 （AY577313-AY733076）	976	58.35%	1245	56.54%
甘蓝型-棉花 （AY577313-AY279315）	1144	63.54%	1322	63.32%
甘蓝型-蓖麻 （AY577313-EF071863）	927	54.90%	1339	54.17%
甘蓝型-大豆 （AY577313-EU908062）	1112	66.31%	1156	65.47%
甘蓝型-油桐 （AY577313-EF152993）	1295	71.71%	1295	71.71%

3. 应用 DNASTAR 分析 *FAD2* 基因核酸序列

DNASTAR MegAlign 提供各种 pairwise 比对方法。这里的研究对象是 DNA 序列，可以采用的方法有 Wilbur-Lipman Method，Martinez Needleman-Wunsch Method 和 Dotplot。在本课题中使用的是 Wilbur-Lipman 方法。表 4-10 所列为 DNASTAR 比对分析 *FAD2* 核酸序列的结果。

参数设置：

Gap penalty：3；K-tuple：3；Gap Extension：5；Gap open penalty：10。

表 4-10　DNASTAR 比对分析 *FAD2* 基因序列的结果

比对材料（检索号）	相似指数	间隙长度（b）	间隙性	共识长度
甘蓝型-拟南芥 （AY577313-AY142057）	85.6%	3	1	1107

比对材料（检索号）	相似指数	间隙长度（b）	间隙性	共识长度
甘蓝型-甘蓝型 （AY577313-CS628389）	96.2%	0	0	8.73
甘蓝型-芥菜型 （AY577313-EF639848）	98.2%	0	0	1088
甘蓝型-白菜型 （AY577313-AJ459107）	99.6%	0	0	1155
拟南芥-芥菜型 （AY142057-EF639848）	85.5%	3	1	774
白菜型-芥菜型 （AJ459107-EF639848）	98.1%	2	2	1447
拟南芥-白菜型 （AY142057-AJ459107）	85.2%	9	2	1128
甘蓝型-埃塞俄比亚芥 （AY577313-AF124360）	95.8%	0	0	120
甘蓝型-烟草 （AY577313-AY660024）	54.8%	306	15	1205
甘蓝型-向日葵 （AY577313-AJ292275）	67.6%	58	7	1075
甘蓝型-果蝇 （AY577313-NM143709）	29.8%	188	13	434
甘蓝型-芝麻 （AY577313-AF192486）	71.6%	5	2	823
甘蓝型-玉米 （AY577313-AB257309）	68.9%	35	9	852
甘蓝型-花生 （AY577313-AB257309）	61.2%	121	15	1208
甘蓝型-亚麻 （AY577313-DQ222824）	71.8%	54	5	1173

比对材料（检索号）	相似指数	间隙长度（b）	间隙性	共识长度
甘蓝型-酵母 （AY577313-AY863218）	57.4%	14	2	249
甘蓝型-橄榄 （AY577313-AY733076）	67.5%	67	10	977
甘蓝型-棉花 （AY577313-AY279315）	70.3%	32	7	1165
甘蓝型-蓖麻 （AY577313-EF071863）	59.3%	243	3	1385
甘蓝型-大豆 （AY577313-EU908062）	64.0%	70	12	1097
甘蓝型-油桐 （AY577313-EF152993）	68.4%	51	6	1179

4. 应用 DNAMAN 分析 *FAD2* 基因核酸序列

使用 DNAMAN 时可以用矩阵图（Dotmatrixplot 内比较两组 DNA 定序或两组蛋白质定序）。多重定序排列 DNAMAN 使用 Wilbur 及 Lipman 演算法做快速排列。Feng-Doolittle 及 Thompson（CLUSTAL）演算法则用于最佳化定序排列。本文使用 Wilbur-Lipman 算法。表 4 - 11 中所列为 DNAMAN 两两比对分析 *FAD2* 核酸序列的结果。

参数设置：

Gap penalty：5；K-tuple：3。

表 4 - 11　DNAMAN 对比分析 *FAD2* 基因核酸序列的结果

比对材料（检索号）	同性	长度（b）
甘蓝型-拟南芥（AY577313-AY142057）	85.68%	993
甘蓝型-甘蓝型（AY577313-CS628389）	96.73%	1124
甘蓝型-芥菜型（AY577313-EF639848）	97.33%	1131
甘蓝型-白菜型（AY577313-AJ459107）	99.05%	1151

续表

比对材料（检索号）	同性	长度（b）
拟南芥-芥菜型（AY142057-EF639848）	85.42%	990
白菜型-芥菜型（AJ459107-EF639848）	98.42%	1429
拟南芥-白菜型（AY142057-AJ459107）	85.42%	990
甘蓝型-埃塞俄比亚芥（AY577313-AF124360）	92.08%	1070
甘蓝型-烟草（AY577313-AY660024）	69.03%	800
甘蓝型-向日葵（AY577313-AJ292275）	68.51%	792
甘蓝型-果蝇（AY577313-NM143709）	37.13%	378
甘蓝型-芝麻（AY577313-AF192486）	68.86%	796
甘蓝型-玉米（AY577313-AB257309）	66.23%	761
甘蓝型-花生（AY577313-AB257309）	66.58%	759
甘蓝型-亚麻（AY577313-DQ222824）	75.17%	860
甘蓝型-酵母（AY577313-AY863218）	49.13%	535
甘蓝型-橄榄（AY577313-AY733076）	67.04%	775
甘蓝型-棉花（AY577313-AY279315）	71.45%	826
甘蓝型-蓖麻（AY577313-EF071863）	71.96%	834
甘蓝型-大豆（AY577313-EU908062）	65.64%	749
甘蓝型-油桐（AY577313-EF152993）	70.92%	822

由于 JellyFish、DNAssist 和 CLUSTAL X 的比对结果过于简单（只有一组数值或只有差异碱基），故不一一列出结果。

5. *FAD2* 基因核酸序列比对结果与讨论

使用 4 种生物信息学软件两两比对分析 *FAD2* 基因的核酸序列，结果显示：

①由于各生物信息学工具算法不一，所以所得相似度比较分析的结果略有不同。②根据相似度大小，表明：油菜 *FAD2* 基因核酸序列与拟南芥、埃塞俄比亚芥 *FAD2* 基因核酸序列的相似度很高，达 85%以上，同源性相当高；亚麻、油桐等其次；果蝇和酵母的 *FAD2* 基因核酸序列与油菜

的比较，相似度很小，低于 30％，表明它们之间几乎没有同源性。③各物种 *FAD2* 基因核酸相似度的大小暗示了各物种 *FAD2* 基因功能的相似性。

（二）FAD2 蛋白质序列的比对分析

1. 应用 BLAST 分析 FAD2 蛋白质序列

应用 BLAST 分析 FAD2 蛋白质序列结果见表 4 - 12。

参数设置：

Gap open：9；Extension gap：1；Expect value：10.0；Matrix：PAM30。

表 4 - 12　BLAST 两两比对分析 FAD2 蛋白质序列结果

比对材料（检索号）	分值	期望值	一致性	一致性百分比
甘蓝型-拟南芥（AY577313-AY142057）	720	0	344/384	89％
甘蓝型-甘蓝型（AY577313-CS628389）	792	0	379/384	98％
甘蓝型-芥菜型（AY577313-EF639848）	786	0	378/384	98％
甘蓝型-白菜型（AY577313-AJ459107）	797	0	382/384	99％
拟南芥-芥菜型（AY142057-EF639848）	719	0	344/384	89％
白菜型-芥菜型（AJ459107-EF639848）	793	0	380/384	98％
拟南芥-白菜型（AY142057-AJ459107）	726	0	346/384	90％
甘蓝型-埃塞俄比亚芥（AY577313-AF124360）	771	0	369/384	96％
甘蓝型-烟草（AY577313-AY660024）	617	0	292/384	76％
甘蓝型-向日葵（AY577313-AJ292275）	582	4e-171	279/387	72％
甘蓝型-果蝇（AY577313-NM143709）	18.1	0.5	24/111	21％
甘蓝型-芝麻（AY577313-AF192486）	616	0	294/385	76％
甘蓝型-玉米（AY577313-AB257309）	551	9e-162	272/391	69％
甘蓝型-花生（AY577313-AB257309）	570	2e-167	272/384	70％
甘蓝型-亚麻（AY577313-DQ222824）	622	0	295/384	76％
甘蓝型-酵母（AY577313-AY863218）	268	2e-76	142/358	39％
甘蓝型-橄榄（AY577313-AY733076）	597	2e-175	288/385	74％

比对材料（检索号）	分值	期望值	一致性	一致性百分比
甘蓝型-棉花（AY577313-AY279315）	636	0	300/386	77%
甘蓝型-蓖麻（AY577313-EF071863）	641	0	304/384	79%
甘蓝型-大豆（AY577313-EU908062）	565	7e-166	268/383	69%
甘蓝型-油桐（AY577313-EF152993）	613	0	297/385	77%

2. 应用 BioEdit 分析 FAD2 蛋白质序列

类似矩阵（Similarity Matrix）用成对排列和滑动，这些矩阵只用于氨基酸序列，BioEdit 不用矩阵设计核酸。BLOSUM62 是 BLAST 的默认矩，BLOSUM 矩阵通常有利于数据查询和适度设想大的进化距离（很小的 BLOSUM 数值＝很大的进化距离——只限于 BioEdit 提供 BLOSUM62）。PAM40 适用于十分密切相关的序列（40PAM 单位相关性很小的进化距离——在 PAM 矩阵中大的 PAM 数值相当于很大的进化距离）。

鉴于通过核酸比对已知的研究对象之间的同源关系很近，并使结果与采用 PAM430 的 BLAST 分析数据便于比较，故采用 PAM40 矩阵。比对分析结果见表 4-13。

参数设置：

Gap initiation penalty：8；Gap extension penalty：2；Matrix：PA M40。

表 4-13 BioEdit 比对分析 FAD2 蛋白质序列的结果

比对材料（检索号）	比对得分	一致性	相似性
甘蓝型-拟南芥（AY577313-AY142057）	2586	89.61%	92.47%
甘蓝型-甘蓝型（AY577313-CS628389）	2903	98.70%	98.96%
甘蓝型-芥菜型（AY577313-EF639848）	2890	98.44%	98.44%
甘蓝型-白菜型（AY577313-AJ459107）	2928	99.48%	99.48%
拟南芥-芥菜型（AY142057-EF639848）	2587	89.61%	92.48%
白菜型-芥菜型（AJ459107-EF639848）	2913	98.96%	98.96%

比对材料（检索号）	比对得分	一致性	相似性
拟南芥-白菜型（AY142057-AJ459107）	2609	90.13%	92.99%
甘蓝型-埃塞俄比亚芥（AY577313-AF124360）	2806	96.09%	96.88%
甘蓝型-烟草（AY577313-AY660024）	2041	77.12%	80.21%
甘蓝型-向日葵（AY577313-AJ292275）	1884	72.05%	77.69%
甘蓝型-果蝇（AY577313-NM143709）	384	23.73%	29.82%
甘蓝型-芝麻（AY577313-AF192486）	2045	76.41%	81.03%
甘蓝型-玉米（AY577313-AB257309）	1745	68.16%	73.38%
甘蓝型-花生（AY577313-AB257309）	1813	70.41%	75.51%
甘蓝型-亚麻（AY577313-DQ222824）	2099	77.14%	80.78%
甘蓝型-酵母（AY577313-AY863218）	423	36.68%	46.94%
甘蓝型-橄榄（AY577313-AY733076）	1947	75.19%	78.55%
甘蓝型-棉花（AY577313-AY279315）	2105	78.04%	82.43%
甘蓝型-蓖麻（AY577313-EF071863）	2117	79.28%	82.64%
甘蓝型-大豆（AY577313-EU908062）	1740	68.67%	72.93%
甘蓝型-油桐（AY577313-EF152993）	2049	76.80%	81.96%

3. 应用 DNASTAR 分析 FAD2 蛋白质序列

应用 DNASTAR 比对分析 FAD2 蛋白质序列结果见表 4 - 14。

参数设置：

K-tuple：2；Gap penalty：4；Gap Length Penalty：12；By Lipman-Pearson Method。

表 4 - 14　DNASTAR 比对分析 FAD2 蛋白质序列的结果

比对材料（检索号）	相似性指数	间隙长度	间隙数目	共性长度
甘蓝型-拟南芥（AY577313-AY142057）	89.4%	1	1	384
甘蓝型-甘蓝型（AY577313-CS628389）	98.7%	0	0	384

比对材料（检索号）	相似性指数	间隙长度	间隙数目	共性长度
甘蓝型-芥菜型 （AY577313-EF639848）	98.4%	0	0	384
甘蓝型-白菜型 （AY577313-AJ459107）	99.5%	0	0	384
拟南芥-芥菜型 （AY142057-EF639848）	89.4%	1	1	384
白菜型-芥菜型 （AJ459107-EF639848）	99.0%	0	0	384
拟南芥-白菜型 （AY142057-AJ459107）	89.9%	1	1	384
甘蓝型-埃塞俄比亚芥 （AY577313-AF124360）	96.1%	0	0	384
甘蓝型-烟草 （AY577313-AY660024）	75.8%	1	1	384
甘蓝型-向日葵 （AY577313-AJ292275）	71.4%	3	3	385
甘蓝型-果蝇 （AY577313-NM 143709）	23.7%	2	2	36
甘蓝型-芝麻 （AY577313-AF192486）	75.6%	1	1	384
甘蓝型-玉米 （AY577313-AB257309）	68.6%	5	3	385
甘蓝型-花生 （AY577313-AB257309）	70.5%	5	2	384
甘蓝型-亚麻 （AY577313-DQ222824）	76.5%	6	3	384
甘蓝型-酵母 （AY577313-AY863218）	38.4%	17	10	355

第四章 *FAD2* 基因与油酸形成

101

比对材料（检索号）	相似性指数	间隙长度	间隙数目	共性长度
甘蓝型-橄榄 （AY577313-AY733076）	73.6%	3	2	384
甘蓝型-棉花 （AY577313-AY279315）	77.0%	2	2	385
甘蓝型-蓖麻 （AY577313-EF071863）	79.0%	1	1	384
甘蓝型-大豆 （AY577313-EU908062）	68.9%	5	3	383
甘蓝型-油桐 （AY577313-EF152993）	76.5%	2	2	385

4. 应用 DNAMAN 分析 FAD2 蛋白质序列

应用 DNAMAN 比对分析 FAD2 蛋白质序列结果见表 4-15。

参数设置：

Gap Penalty：5；K-tuple：2。

表 4-15　DNAMAN 比对分析 FAD2 蛋白质序列的结果

比对材料（检索号）	一致性	长度
甘蓝型-拟南芥（AY577313-AY142057）	90.00%	351
甘蓝型-甘蓝型（AY577313-CS628389）	98.72%	386
甘蓝型-芥菜型（AY577313-EF639848）	98.47%	385
甘蓝型-白菜型（AY577313-AJ459107）	99.49%	389
拟南芥-芥菜型（AY142057-EF639848）	90.00%	351
白菜型-芥菜型（AJ459107-EF639848）	98.98%	387
拟南芥-白菜型（AY142057-AJ459107）	90.51%	353
甘蓝型-埃塞俄比亚芥（AY577313-AF124360）	96.16%	376
甘蓝型-烟草（AY577313-AY660024）	76.67%	299
甘蓝型-向日葵（AY577313-AJ292275）	72.75%	283

比对材料（检索号）	一致性	长度
甘蓝型-果蝇（AY577313-NM 143709）	11.68%	39
甘蓝型-芝麻（AY577313-AF192486）	76.41%	298
甘蓝型-玉米（AY577313-AB257309）	71.58%	277
甘蓝型-花生（AY577313-AB257309）	72.28%	279
甘蓝型-亚麻（AY577313-DQ222824）	77.92%	300
甘蓝型-酵母（AY577313-AY863218）	38.56%	150
甘蓝型-橄榄（AY577313-AY733076）	75.00%	291
甘蓝型-棉花（AY577313-AY279315）	78.21%	305
甘蓝型-蓖麻（AY577313-EF071863）	79.74%	311
甘蓝型-大豆（AY577313-EU908062）	69.67%	271
甘蓝型-油桐（AY577313-EF152993）	77.69%	303

5. FAD2 蛋白质序列的比对结果与讨论

利用 4 种软件两两比对 FAD2 蛋白质序列，比对结果显示：①数据表明油菜 FAD2 蛋白质序列与拟南芥和埃塞俄比亚芥 FAD2 蛋白质序列相似度非常高，都达 90% 以上，说明它们的同源性非常高，这与通过核酸序列比对的结果一致。②亚麻、油桐等其次；不同的是烟草、芝麻、橄榄、蓖麻 FAD2 蛋白质序列的相似性比核酸序列的相似性有所提高，初步判断是由于由核酸序列翻译成蛋白质序列，三个碱基决定一个氨基酸，差异肯定有所改变，改变的上下程度幅度不大，但方向不明，有待数学建模分析，实验考证。③果蝇和酵母的 FAD2 蛋白质序列与油菜 FAD2 蛋白质序列比较，相似度很小，低于 40%，表明它们之间几乎没有同源性，也与通过核酸序列比对的结果一致。

第四节　FAD2 基因家族

FAD2 基因是编码微体类 ω-6 型脂肪酸脱氢酶的一组基因，广泛存在于植物中。FAD2 基因首先在拟南芥（*Arabidopsis thaliana*）中被克隆鉴定，其后在大量的油料作物中被详细研究，包括大豆、橄榄（*Canarium album*）、棉花、油菜、亚麻、花生和向日葵等。*FAD2* 基因根据其组织表达特异性可分为种子特异性表达和组成型表达两种类型。在不同的物种中，*FAD2* 基因的数目也存在明显的不同，在拟南芥中仅有一个拷贝，在花生中存在三个拷贝，而在大豆中则多达六个拷贝。

以甘蓝型油菜湘油 15 号为材料，随机挑选 56 个来自基因组 *FAD2* 基因克隆、47 个来自幼苗整株的 *FAD2* 基因 cDNA 克隆和 9 个授粉 27 天后种子中 *FAD2* cDNA 克隆进行双向测序。基因组中 56 个 *FAD2* 序列的碱基同源性为 91%～99.9%，从中得到 11 个差异序列，即 11 个不同的 *FAD2* 基因拷贝。将其翻译成氨基酸序列发现，6 个拷贝在编码区中出现多个终止密码子，另外 5 个的同源性为 90.6%～99.74%，与 47 个来自幼苗整株的 *FAD2* 基因 cDNA 序列进行比较，发现 *FAD2* 基因没有内含子。从种子中的 9 个 *FAD2* cDNA 克隆序列中找到 2 个有差异的 cDNA，它们的编码区中没有终止密码子，说明在种子中有多个 *FAD2* 基因表达。基因组中的 11 个拷贝根据同源性可分成两组，命名为 *FAD2* I 和 *FAD2* II。RT-PCR 分析发现在授粉 27 天后的种子中 *FAD2* I 有较强表达，*FAD2* II 没有表达；但在叶片中两者都有表达。

（一）材料和方法

1. 材料

甘蓝型油菜品种湘油 15 号的自交种由湖南农业大学油料作物研究所提供，种植在湖南农业大学油料作物研究所的试验田。湘油 15 号的脂肪酸组成为：软脂酸（C16：0）4.2%，硬脂酸（C18：0）1.6%，油酸（C18：1）62.1%，亚油酸（C18：2）21.1%，亚麻酸（C18：3）8.4%，花生烯酸（C20：1）0.8%，芥酸（C20：1）0.2%（数据由湖南农业大学油料作物研究所提供）。

2. 方法

（1）CTAB 法提取 DNA（参照王关林《植物基因工程》第二版第 744 页，稍作修改）

（2）提取油菜总 RNA

利用试剂盒提取油菜叶片和授粉 27 天后种子总 RNA。

（3）第一链 cDNA 的合成

（4）湘油 15 号 *FAD2* 基因的克隆

根据 GenBank 上公布的甘蓝型油菜 *FAD2* 基因 mRNA 序列（AY577313、AY592975 和 AF243045），设计了 *FAD2* 基因特异引物，正向引物 P1：5′-ATGGGTGCAGGTGGAAGAATGCAAG-3′，反向引物 P2：5′-ACTTATTGTTGTACCAGAACACACC-3′。利用 P1、P2 从总 DNA、种子和叶子 RNA 反转录产物中扩增 *FAD2* 基因，通过与 pGM-T 平末端 DNA 片段加 A 克隆载体连接后转化成 TOP10 细胞。

（5）湘油 15 号 *FAD2* 基因碱基序列的分析

测序结果通过 DNASTAR 软件进行拼接。运用 DNAMAN6.0 软件对 56 个基因组 *FAD2* 序列进行比对分析，同时通过 htp：//us. expasyorg/tools/dna. html 的 DNA 序列翻译工具，将这些拷贝的核苷酸序列翻译成氨基酸序列进行分析。

（6）设计序列差异引物进行 RT-PCR 分析

1）序列差异引物的验证

分析得到基因组 *FAD2* 基因序列，发现这些序列可被分成差异明显的两组，分别命名为 *FAD2*Ⅰ和 *FAD2*Ⅱ，这两组在第 40 bp 处有一连续 6 bp 的明显差异，根据这一差异，设计了序列差异引物和共同的下游引物 P2。序列差异引物对保存有不同 *FAD2* 拷贝的细菌质粒进行 PCR 扩增，检测它们能否区分这两组拷贝。序列差异引物：P5：5′-AAGTGTCTC-CTCCCTCCAAGAAG-3′；P6：5′-AAGTGTCTCCTCCCTCCA GCTC-3′。

2）*FAD2* 基因的 RT-PCR 分析

利用序列差异引物对授粉 27 天后的种子以及成熟植株叶片进行 RT-PCR 检测，以检测这两组拷贝在种子及叶片中是否具有不同的表达模式。以 β-*actin* 基因为内参基因。β-*actin* 基因引物为正向引物 P7：5-GA-CATTCAACCTCTTGTTTGCG-3′，反向引物 P8：5′-CTGCTCGTAGT-CAAGAGCAAT G-3′。产物长度 580 bp。

①PCR 反应体系为 35 μL 去离子水，5 μL 10XPCR 缓冲液，引物 P5、P6（*FAD2*）或引物 P7、P8（β-*actin*）各 1 μL，1 μL dNTP（2.5mM），2 μL Taq 酶，5 μL cDNA 模板。

② *FAD2* PCR 反应条件：94 ℃预变性 4 min，94 ℃变性 40 s，57 ℃退火 40 s，72 ℃延伸 80 s，共 28 个循环。

③ *β-actin* PCR 反应条件：94 ℃预变性 4 min、94 ℃变性 40 s、57 ℃退火 40 s、72 ℃延伸 60 s，共 28 个循环。

（二）结果与分析

1. 总 DNA 及总 RNA 的提取效果

高质量的总 DNA 和总 RNA 是实验成功的先决条件，油菜叶片、种子总 DNA 和总 RNA 电泳图谱（图 4-14）显示得到的总 DNA 和总 RNA 质量较好，核酸蛋白分析仪检测其纯度和浓度，总 DNA A_{260}/A_{280} 比值接近 1.8，总 RNA A_{260}/A_{280} 比值接近 2.0。

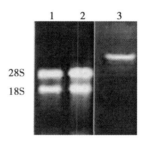

1：叶片 RNA；2：种子 RNA；3：叶片 DNA。

图 4-14　RNA 1%普通琼脂糖凝胶电泳图

2. 湘油 15 号 *FAD2* 基因克隆序列的分析

FAD2 引物 P1 从起始密码子 ATG 开始，考虑到所设计的两条引物的 Tm 值应接近，P2 从终止密码子倒数第 6 个碱基开始，其扩增产物理论上是不含 5′UTR 和 3′UTR *FAD2* 较完整的 ORF。克隆得到的 *FAD2* 序列长度在 1150 bp 左右，与 NCBI 上公布的甘蓝型油菜 *FAD2* 基因序列（AF243045、AY5777313、AY592975）进行比对，同源性大于 90%，说明克隆得到了湘油 15 号的 *FAD2* 基因。比较 47 个 *FAD2* cDNA 序列和 56 个基因组 *FAD2* 序列，发现除有个别的碱基差异外，*FAD2* cDNA 序列与基因组 *FAD2* 序列一致，说明甘蓝型油菜 *FAD2* 基因不存在内含子，这与熊兴华的研究结论相同。56 个基因组 *FAD2* 序列同源性为 91%～99%。对这些序列进一步分析表明，在这 56 个序列中广泛存在两类碱基差异。①随机差异，即那些只在个别序列中出现的碱基差异，如图 4-15 中第 1

行第 952 bp 处的 T，第 2 行第 961 bp 处的 C 碱基。PCR 和测序过程中都可能产生随机错误，在进行序列合并时，随机错误参照其他序列在该处的碱基进行纠正，如第 952 bp 处的 T 纠正为 C；第 961 bp 处的 C 纠正为 T。②固定差异，即那些在多个序列同一位置上固定、重复出现的碱基差异，如图 4 - 15 中第 940 bp、第 943 bp、第 964 bp、第 973 bp、第 977 bp、第 989 bp、第 991 bp、第 1003 bp、第 1006 bp 和第 1027 bp 处的碱基差异。这些固定差异反映的是 *FAD2* 基因不同拷贝之间的真实差异。另外，在测序过程中存在出错热点，如 DNA 序列存在复杂二级结构、GC 含量高和存在 A、T 连续结构等地方。经分析这 56 个序列出现固定差异的位置都不是上述出错热点。

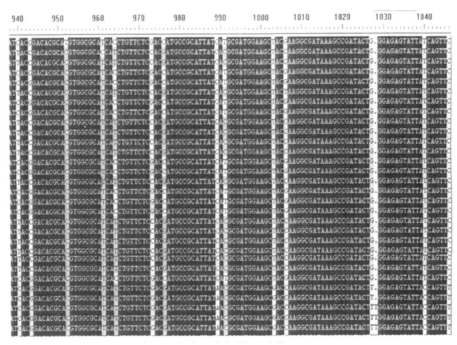

图 4 - 15　测序结果中的差异碱基（部分）

除去随机误差后，得到了 11 类有明显碱基差异的序列。同一类序列中，最多的有 9 个完全相同的克隆序列，最少的也有 3 个。合并完全相同的序列，得到 11 个差异序列（图 4 - 16）。将这 11 个序列按 6 种读码框进行翻译，发现其中 6 个序列不论以何种读码框进行翻译，在其编码区中都存在多个终止密码子，导致翻译提前终止。这 6 个序列可能已经没有生物

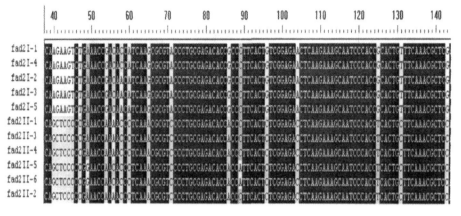

图 4-16 湘油 15 号基因组中 11 个 *FAD2* 拷贝

学功能了。而另外 5 个序列则在编码区中没有终止密码子。6 个提前终止翻译的拷贝的氨基酸序列如图 4-17 所示，终止密码子出现的地方用"Z"表示。

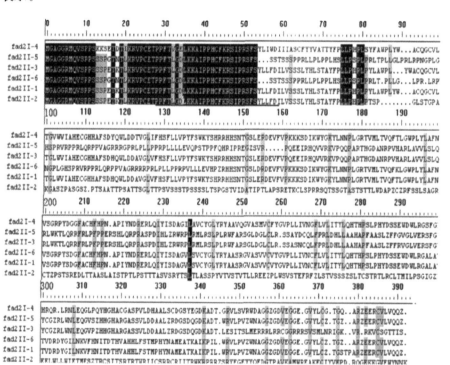

图 4-17 6 个提前终止翻译的 *FAD2* 拷贝的氨基酸序列比较

高油酸油菜育种栽培学

对这 11 个 DNA 序列和 5 个在编码区中没有终止密码子的氨基酸序列进行进一步的分析，从它们的同源树状图（图 4 - 18）上发现，这些序列被分成两组，命名为 *FAD2* Ⅰ 和 *FAD2* Ⅱ。*FAD2* Ⅰ 组内有 *FAD2* Ⅰ-1、*FAD2* Ⅰ-2、*FAD2* Ⅰ-3、*FAD2* Ⅰ-4 和 *FAD2* Ⅰ-5 共 5 个拷贝，*FAD2* Ⅱ 组内有 *FAD2* Ⅱ-1、*FAD2* Ⅱ-2、*FAD2* Ⅱ-3、*FAD2* Ⅱ-4、*FAD2* Ⅱ-5 和 *FAD2* Ⅱ-6 共 6 个拷贝。两组之间的碱基同源性为 90%，氨基酸序列同源性为 91%，但在同组内部序列碱基同源性高达 96% 以上。在 *FAD2* Ⅰ 组拷贝的氨基酸序列同源性为 99.74%，它们之间只有 3 处差异，其中 *FAD2* Ⅰ-1 与 *FAD2* Ⅰ-5 氨基酸序列一致。这 3 处差异分别是第 19 残基处苏氨酸和天冬氨酸的互换，第 240 残基处酪氨酸与苯丙氨酸的互换，第 245 残基处丙氨酸与缬氨酸的互换。

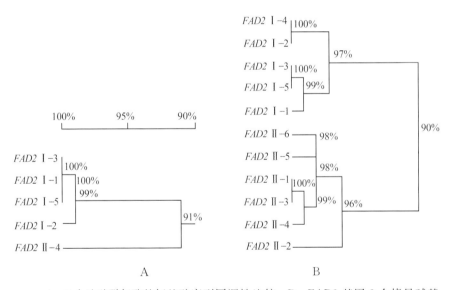

A：5 个油酸脱氢酶的氨基酸序列同源性比较；B：*FAD2* 基因 2 个拷贝碱基序列同源性比较

图 4 - 18　氨基酸序列同源性和碱基序列同源性比较

DNAMAN6.0 将来自种子的 9 个 *FAD2* cDNA 克隆序列分成两类，一类中有 5 个完全相同的克隆序列，另一类中有 4 个，合并相同序列得到 2 个差异序列。按前面的分类标准，它们都属于 *FAD2* Ⅰ 组，其编码区都没有终止密码子。一个序列与 *FAD2* Ⅰ-2 在 DNA 序列上只有一个碱基的差异，氨基酸序列一致。另一个与 FAD2 I -1 同源性最高，DNA 序列同源性为 99.30％，氨基酸序列同源性为 98.43％。该结果证明甘蓝型油菜油酸性状受多基因控制。第 952 bp 处除了第 1 个序列是 T 外，其他所有序列都是 C。第 962 bp 处第 2 个序列是 C，其他序列该处都是 T；其他位置的碱基差异则是重复、固定地在不同序列中出现。

在第 40 bp 处的连续 6 个碱基的差异可以将这 11 个拷贝分为明显的两组。

圆点表示该处氨基酸残基缺失；序列中存在的多个翻译终止处，以"Z"表示；黑色区域氨基酸残基完全一致，灰色区域表示同源性较高。

从图上可以清楚看到，这 11 个 FAD2 拷贝和 5 个氨基酸序列都被划分为相应的两组。

3. FAD2 基因的 RT-PCR 分析结果

图 4 - 19 显示序列差异引物对 P5、P2 和 P6、P2 能够特性地区分 FAD2 I 和 FAD2 II。对湘油 15 号授粉 27 天后的种子和成熟叶片进行 RT-PCR 分析的结果（图 4 - 20）表明，FAD2 I 和 FAD2 II 具有不同的表达模式，结果显示 FAD2 I 在种子中有表达，而 FAD2 II 没有表达，但在叶片中两者都有较强的表达。这说明 FAD2 基因在种子和叶片组织中的调控模式不同，FAD2 I 和 FAD2 II 在叶片中都参与油酸去饱和，而在种子中只有 FAD2 I 参与。

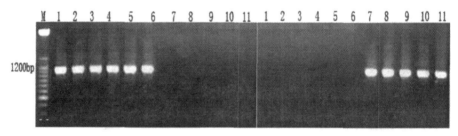

7～11：FAD2 I ；M：100 bp DNA ladder（北京鼎国）。

图 4 - 19　序列差异引物对 11 个 FAD2 拷贝的特异性扩增

（三）讨论

1. PCR 产物测序发现基因多拷贝差异的可行性

物种在进化过程中由于基因的扩增、染色体的重复经常会导致某些基

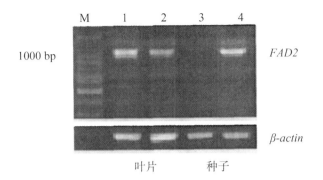

1，3：*FAD2* Ⅱ；2，4：*FAD2* Ⅰ；M：100 bp DNA ladder。

图 4 - 20　*FAD2* Ⅰ 和 *FAD2* Ⅱ 在种子和叶片中的 RT-PCR 分析

因产生多拷贝现象，这些拷贝之间可能序列完全一致，也可能有差异。利用 Southern 杂交和荧光定量 PCR 可以估计某个基因在基因组中的拷贝数目，而大规模对该基因 PCR 产物克隆进行测序，则可以发现这些拷贝之间的序列差异。

PCR 扩增和测序过程中会随机产生碱基错误（pfu DNA 聚合酶在每个 PCR 循环中有 2.2×10^{-8} 错配率，DNA 测序准确率为 98.5%）。要得到一个基因（或 DNA 片段）准确的碱基信息，首先要排除这些随机误差。挑选其 PCR 产物的多个克隆进行重复测序，综合比较测序结果可以得到该基因较为真实的序列信息。如果该基因在基因组内是以多个拷贝存在的（拷贝之间有一定的碱基差异），在利用保守区设计的引物进行 PCR 扩增时，其 PCR 产物和克隆产物将会是这些多个拷贝的混合。挑选一定数量的克隆进行测序，保证每个拷贝会被多次测序，综合比较测序的结果，消除随机误差，可以发现不同拷贝之间的碱基差异，合并相同序列后得到的就是该基因不同拷贝的真实序列信息。本研究对湘油 15 号 56 个 *FAD2* 克隆进行了测序，发现 11 个不同的拷贝，进行更大规模的测序可能会发现更多的拷贝。

2. *FAD2* Ⅰ 组与 *FAD2* Ⅱ 组

RT-PCR 分析结果证明 *FAD2* Ⅰ 和 *FAD2* Ⅱ 在甘蓝型油菜中具有不同的表达模式。Schierholt A 报道，他们研究发现有两个基因位点影响甘蓝型油菜种子油酸含量，*HO1* 主要在种子中表达；另一个位点 *HO2* 不仅在种子中影响油酸含量，同时也在叶片和根系中表达。本文中的 *FAD2* I 可能与其提出的 *HO2* 相对应，而 *FAD2* II 只在叶子中表达，与其 *HO1* 主要在种子中表达则不同。

3. *FAD2* 基因多拷贝在油菜高油酸育种中的意义

本实验室多年对甘蓝型油菜田间实验发现，如果种子油酸含量达到 85% 左右，控制油酸的基因除了 1 个主基因外，还有 3 个或更多的微效多基因影响油酸的含量。本研究中发现的这些 *FAD2* 基因在调控油酸脱氢过程中是否具有等同的效应，还是有主效基因和微效基因之分，仍有待进一步的研究。其他作物中，禹山林在花生研究中发现种子高油酸（80% 左右）性状是由两对隐性基因（$ol_1ol_1ol_2ol_2$）控制。多基因控制的性状比单基因控制的性状遗传规律更复杂，这可能是多年来甘蓝型油菜高油酸育种进展缓慢的原因。

根据 *FAD2* 基因家族各拷贝间的序列保守区，采用 RNAi 技术，特异地在种子里抑制所有的 *FAD2* 基因的表达，这样可避开多拷贝难题。Stoutjesdijk A 和陈苇利用 RNAi 技术成功抑制了 *FAD2* 基因的表达，得到油酸含量显著提高且能稳定遗传的后代材料。这些成功的实例为高油酸油菜育种带来了新的思路。

第五节　*FAD2* 基因的调控

FAD2、*FAD3* 在种子不饱和脂肪酸的合成过程中发挥着重要作用，二者常以同源或异源二聚体的形式附着于内质网中。当油酸由质体进入内质网后，便由 FAD2、FAD3 酶催化进而形成以亚油酸、亚麻酸为主的多不饱和脂肪酸。经 ^{14}C 试验证实，C18：1-PC 和 C18：2-PC 分别是 FAD2、FAD3 脂肪酸去饱和酶唯一的作用底物。通过传统育种技术及基因工程方法控制 *FAD2*、*FAD3* 基因的功能发挥可以有效改善植物油中油酸及亚麻酸的含量，如利用诱变育种技术，通过诱发 *FAD2* 基因突变，将大豆油的油酸含量从 28% 提高至 80%。通过人工诱发 *FAD3* 基因突变，将亚麻子中的亚麻酸含量从 55% 下降到 2%，油酸含量从 15% 上升至 36%。通过诱变育种获得的 *FAD2*、*FAD3* 油菜双突变体，油酸含量高达 89%。

（一）材料与方法

1. 试验材料

甘蓝型油菜中双 9 号种植在大田，花期时去除已有的花和角果并套袋自交，分别取第 10 天、第 15 天、第 20 天、第 25 天、第 30 天、第 35 天、第 40 天的种子液氮速冻后保存在 −70 ℃以备气相色谱分析和 RNA 提取。

2. 基因表达分析

采用 TRNzol（天根）试剂盒提取总 RNA 并合成 cDNA 第 1 链。以此 cDNA 为模板进行 RT-PCR，以 UBC 21 和 ACT 7 为内参基因，每个样本做 3 个重复，在 Bio-Rad CFX 96 定量 PCR 仪上进行扩增，程序为 95 ℃ 30 s；95 ℃ 15 s，60 ℃ 30 s，40 个循环。

3. 脂肪酸含量分析

将收集到的油菜种子置于冻干机中冻干，直至质量不再发生变化。再用研钵将种子磨碎，定量称取干种子粉末，并转入螺口玻璃顶空瓶中，向其中加入 1 mL 甲酯化溶液（5%硫酸-甲醇溶液）及 20 μg 的十七烷酸甘油三酯标样（C17：0-TAG），加盖后 85 ℃水浴保温 1.5 h。甲酯化反应过后，向顶空瓶中加入 1.5 mL 0.9% NaCl（w/v）和 1 mL 的正己烷用于萃取甲酯化的脂肪酸。分离含有脂肪酸甲酯的正己烷溶液，在氮吹仪下低温吹干浓缩，最后溶于 50 μL 正己烷溶液中，进行气相色谱分析。

气相色谱仪（Agilent 6890）的设置程序为色谱柱温 180 ℃～210 ℃，升温 20 ℃/min；210 ℃～230 ℃，升温 5 ℃/min；240 ℃后运行 1 min。进样口温度 220 ℃，氮气 25 mL/min，空气 400 mL/min，氢气 40 mL/min。

脂肪酸绝对含量及相对含量计算公式如下：

$$\begin{cases} y_i = w_i/w_s, \quad x_i = a_i/a_s \\ y_i = kx_i + b \quad (\text{脂肪酸线性回归方程}) \\ w_i = y_i \times w_s \div m_i \end{cases}$$

a_i 是脂肪酸的峰面积；a_s 是内标（十七酸甲酯）的峰面积；w_i 是脂肪酸的绝对含量；w_s 是内标的绝对含量；m_i 是种子干粉样品的质量。每个时期的种子样品做 3 次生物学重复，使用 SPSS 软件计算平均数和标准差。

4. 干扰载体的构建及转化

通过重组 PCR 技术将干扰片段 BnFAD2、BnFAD3、BnFATB 和干

扰片段*FADB*融合，连接 pMD18-T 构建 pMD18-T-FADB 载体并测序，载体构建过程中所用引物见表 4-16。

载体构建过程如图 4-21，将 *NapinA* 启动子和 pFGC5941 载体经 EcoR I 和 NcoI 酶切处理后连接，构建 pFGC5941.nap 载体。pFGC5941.nap 和 pMD18-T-FADB 质粒经 BamHI 和 XbaI酶切处理后，将切下的 FADB-插入 pFGC5941.nap 构建 pFGC5941.nap.（FADB-）载体，将此载体和 pMD18-T-FADB 使用 NcoI 和 SwaI 双酶切，然后将 FADB+插入 pFGC5941.nap.（FADB-）构建 PF-GC5941.nap（FADB±）干扰载体。将构建好的载体转入农杆菌 LBA4404 中，以"双低"油菜中双 9 号外植体为受体，进行基因转化。

表 4-16 载体构建中用到的引物

类别	基因名称	基因注释	引物名称	引物序列
储存蛋白	*Napin*	Storage protein	Napin Promoter	F: 5′GGAATTCCAAGCTTTCTTCATCGGTGATTGAT3′ R: 5′CATGCCATGGCATGAGTAAAGAGTGAAGCGGATGAGT3′
去饱和酶	FAD2	Oleate desaturase	Recombie-FAD2	F: 5′GGCGCGCCGGATCCGAATTCTCCCTCGCTCTTTCTC3′ R: 5′CCATGGTCTAGAATGTCTGACTTCTTCTTGG3′
	FAD3	Linoleate desaturase	Recombie-FAD3	F: 5′ATTATCTTTGTAATGTGGTTGGACG3′ R: 5′TTATCAACGACAACCTGCGTACGAGCGTAGAGATCTGGATCTGTCTCGTA3′
硫酯酶	FATB	Palmitoyl-ACP thioesterase	Recombie-FATB	F: 5′CTCGTACGCAGGTTGTCGTTGATAA3′ R: 5′ATTTAAATGGATCCAACATGCTGGTTAACATCCAAGTCA3′

（二）结果与分析

1. *BnFAD2*、*BnFAD3*、*BnFATB* 基因的表达分析

油菜种子从授粉到成熟约为 45 天，在 10～40 天主要进行干物质合成

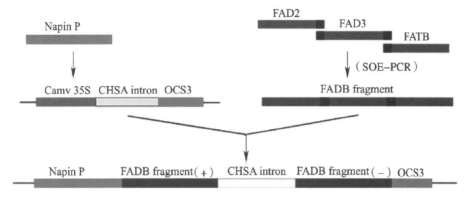

图 4 - 21　*BnFAD2*、*BnFAD3*、*BnFATB* 基因干扰载体构建示意图

与贮藏；在 40～45 天种子经自身脱水干燥进入完熟期。由于 10～40 天是脂肪酸合成的主要时期，故将其分为 7 个阶段（图 4 - 22A）。在种子授粉后 10～25 天，种子个体、鲜重逐步增加，但始终保持着透明嫩绿的色泽。在授粉后 25～40 天，种子个体大小保持不变，鲜重增速变缓，种子由嫩绿色转变为深绿色，说明此时种子内部积累了大量的叶绿素。

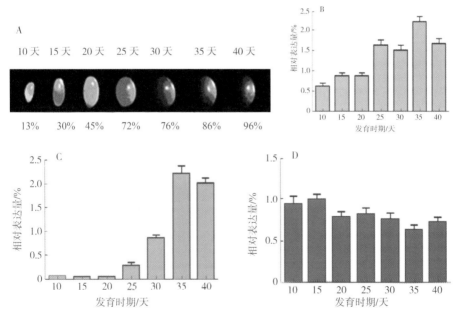

A：油菜种子的不同发育时期；B：不同发育时期种子中 *FAD2* 表达情况；C：不同发育时期种子中 *FAD3* 表达情况；D：不同发育时期种子中 *FATB* 表达情况。

图 4 - 22　*FAD2*、*FAD3*、*FATB* 在油菜种子中的表达分析

选用 UBC 21 和 ACT 7 作为双内参校正基因，测定油菜种子成熟过程中 BnFAD2、BnFAD3、BnFATB 基因表达变化。由图 4-22 可知，在种子授粉后 10～25 天，FAD2、FATB 基因表达量较高，FAD3 基因基本处于不表达状态，在 25～40 天，BnFAD2、BnFAD3 基因表达量分别增加了 1.3 倍和 2.3 倍，并始终保持高位表达态势，但 FATB 基因表现呈现下调趋势。综上所述，BnFAD2、BnFAD3 基因表达量伴随着种子发育程度的加深而不断增加，但 BnFATB 基因不同于前者，其表达量下调后逐步趋于稳定。

2. 脂肪酸积累模式分析

为了能够准确测定棕榈酸、硬脂酸、油酸、亚油酸、亚麻酸在油菜种子成熟过程中的合成积累规律，减少气相色谱仪在试验过程中造成的误差，本研究以十七酸甲酯作为参照，采用气相色谱内标法构建了 5 种主要的脂肪酸回归方程及其线性浓度范围。如表 4-17 所示，油菜种子中 5 种主要的脂肪酸甲酯标准品的线性方程，其线性相关性均较好（$r \geqslant 0.99$），回收率在 97.91%～100.45%，精密度试验效果好（标准偏差小于 2%），可用于油菜种子中衡量脂肪酸甲酯的测定。

表 4-17　脂肪酸甲酯的线性回归方程

标准品	线性回归方程	R^2 相关性	线性范围/（mg/mL）	标准差/%	回收率/%
棕榈酸甲酯	$y = 0.8467x - 0.0057$	0.9996	0.1～0.9	0.37	100.45
硬脂酸甲酯	$y = 0.9832x - 0.003$	0.9963	0.05～0.45	0.11	99.65
油酸甲酯	$y = 1.1585x + 0.0051$	0.0098	0.016～0.144	0.11	99.67
	$y = 1.08x - 0.0489$	0.9994	1～10	1.75	98.09
亚油酸甲酯	$y = 1.0856x - 0.0592$	0.9985	0.5～4.5	0.76	98.92
亚麻酸甲酯	$y = 1.1399x + 0.0025$	0.9979	0.201～1.809	0.52	97.91

依据所得脂肪酸甲酯的线性回归方程，分析测定中双 9 号油菜种子发育时期 5 种主要脂肪酸的合成积累模式。由图 4-23 可知，油菜种子中 5 种主要脂肪酸含量的积累明显分为 2 个阶段。在 10～25 天，5 种主要脂肪酸的含量均处于较低的水平，其中含量最高的 2 种脂肪酸分别为亚油酸和

亚麻酸，其次是棕榈酸，油酸含量最低。在 25～40 天，5 种主要脂肪酸高效积累，并随着种子成熟度的加深不断增加，且油酸积累速率远大于亚油酸的积累速率，说明油酸已经作为贮备脂肪酸被大量组装至甘油三酯（TAG）中，油菜植株发育进入末期。

综上所述，油菜种子发育至 25～40 天是脂肪酸合成的主要时期，*BnFAD2*、*BnFAD3*、*BnFATB* 基因在该时期高效表达对油酸的积累合成有着重要影响。此时油菜植株发育已基本完成，抑制 *BnFAD2*、*BnFAD3*、*BnFATB* 基因表达，既可以改善油菜种子中脂肪酸组分的结构，又能够减少对油菜经济性状的消极影响。

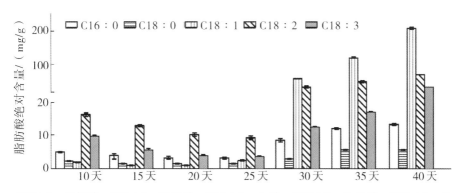

C16：0：棕榈酸；C18：0：硬脂酸；C18：1：油酸；C18：2：亚油酸；C18：3：亚麻酸

图 4-23　发育中种子脂肪酸组分积累模式

3. RNAi 技术干扰 *BnFAD2*、*BnFAD3*、*BnFATB* 基因结果分析

Napin 启动子是种子特异性启动子，在种子发育初期几乎不表达，但在油酯合成主要时期（如油菜种子授粉后 20～45 天、拟南芥种子授粉后 7～13 天）高效表达，为了抑制 *BnFAD2*、*BnFAD3*、*BnFATB* 基因在脂肪酸合成期的功能发挥，本研究选用 *Napin* 启动子，对发育种子中 *BnFAD2*、*BnFAD3*、*BnFATB* 基因进行 RNAi 干扰。RNAi *FAD2*、*FAD3*、*FATB* 载体借助农杆菌转化法导入野生型油菜中。采用气相色谱法对其 T3 转基因油菜的种子进行脂肪酸含量分析（表 4-18），结果显示油酸含量由 66.76% 提升至 82.98%，棕榈酸、硬脂酸含量明显降低，说明 *FATB* 基因在油脂合成期的活性得到了有效控制；亚油酸、亚麻酸含量有

所减少，但其波动幅度较大，可能是由于 *BnFAD2*、*BnFAD3* 基因在种子油脂合成期间表达量较高，RNAi 干扰效率有限，未能有效抑制 2 个基因的功能活性。

表 4 - 18　6 个 T₃ 转基因株系种子中脂肪酸组分分析　　　　单位：%

株系	棕榈酸	硬脂酸	油酸	亚油酸	亚麻酸	其他脂肪酸
TB11-3	1.78±0.19c	1.10±0.21c	78.37±1.16c	12.51±0.64c	3.37±0.56d	2.88±0.46b
TB34-2	1.55±0.12c	1.53±0.12bc	74.50±0.65d	14.93±0.33b	4.59±0.53bc	2.83±0.84b
TB41-7	1.16±0.11d	1.55±0.51bc	74.66±0.67d	13.09±0.98c	5.41±0.63b	2.92±0.67b
TB51-11	1.09±0.12d	1.18±0.17c	81.19±0.29b	8.05±0.41de	4.60±0.11bc	3.89±0.45ab
TB54-8	2.06±0.22b	1.88±0.12b	79.34±0.63c	8.59±0.24d	4.44±0.14c	4.44±0.67a
TB55-17	1.83±0.13bc	1.52±0.18bc	82.98±0.31c	7.55±0.36e	3.17±0.16d	3.93±0.18a
WT	3.11±0.15a	2.43±0.48a	66.76±0.95e	18.00±0.35a	8.23±0.96a	1.51±0.43c

注：TB—转基因株系；WT—野生型的值是 3 次的均值；值用 mean±SD。

采用 qPCR 检测转基因油菜种子中 *BnFAD2*、*BnFAD3*、*BnFATB* 基因的表达变化（图 4 - 24）。油菜授粉后 20 天时，转基因油菜中 *Napin* 启动子并未开始对 *BnFAD2*、*BnFAD3*、*BnFATB* 基因进行 RNAi 干扰抑制，因此，3 个基因在野生型油菜与转基因油菜种子中表达变化一致。

在油菜种子发育至 25～40 天时，转基因油菜与野生型油菜相比种子中 *BnFAD2*、*BnFAD3*、*BnFATB* 基因表达量大幅下调，其中 *BnFAD2*、*BnFAD3* 基因表达量下调幅度约为 60%（图 4 - 24）。

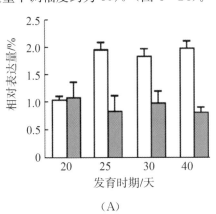

（A）

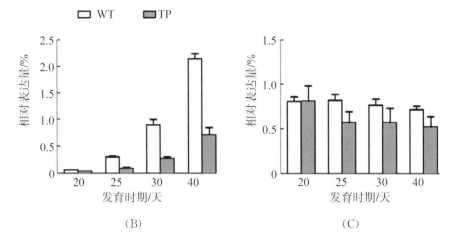

（A）*FAD2* 表达情况；（B）*FAD3* 表达情况；（C）*FATB* 表达情况。

图 4 - 24　转基因与非转基因油菜中 *FAD2*、*FAD3*、*FATB* 基因的表达

4. 脂肪酸合成路径中相关基因的表达调控分析

为了分析在油脂合成期进行 *BnFAD2*、*BnFAD3*、*BnFATB* 基因 RNAi 干扰抑制对种子中脂肪酸合成通路的影响，本研究对参与脂肪酸合成及功能调控的主要基因进行表达量检测。

在转基因油菜种子中共有 10 个基因表达上调（图 4 - 25）。在质体脂肪酸合成路径中，*WRI1* 的主要功能是调控脂肪酸合成酶基因表达，其表达量增加可以促进种子细胞油脂含量增加，因此，*WRI1* 基因表达量的提升可能是在转基因油菜 T2 种子中含油量均高于野生型的主要原因。另外，*KAS* Ⅱ、*SAD*、*FATA* 基因作为该路径中的主要基因，其表达量均显著提升。在内质网合成途径中，*PDAT1*、*DGAT1*、*LIL*、*bZIP67*、*LEC1*、*ROD1* 基因表达量均有所上调，但 *LPCAT* 基因表达量下降。

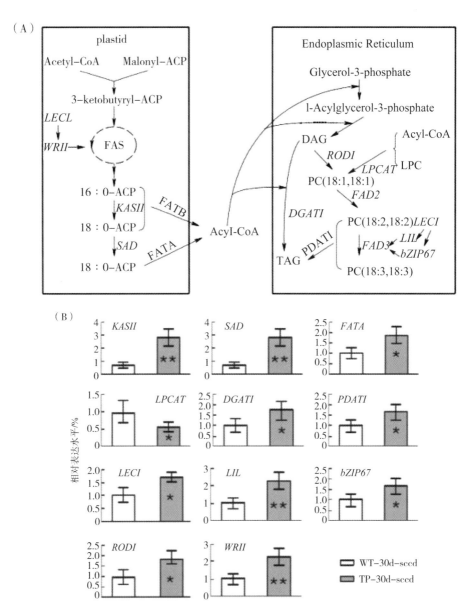

（A）质体和内质网中脂肪酸合成的主要步骤示意图；（B）油脂合成相关基因的表达。FAS：脂肪酸合成酶；CoA：辅酶 A；ACP：酰基载体蛋白；DAG：甘油二酯；PC：磷脂胆碱；LPC：溶血磷脂胆碱；TAG：甘油三酯；＊：$P<0.05$；＊＊：$P<0.01$。

图 4－25　转基因油菜中脂肪酸合成路径中各基因表达情况

(三) 讨论

种子发育主要包含两个方面，一是种子的形态建成，包含胚的大小等变化；二是种子成熟，包括种子贮藏物质如油脂、糖类、蛋白质等物质的积累及种子脱水等种子油脂形成的时间因植物的种类不同而存在差异，在一些谷物种子中，例如燕麦种子，其油脂积累发生在胚胎形态建成的早期阶段，然而在一些油料种子中，如向日葵、拟南芥和芝麻，其油脂积累发生在胚胎形态建成的较晚阶段。在油菜种子中，其 5 种主要脂肪酸总量在开花后 10～25 天呈递减趋势，而在 25～40 天呈现指数型增加，结合种子发育形态分析，认为油菜种子在开花后 10～25 天为种子形态建成期，而25～40 天为种子油脂合成期。

油菜种子在形态建成期，亚油酸、亚麻酸含量较高，这是由于亚油酸、亚麻酸是细胞膜系统的主要构成元件，参与内质网、质体外膜、核膜等细胞器膜的形成，如拟南芥叶片细胞中 PC-C18：2、PC-18：3 含量分别为 38.8％和 32.1％。同时亚麻酸是多种植物信号分子的前体物质，参与种子发育的调控。种子细胞基于自身膜质构建的需要，会将质体内油酸经 *FAD6*、*FAD7*、*FAD8* 酶去饱和作用，以便大量合成亚油酸和亚麻酸。但此时的亚油酸、亚麻酸均是以 PG、MGDG、DGDG、SQDG 形式存在，不能直接参与到甘油三酯的合成。在油菜种子油脂合成期，油酸由质体大量进入内质网，此时亚油酸、亚麻酸则借助于 FAD2、FAD3 酶高效合成；且棕榈酸、硬脂酸在该时期依赖于 FATB 酶的去酰基化作用，由原核质体途径进入真核内质网途径，共同参与甘油三酯的组装。甘油三酯作为能量和碳源的重要储存物质，其大量的积累代表着植物器官的发育接近尾声。因此，在油脂合成期改善种子脂肪酸结构对油菜品种改良有着重要意义。

在棉花、大豆、油菜、拟南芥中，分别单独对 *FAD2*、*FAD3*、*FATB* 基因进行 RNAi 干扰，均可有效改善脂肪酸组分含量。为了同时完成对多个基因表达沉默，Q. Peng 等将 *FAD2* 和 *FAE1* 两个干扰片段融合后构入干扰载体中，所得的转基因油菜具备高油酸、低芥酸两种性状。本研究借鉴类似的经验，将 *FAD2*、*FAD3*、*FATB* 基因 RNAi 干扰片段融合后，共同导入甘蓝型油菜中，期望抑制 C16 脂肪酸过早离开原核途径，促进其向油酸的转化；同时削弱真核途径对油酸的去饱和作用。在转基因油菜中，棕榈酸、亚油酸、亚麻酸含量显著降低，且 *BnFAD2*、*BnFAD3*、*BnFATB* 基因的表达量均小于对照，这表明RNAi共干扰能够同时抑制 *BnFAD2*、*BnFAD3*、*BnFATB* 基因表达活力，有利于提高种子中油酸所占的比重。

LEC1 基因是调控植物种子脂肪酸合成的重要转录因子，过表达 *LEC1* 基因可以提高种子中油脂的含量。在本研究中，经 RNAi 干扰后的转基因油菜种子中，*BnFAD2*、*BnFAD3* 基因的表达量明显降低，致使其所合成的亚麻酸含量较少。这可能刺激种子细胞为增加亚麻酸的含量而提升 *LEC1* 基因的表达量。*LEC1* 基因的表达量增加可以进一步促进其下游调控基因 *WRI1*、*LIL*、*bZIP67* 的表达上调。*WRI* 是质体中调控脂肪酸合成的重要转录因子，其表达量的提高可以促进糖类物质向脂肪酸类物质的转化。同样，*LIL* 基因表达量的提升有助于种子含油量的增加。*DGAT1* 基因是控制油脂合成 Kenney 途径的关键基因，当 *DGAT1* 和 *WRI1* 基因同时表达上调时，种子的含油量和单不饱和脂肪酸的含量明显增加。*PDAT1* 基因的表达量提升，可以促进 PC 中的脂肪酸酰基 DAG 的转移，加速 TAG 的合成。

综上所述，油菜种子中脂肪酸的合成主要发生于油脂合成期（即开花后 25～40 天），在此期间单不饱和脂肪酸及多不饱和脂肪酸大量合成积累，种子最终的脂肪酸组分含量均是由这个时期所决定。*BnFAD2*、*BnFAD3* 基因在油脂合成期高效表达是造成多不饱和脂肪酸积累的主要原因。在种子油脂合成期，对 *BnFAD2*、*BnFAD3*、*BnFATB* 基因进行 RNAi 抑制后，可以显著提升种子中油酸的含量。

第五章　高油酸油菜新品种选育

油菜的用途多种多样，如油用油菜、菜用油菜、饲用油菜、观赏油菜等，不同用途的油菜要求不同的品种特性。其中，高油酸油菜提供优质菜油，具有减少胆固醇的形成，有效预防人体心血管疾病的品种特性；高油酸油菜还能提供优质生物柴油，具有能有效进行甲酯化的品种特性。

国内外油菜育种专家对高油酸油菜的研究极其重视，提出了培育"双低一高"（低芥酸、低硫苷、油酸含量高达75%以上）的油菜品种的目标。世界上首个高油酸品种Expander（油酸含量达81%）是德国的Rücker和Röbbelen在1995年利用化学诱变剂EMS培育的。加拿大Cargill种子公司采取常规技术和转基因技术，利用DH系等，在2004年就有CNR 604（油酸含量75%）、CNR 603（油酸含量85%）等品系参加品比试验。在国外如火如荼开展高油酸油菜研究的同时，我国相关单位和专家也紧跟世界的脚步，从20世纪80年代末开始高油酸育种研究。官春云院士采用8万~10万伦琴^{60}Co γ射线辐射"双低"油菜湘油15号干种子，引起高油酸突变，得到高油酸突变体，并且其辐射后代最高含油量达93.5%。

第一节　高油酸油菜品种选育方法

一、常规方法

一般常用定向选择（从现有的高油酸材料中选择油酸含量较高的材料，该方法周期长且不能创造新品种和新的类型）或杂交转育（含高油酸性状的材料间进行杂交，并在其杂种后代中通过选择而育成纯合品种）的方法培育高油酸油菜，具体如表5-1。

表 5 - 1　常规方法培育高油酸油菜的研究情况

方法	结果
白菜型油菜材料进行 4 代定向选择。	从起始选择材料油酸含量的 69％提高到 85％～90％。
具有常规脂肪酸含量的冬油菜品种间杂交，后代进行 7 代及以上更高世代的连续自交和定向选择。	得到欧洲第一个获得注册的 HOLL 品种"SPLENDOR"，其油酸含量为 76.48％，亚麻酸含量为 2.73％。
高油酸突变系和其他高油酸基因型材料杂交。	获得油酸含量达 86％的品种。
品系 40068、39754（油酸含量分别为 69.6％、69.9％）作母本，品种 Drakon 和品系 32577（油酸含量分别为 67.9％、65.8％）作父本杂交。	经 7 代系统选择，获得 24 个单株，油酸含量高达 82.1％～83.5％。
高油酸材料（油酸含量分别为 77.2％、78.4％）与 ogura CMS 和恢复系杂交。	得到油酸含量为 75％～79％的材料。
油酸含量 75％的突变体和油酸含量 62％的野生双单倍体杂交后代早期阶段通过体外小孢子培养。	得到油酸含量 75％以上的材料。
甘蓝型油菜、白菜型油菜和芥菜型油菜种间杂交。	得到油酸含量 80％的材料。

二、诱变方法

诱变是当前高油酸油菜育种材料创新的主要方法，因为稳定快，可大大缩短育种年限，主要分为物理诱变和化学诱变。大多数高油酸突变都是由"A"插入或氨基酸替代引起的。主要有两个突变机制：一是控制油酸脱饱和生成亚油酸的 Δ12 -油酰脱饱和酶基因 FAD2 中发生了一个或多个核苷酸突变，产生了终止密码子，导致翻译过程中肽链的过早终止，使所翻译的多肽不能作为有活性的脱饱和酶起作用，油酸因此不能脱饱和生成亚油酸而大量积累；二是 FAD2 基因中的核苷酸突变引起所编码的 Δ12 -油酰脱饱和酶基因 FAD2 中氨基酸的改变，影响蛋白质的折叠和空间结构，进而影响酶的活性或酶与底物结合的能力，最终导致高油酸突变体的产生。

（一）化学诱变

化学诱变产生点突变的频率较高，诱发染色体畸变相对较少且多为显性突变体，对油料作物脂肪酸品质改良具有一定的特异性。

化学诱变多采用甲基磺酸乙酯（EMS）。Auld 等利用 EMS 诱变，分别获得了油酸含量 88％以上的甘蓝型油菜突变体 X-82M$_3$、M$_4$ 株系及亚油酸、亚麻酸含量大幅降低的白菜型油菜突变体 M-30，将 M-30 与低芥酸亲本 Tobin 杂交，F$_4$ 株系油酸含量超过 87％。Rücker 和 Röbbelen 利用 EMS 诱变方法培育出高油酸品种 Expander（油酸含量达 81％）；通过诱变甘蓝型冬油菜品种 Wotan，使得油酸含量由 60.3％提高到 80.3％。Spasibionek 用 EMS 处理甘蓝型冬油菜种子，对脂肪酸组成发生显著变化的 M$_2$ 代种子再次处理，筛选出 2 个油酸含量 76％左右的突变体。Lee 等利用韩国油菜品种 Tamla 进行 EMS 诱变，筛选高油酸突变株至 M$_7$ 代，从中分离出两个平均油酸含量为 76％的突变群体。湖南农业大学用 1.5％的 EMS 处理甘蓝型油菜品种湘油 15 号，从 M$_2$ 代筛选到一株油酸含量达 71％的高油酸植株，多代自交筛选后得到油酸含量 80％以上的材料。黄永娟等也利用 EMS 诱变得到高油酸油菜突变体。

此外，还有利用其他诱变剂获得高油酸材料的报道。加拿大研究人员利用 8 mmol/L 溶解在二甲亚砜中的亚硝酸乙酯溶液处理油菜品种 Regent、Topas 和 Andor，获得油酸含量为 78％的突变系 45A37 和 46A40，比对照高 24％。和江明等用秋水仙碱溶液处理经 200 mg/kg EMS 诱变的甘蓝型油菜小孢子 24h，用 NLN13 培养基进行小孢子培养，得到了一份油酸含量为 80.3％的突变材料。

（二）物理诱变

物理诱变一般采用^{60}Co 照射。官春云等用 8 万～10 万伦琴^{60}Co γ 射线辐射湘油 15 号干种子，对辐射后代进行连续选择。由于高油酸突变体 FAD2 基因中 DNA 分子中发生鸟嘌呤转换为腺嘌呤，经过几个世代才能完成，因此直到 M$_5$ 代多数植株油酸含量在 70％以上，最高油酸含量达 93.5％。此外，西南大学利用航天诱变方法也获得了油酸含量为 87.22％的甘蓝型油菜突变体。

三、基因工程方法

基因工程（转基因）方法育种就是根据育种目标，用分子生物学方法把目标基因从供体生物中分离出来，通过克隆、表达载体构建和遗传转化整合进植物基因组，并经过田间试验与大田选择育成转基因新品种或种质资源的育种方法。主要包括 5 个基本过程：①目的基因的获得；②含目的基因的重组质粒构建；③目的基因转化；④转化体的筛选与鉴定；⑤转化体的安全性评价和育种利用。

与常规育种方法相比，转基因育种不受种属限制，可以对油菜目标性状进行定向变异和选择，从而大大提高育种效率，加快育种进程。然而，因为转基因目标性状并非通过常规手段获得，外源基因的插入极有可能影响原品种的优良性状，其安全风险性无法估量，导致通过转基因技术获得的转化植株很少能直接作为品种进行推广应用，一般是作为培育新品种的种质资源，只有通过一定方法对获得的转基因植株进行检测与遗传分析，选择单拷贝插入的转基因植株，与传统育种方法相结合，才能获得可生产利用的新品种。在利用转基因技术获得高油酸材料的研究过程中，根据部分研究结果表明，高油酸性状的油菜突变植株存在着一些不利的农艺学性状，如营养体生长变缓、花蕾死亡、低结实率、低耐冷性等现象伴随着出现。

（一）反义 RNA 技术和 RNA 干扰技术

反义 RNA（antisense RNA）是指有义（sense）DNA 链转录成的、与特异的靶 RNA 互补结合并能抑制靶 RNA 表达的一段序列。转录产生反义 RNA 的基因称之为反义基因（antisense gene）。所谓反义 RNA 技术是指把一段 DNA 序列以反义方向插入合适的启动子和终止子之间，然后把此基因构建体转化到受体细胞中去（通常农杆菌转化的方法），通过选择培养获得转化生物体的技术。反义基因转录生成的 mRNA 可以抑制具有同源性的内源基因的表达，用这种方法可获得特定基因表达受阻而其他基因表达不受影响的转基因植株。反义 RNA 技术有以下特点：

①反义 RNA 可以高度专一地调节某一特定基因的表达，不影响其他基因的表达；

②反义基因整合到植物的基因组中可独立表达和稳定遗传，后代符合孟德尔遗传规律；

③反义基因不必了解其目的基因所编码的蛋白质结构，可省去对基因产物的研究工作；

④反义基因不改变目的基因的结构，在应用上更加安全。

RNA 干扰（RNA interference，简称 RNAi）是指通过反义 RNA 与正链 RNA 形成双链 RNA 特异性地抑制靶基因的现象，它通过人为地引入与内源靶基因具有相同序列的双链 RNA（有义 RNA 和反义 RNA），从而诱导内源靶基因的 mRNA 降解，达到阻止基因表达的目的。RNA 干扰技术具有以下特点：

①RNAi 具有很高的特异性，只降解与之序列相应的单个内源基因的 mRNA；

②RNAi 抑制基因表达具有很高的效率，表型可以达到缺失突变体表型的程度，而且相对很少量的双链 RNA（dsRNA）分子（数量远远少于内源 mRNA 的数量）就能完全抑制相应基因的表达，是以催化放大的方式进行的；

③RNAi 抑制基因表达的效应可以穿过细胞界限，在不同细胞间长距离传递和维持信号甚至传播至整个有机体以及可遗传。

在植物体内，$\Delta 12$-油酰脱饱和酶基因 *FAD2* 是油酸合成与积累的重要调控位点。目前常用反义 RNA 和 RNA 干扰等方法对其进行调控，以获得较高的油酸含量，尤其是 RNA 干扰技术，在拟南芥中证明了其作用后，在油料作物脂肪酸组成改良方面获得了突破性进展，相关研究见表 5-2。

表 5-2　利用反义 RNA 技术和 RNA 干扰技术获得高油酸材料的研究进展

方法	实验材料	获得结果
反义 RNA	甘蓝型油菜	获得了油酸含量 83.3% 的品系 8，它和另一个突变休油菜 IMC129（油酸 77.8%）杂交，培育出油酸含量达 88.4% 的油菜新材料。
	甘蓝型油菜	油酸含量提高到 85%。
	甘蓝型油菜	获得了油酸含量为 78% 的韩国转基因油菜 Tammi。

方法	实验材料	获得结果
RNA 干扰	油菜籽叶柄内	获得了转基因植株。
	甘蓝型油菜	油酸含量达到 89%。
	甘蓝型油菜	构建了甘蓝型油菜 *FAD2* 基因的 ihpRNA 表达载体,获得转基因植株,19 个单株种子油酸含量大于 75%,有 11 个单株种子油酸含量大于 80%。
	甘蓝型油菜	油酸含量 83.9% 的无筛选标记转基因油菜新种质,且这种新种质未表现出高油酸突变体的一些不良农艺性状。
	低芥酸转基因株系和甘蓝型油菜	*FAE1* 基因和 *FAD2* 基因的协同干涉,获得了高油酸(油酸含量 75%)、低芥酸和多不饱和脂肪酸的转基因材料。
	甘蓝型油菜	油菜试管苗的带柄子叶为外植体,得到 9 株抗 PPT 苗。
	甘蓝型油菜	构建了甘蓝型油菜 *FAD2*、*FAD3*、*FATB* 基因共干扰载体,转入甘蓝型油菜中双 9 号,2 株油酸含量在 75% 以上。
	甘蓝型油菜	构建了 *FAD2* 与 *FAE1* 基因双干扰载体,获得 144 株抗性再生植株。
	甘蓝型油菜	转基因植株 FFRP4 - 4 油酸含量提高到 85%,F_1 代种子油酸含量在 80% 以上,饱和脂肪酸 10%,芥酸未检出。
反义 RNA-RNAi 联合	甘蓝型油菜	构建了 *BrFAD2 - 1* 基因的植物转化载体,并利用农杆菌载体对油菜 Youngsan 进行了转化,得到了油酸含量分别为 78%、85% 和 86% 的转基因高油酸油菜株系 AS9A、HP15 和 HPAS29。

(二) 基因编辑技术

基因编辑技术是指能够让人类对目标基因进行"编辑",实现对特定 DNA 片段的敲除、特异突变引入和定点转基因等,基因编辑技术中,以 ZFN(zinc finger nuclease)和 TALEN(transcription activator-like effector nuclease)为代表的序列异性核酸酶技术,以其能够高效率地进行定点基因组编辑,在基因研究、基因治疗和遗传改良等方面展示出巨大的潜力。

CRISPR/Cas9 第三代"基因组定点编辑技术",也是目前用于基因编辑的前沿方法。与前两代技术相比,该技术具有成本低、制作简便、快捷高效的优点,使其迅速风靡于世界各地的实验室,成为科研、医疗等领域的有效工具，在一系列基因治疗的应用领域都展现出极大的应用前景，如血液病、肿瘤和其他遗传疾病。2014 年 4 月 15 日，该技术获得了美国专利与商标局关于 CRISPR 的第一个专利授权，专利权限包括在真核细胞或者任何有细胞核的物种中使用 CRISPR。

万丽丽利用 CRISPR/Cas9 基因编辑系统对甘蓝型油菜 DT、627R 和 ZY50 材料中的控制油酸合成代谢途径的关键基因 $BnaA.FAD2.a$（LG A5）进行编辑，共获得 164 株转化单株，编辑效率为 75.6%。其中有 82.2% 的突变单株表现为杂合突变或者双等位基因突变。所得到的编辑类型主要为单碱基插入，其中插入碱基 C 所占比例为 56.6%，高于其他碱基。利用石油醚-乙醚法测定基因编辑材料种子中的脂肪酸含量，DT 材料 $BnaA.FAD2.a$（LG A5）突变单株的油酸含量高达 82.12%±1.01%，而未编辑的 DT 材料种子中油酸的含量为 54.21%±1.79%，基因编辑后材料相对于未编辑的受体材料油酸含量增幅为 51.5%。

高谢旺等利用 CRISPR/Cas9 基因编辑系统与高效油菜转化技术相结合，对甘蓝型油菜湘油 15 号（XY15）中控制油酸合成不饱和脂肪酸和超长链脂肪酸的关键基因 $BnaFAD2.A05$、$BnaFAD2.C05$、$BnaFAE1.A08$ 和 $BnaFAE1.C03$ 同时进行基因编辑，获得了 7 株 T_0 代转基因植株，通过靶基因克隆测序，发现均未发生基因编辑。然而，在 T_1 代植株中发现并检测到了基因编辑的发生，$BnaFAD2.A05$、$BnaFAD2.C05$、$BnaFAE1.A08$ 和 $BnaFAE1.C03$ 的总基因编辑效率分别为 38.89%、27.78%、22.22%、30.56%。在 T_2 代植株中，筛选到了 5 株 4 个靶基因均发生了突变，且无外源基因的突变体材料 Cas9-1-12-4、Cas9-1-12-5、Cas9-2-7-11、Cas9-5-5-3、Cas9-6-6-1，它们的相对油酸含量为 68.69%、80.16%、75.82%、75.97%、74.37%，相比于野生型 XY15（相对油酸含量为 62.04%）均有显著提高。

四、分子标记辅助选择

利用与控制油酸含量的基因紧密连锁的分子标记对携带有高油酸基因的植株进行早期选择，可以减少大田选择的工作量，增加育种的选择反应和成本效益。目前，已鉴定的油酸含量有 RAPD（random amplified polymorphic DNA，随机扩增多态性 DNA）、SNP（single nucleotide polymor-phism，单核苷酸多态性）、SSR（simple sequence repeats，简单重复序列）和 AFLP（amplified fragment length polymorphism，扩增片段长度多态性）等标记。

（一）RAPD 标记

Tanhuanpää 等在白菜型春油菜中发现 8 个 RAPD 标记与油酸含量有关，其中最合适的标记是 OPH-17，这些标记也位于 LG6 并与油酸位点相应的 *FAD2* 基因连锁。Sharma 等利用芥菜型油菜重组自交系发掘出 7 个与油酸含量显著相关的 RAPD 标记，其中 3 个标记在连锁群 LG9 上连锁，另外各有 2 个标记在连锁群 LG1 和 LG17 上连锁。将 2 个油酸含量 QTL 作图在连锁群 LG9 和 LG1 上，2 个位点总共解释 32.2% 的油酸含量变异，其中连锁群 LG9 上的主要 QTL 解释油酸含量变异的 28.5%，定位于 RAPD 标记 OPF 081000 和 OPI 101000 之间。Javidfar 等在甘蓝型油菜中鉴定出 6 个相互独立的油酸含量 RAPD 标记，其中 UBC2830 可解释 43% 的油酸含量遗传变异。

（二）SNP 标记

Hu 等发现甘蓝型油菜 *FAD2* 突变基因中发生了单核苷酸变异，基于这一单核苷酸差异，开发了 *FAD2* 突变等位基因特异的 SNP 标记并在连锁群 N5 上作图，该图可解释 76.3% 的油酸含量变异。Tanhuanpää 等开发了一个白菜型春油菜油酸含量相关的 SNP 标记，发现野生型和高油酸的 *FAD2* 基因位点只有一个核酸序列差异，导致一个氨基酸改变。SNP 标记对油酸含量选择比 SCAR 标记更为有效，而且，采用 PCR 产物直接染色而不是电泳的方法可使等位基因特异检测进一步简化。Falentin 等根据突变体和野生型等位基因的序列差异，开发两个 SNP 标记，分别对应 *FAD2C* 基因和 *FAD2A* 基因的突变。Yang 等以 SW Hickory（油酸含量大约为 78%）×JA177（油酸含量 64%）F₁ 花蕾进行小孢子培养获得 DH 群体。QTL 定位表明，控制油酸含量的主效 QTL 位于甘蓝型油菜的 A5 连锁群上，可解释 89% 的表型变异。

Zhao 等对 375 份油菜材料进行全基因组关联分析，共鉴定到 19 个与油酸显著关联的 SNP，最显著的 SNP 位于 A9 染色体上，解释了 10.11%

的表型变异。进一步利用一个 DH 群体进行油酸含量 QTL 定位，确认了一个新的 QTL OLEA9，该位点可提高油酸含量 3%～5%。该新位点可与已知的位于 A5 的 *FAD2* 位点以加性效应方式提高油酸含量。通过对该区间候选基因的表达量分析和拟南芥同源基因突变体表型分析，初步确认 OLEA9 的候选基因为 *BnaA09g39570D*。该研究可为高油酸育种提供新的基因资源，同时对进一步阐明油菜种子脂肪酸的遗传调控网络有积极意义。

（三）SSR 标记

刘列钊等对航天诱变高油酸突变体材料系进行标记，发现 A05 和 A01 染色体上的 *FAD2* 位点发生双隐性突变，两位点对表型的遗传变异贡献率分别达到 31.1% 和 29.4%，为主效位点。Zhao 等以德国冬油菜品种 Sollux 和中国高油酸材料构建 DH 群体作图，发现 7 个油酸含量相关的 QTL，解释 59% 的遗传变异。Smooker 等的研究表明，SSR 标记比区间作图法和多个 QTL 定位方法更有效。湖南农业大学用高油酸油菜品系 HOP 和甘蓝型油菜湘油 15 号为父母本，在 A5 和 C5 连锁群上各检测到 1 个油酸含量主效 QTL，这 2 个 QTL 能解释 60%～70% 油酸含量变异，其中位于 A5 连锁群的 QTL 效应值较大，与 *FAD2* 基因紧密连锁；在 N5 连锁群上标记分析发现 1 个控制油酸的 QTL，处于 CNU398 与 CN53 之间，LOD 值为 4.83，贡献率达到 59.37%；构建了导入 A5、C5 两个油酸 QTL 及只分别导入一个油酸 QTL 的 BC_2F_1 株系，背景回复率达 90% 以上。

（四）AFLP 标记

Lionneton 等筛选到 2 个油酸含量 QTL，位于连锁群 LG2 上 E4M1_4 处的 QTL 解释 51.8% 的油酸含量变异，位于连锁群 LG6 上 E1M2_6 处的 QTL 解释 9.5% 的油酸含量变异。Schierholt 等对来自 7488×DH11.4Samoutai 后代进行 AFLP 分子标记研究，筛选到 3 个引物组合（E32M61、E38M62、E35M62），在亲本系及群体种子之间各表现为一个多态性带，将这 3 个 AFLP 标记（E32M61-141、E38M62-358、E35M62-256）用于 F2 群体作图，发现它们与高油酸等位基因连锁，最紧密连锁的 AFLP 标记 E32M61-141 距高油酸位点 3.7 厘摩，可用于对高油酸性状分子选择的标记（图 5-1）。在 *Brassica* 基因组中 *fad2* 位点在 A 基因组第 15 个连锁群上，在油菜 LG15 中的 *fad2* 位点是一个作用拷贝。

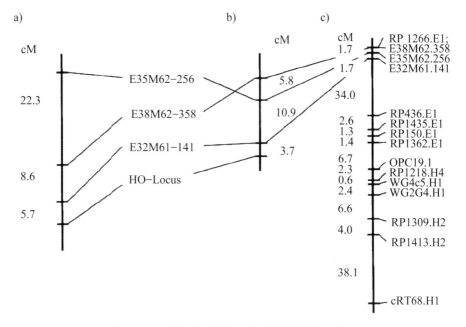

图 5 - 1 利用 HO 突变体群体构建的遗传连锁图

李旭针对 Bnms3 在 1200～1222 处的差异，BnC9. Tic40 在 1630～2050 处的差异，开发了 1 对 ARMS-PCR 等位基因特异性标记 M3C9-1F/1R 和 m3c9-4F/2R（图 5 - 2）。新标记对 Ms3/ms3 等位基因的扩增产物片段大小相差 141 bp，用琼脂糖凝胶能很好地区分两者。

卢东林通过回交转育结合分子标记辅助筛选出了三个回交组合（甲 ZL593A×甲 9800、甲 Z1353A×11 品 6、甲 ZL100A×甲 9818）BC_2F_2 群体中的高油酸不育株（ms1ms1ms2ms2）、高油酸保持株（Ms1ms1ms2ms2）、高油酸恢复株（Ms1Ms1ms2ms2），以及 BC_3F_1 群体中基因型为 AaMs1ms1 的杂合型单株。

石笑蕊以高油酸的甘蓝型油菜 J-3111 为供体亲本，采用传统回交育种结合分子标记辅助选择（molecular marker-assisted selection，MAS）分别构建 621R×J-3111、L-135R×J-3111、616A×J-3111、195-14A×J-3111 四个组合的 BC_1F_1、BC_2F_1、BC_3F_1、BC_3F_2、BC_3F_3、BC_4F_1、BC_4F_2 世代群体。结合田间表型挑选 10 株（616A 的 2 株可育株和 2 株不育株、195-14A 的 2 株可育株和 2 株不育株、L-135R 的 2 株可育株）背景最接近相应轮回亲本的纯合高油酸基因型的单株进行重测序分析。

图 5‑2 等位基因特异标记 M3C9‑1F/1R 和 m3c9‑4F/2R 的开发设计

（五）其他方法

此外还有利用 TRAP（target region amplified polymorphism，利用靶位区域扩增多态性）和 RFLP（restriction fragment length polymorphism，限制性内切酶片段长度多态性）等方法对油酸含量进行标记。

第二节 高油酸油菜种质资源

一、高油酸油菜的由来

传统"双高"〔芥酸含量 $40\%\sim50\%$，硫苷含量 $100\sim200\ \mu mol/g$（饼）〕油菜，其加工产品为高芥酸植物油和高硫苷菜籽饼粕。芥酸是一种长链脂肪酸，人体不易消化吸收，营养价值不高。而硫苷本身无毒，但在芥子酶作用下可降解为异硫氰酸酯、噁唑烷硫酮、硫氰酸酯和腈类等毒素，引起动物甲状腺肿大，使动物发育迟缓，影响动物的生长。

1968 年加拿大发布了世界上第一个低芥酸油菜品种，1974 年 Stefansson 发布的品种 Tower 和 1977 年 R. K. Downey 发布的第一个低硫代葡萄糖苷的野油菜品种 Candle，代表了"双低"油菜品种的开始，自此"双低"油菜品种获得统一的注册商标名称——卡诺拉（canola）。我国对"双低"油菜的研究于 20 世纪 90 年代开始，在连续 4 个"五年规划"的基础上，经过全国 20 多个科研单位近 20 年的协作科技攻关，以及中国、加拿大、澳大利亚、美国等重大国际合作研究，选育出了一批优质"双低"的油菜新品种，极大地促进了油菜生产由单纯注重产量向产量与质量并重的转变过程，平均产量达到 1500 kg/hm^2 以上，食用油品质也得到了极大改善，开始实现油菜品种向优质高效转变的第三次革命。当前，除特异用途品种外，"双低"品质要求已成为我国新品种审定的最低品质标准。高油酸油菜就是在"双低"油菜的基础上，追求油菜更高品质所改良育成的。

二、高油酸油菜种质资源研究进展

1992 年，世界上第一个油菜高油酸突变体问世，1995 年，第一个高油酸油菜品种（油酸含量 81％）选育成功，随后，欧洲国家、加拿大和澳大利亚等纷纷开始了相关研究。

在中国，20 世纪 80 年代湖南农业大学油料作物研究所官春云院士率先提出进行高油酸油菜育种研究，利用 ^{60}Co γ 射线处理湘油 15 号干种子，对辐射后代进行连续选择，2006 年获得稳定的高油酸油菜种子，目前已获得 100 多个油酸含量 80％以上、性状优良的高油酸油菜新品系，认定高油酸 1 号等高油酸油菜新品种 7 个。湖南春云农业科技股份有限公司还开展了机械化制种技术研究。

2001 年李德谋等利用甘芥杂交，从无芥酸的甘蓝型油菜品种 Lisadra 与芥菜型油菜株系 JN63 的杂交 F$_4$ 代中选出一个高油酸、无亚麻酸、无芥酸的优良株系。

2003 年和江明等用秋水仙碱溶液处理经 EMS 诱变的甘蓝型油菜小孢子，在诱变后代中筛选出一份油酸含量为 80.3％的高油酸油菜突变材料。2003 年，熊兴华等人以湘油 15 号的子叶柄为受体材料，利用基因枪法将

反义油酸去饱和酶 *FAD2* 基因与种子特异性表达载体连接，然后将其导入油菜中，成功获得两株转化植株。

2005 年以来，华中农业大学油菜遗传改良创新团队从高油酸育种资源创新、高油酸性状形成的遗传及分子机制等方面开展了较为系统的研究。已育成 5 个常规品系和 3 个核不育杂交种，这些品系的油酸含量稳定在 75% 以上。

西南大学李加纳教授利用航天诱变技术，获得油酸含量 87.22% 的甘蓝型油菜突变体，开展了大量高油酸油菜研究，还建设了一条小型生产线进行菜籽油品质研究。

2011 年黄永娟等利用 0.4% 的 EMS 诱导甘蓝型油菜 NJ7982 种子，得到了一个油酸含量达到 76.15% 的突变株。

浙江省农业科学院推出了"爱是福"高油酸菜籽油，2015 年审定了国内第一个高油酸油菜新品种浙油 80（油酸含量 83.4%，亩产量约 190 kg，产油量与普通品种相当）。

2015 年 10 月 11 日，云南省农业科学院经济作物研究所组织对高油酸油菜杂交种"E07HO27"、常规种"E0033"在玉龙县太安乡种植表现情况进行田间鉴评。与会专家认为，与对照品种花油 8 号相比，高油酸油菜不仅品质更高，而且田间表现情况也更胜一筹。

2017 年付蓉利用 MAS 技术，将抗根肿病位点 CRb 和 PbBa8.1 导入不含抗根肿病位点的高油酸材料中，通过回交选育于 2019 年得到农艺性状优良的抗根肿病高油酸新材料。

三、诱变育种获得高油酸油菜新种质

（一）辐射育种获得高油酸油菜新种质

1999 年，以官春云院士采用 8 万～10 万伦琴 ^{60}Co γ 射线辐射甘蓝型"双低"油菜品种湘油 15 号原种干种子，引起高油酸突变，得到油酸含量比对照高出 6.5966 个百分点的单株（表 5 - 3），到 2004 年被辐射种子经 5 代连续自交和定向选择得到的植株 M_5，大部分油酸含量在 70% 以上，其中最高油酸含量达 93.5%（表 5 - 4）。并且经过对高油酸突变体的研究发现，突变体 *fad2* 基因 270 位的碱基 G 转换为碱基 A，导致密码子由 TGG

变换为 TGA（终止密码子），导致突变体 *fad2* 基因功能丧失，因此油酸含量迅速增加，得到高油酸油菜新种质。

表 5-3 ^{60}Co 电离辐射处理的 M$_1$ 油酸含量高于对照植株的脂肪酸组成

处理	植株号	脂肪酸组成/%					
		16：0	18：1	18：2	18：3	20：1	22：1
CK	—	4.0213	59.7668	19.7539	8.6017	2.8233	2.7364
8 万伦琴	668	3.1952	65.0446	18.0041	7.9130	2.0919	1.2189
	662	3.8111	66.3634	16.1040	6.5792	2.2727	2.0067
	721	3.7196	64.4270	19.1966	8.4485	0.6999	0.0503
	719	4.0879	63.4039	18.6259	8.4873	1.6982	0.9759
	718	4.3483	63.6736	17.4005	7.7487	2.3532	1.5624
	697	3.2876	61.7156	17.9109	7.6968	3.6219	3.0897
	711	3.8725	62.2402	19.3442	7.3831	2.1487	2.0591
10 万伦琴	706	4.4645	63.3205	19.2940	8.4178	1.6550	1.3669
	683	3.8924	61.0987	20.1805	6.5383	2.5707	2.1057
	684	3.8553	64.4156	18.7072	8.1311	1.5484	0.5542
	685	4.1022	64.0984	19.3475	7.1765	1.6707	1.1982
	686	4.2803	62.3272	26.6353	7.6245	1.6734	0.9311
	679	4.2718	63.0343	20.1232	8.0407	1.1679	0.3812
	680	4.0472	63.9928	16.8494	6.4079	2.8409	2.7783

表 5-4 ^{60}Co 电离辐射处理的 M$_5$ 各小区植株的油酸含量

M$_5$ 区号	M$_4$ 区号	总株数	不同油酸含量的植株数				油酸平均含量/%	油酸最高含量/%
			61%～70%	71%～80%	81%～90%	≥90%		
03-922		45	2	8	32	3	82.50	93.50
03-923	02-899	54	16	34	4	0	73.50	83.50
03-924		53	35	18	0	0	71.70	78.30
03-927		41	0	28	13	0	77.60	81.80
03-929	02-900	50	18	31	2	0	72.90	81.10
03-932		54	3	40	11	0	79.60	88.20

M$_5$ 区号	M$_4$ 区号	总株数	不同油酸含量的植株数				油酸平均含量/%	油酸最高含量/%
			61%～70%	71%～80%	81%～90%	≥90%		
03-935		52	51	0	1	0	64.29	81.30
03-936	02-924	52	48	4	0	0	68.41	76.20
03-937		50	50	0	0	0	64.19	66.90
03-925		51	51	0	0	0	63.40	66.90
03-938	02-925	50	40	10	0	0	67.50	72.60
03-939		48	38	10	0	0	65.20	74.50

(二) 甲基磺酸乙酯（EMS）诱变获得高油酸油菜新种质

官春云等于 2005 年利用 0.5%、1.0% 和 1.5% 共 3 个 EMS 浓度处理甘蓝型油菜（湘油 15 号），播种收获自交种 M$_1$，分析检测其主要脂肪酸含量，发现 M$_1$ 各个处理之间脂肪酸含量变化不明显，均没有达到显著水平（表 5-5）；在 1% 和 1.5% 两个处理中，出现了 4 株油酸含量 70% 左右的植株，最高的油酸含量为 71.5%，比对照高 11%（表 5-6）。

M$_2$ 系是来自 M$_1$ 代 4 株高油酸植株（M$_1$-1012-7、M$_1$-1016-5、M$_1$-1020-23 和 M$_1$-1023-10），分 4 个小区，2006 年播种并套袋自交获得，分析检测其主要脂肪酸含量，发现 4 株高油酸植株的 M$_2$ 代，油酸含量普遍提高，并且在 M$_2$-1005 小区中出现了一株油酸含量 71% 的突变株（编号 M$_2$-05），高油酸突变频率为 0.2%（表 5-7）。

表 5-5　EMS 处理对油菜 M$_1$ 代主要脂肪酸含量的影响

处理	株数	脂肪酸组成/%										
		C16：0		C18：0		C18：1		C18：2		C18：3		C22：1	
		变幅	平均	变幅	平均	变幅	平均	变幅	平均	变幅	平均	变幅	平均
CK	86	4.10～4.8	4.42	1.9～2.31	2.10	57.1～61.1	60.8	19.8～25	21.5	8.1～11.5	9.30	0.30～0.45	0.4
0.5%	259	3.98～4.9	4.36	2.0～2.21	2.08	56.7～63.8	61.0	18.1～24	20.9	7.9～10.4	8.87	0.22～0.4	0.3

续表

处理	株数	脂肪酸组成/%											
		C16:0		C18:0		C18:1		C18:2		C18:3		C22:1	
		变幅	平均	变幅	平均	变幅	平均	变幅	平均	变幅	平均	变幅	平均
1.0%	238	4.07~4.8	4.36	1.9~2.2	2.10	57.2~70.2	61.3	14~24.1	20.2	6.81~10	8.63	0.20~0.41	0.3
1.5%	188	4.10~4.71	4.37	2.0~2.19	2.09	56.7~71.5	61.1	14.3~23	20.0	6.6~10.8	8.55	0.32~0.5	0.4

表 5-6　M₁ 代得到的高油酸单株

处理	植株编号	油酸含量/%
CK	—	60.8
1.0%	M₁-1012-7	69.0
	M₁-1016-5	70.2
	M₁-1020-23	68.7
1.5%	M₁-1023-10	71.5

表 5-7　EMS 处理获得的高油酸植株 M₂ 代油酸含量的变异

M₂ 代编号	M₁ 代编号	株数	不同油酸含量的植株数			油酸含量变异	
			50%~60%	60%~70%	>70%	平均含量/%	最高含量/%
M₂-1002	M₁-1012-7	98	5	93	0	63.2	67.9
M₂-1003	M₁-1016-5	96	6	90	0	64.2	67.7
M₂-1004	M₁-1020-23	89	4	85	0	63.8	65.7
M₂-1005	M₁-1023-10	92	12	79	1	62.9	71.0

四、转基因育种获得高油酸油菜新种质

刘睿洋克隆了 FAD2、FAD3、FATB 基因的保守序列，用重组 PCR 的方法将三个基因的保守序列体外融合为一条长度为 1100 bp 共干扰 DNA 片段，然后将这个片段正反向插入由种子特异性启动子 NaPin 引导的 RNA 干扰载体 PFGC5941 中，转化甘蓝型油菜中双 9 号，对三个基因进

行沉默抑制，切断其相关的合成途径（图5-3），然后对发育的转基因油菜种子中 *FAD2*、*FAD3*、*FATB* 基因表达量进行荧光定量分析，发现在发育油菜 TB-5 种子中，*FATB*、*FAD2*、*FAD3* 三者 mRNA 的含量较之对照（WT）大幅减少，其含量分别为对照（WT）的 $1/2^7$、$1/2^7$、$1/2^{12}$，这说明，在转基因种子中 *FATB*、*FAD2*、*FAD3* 基因的表达受到了较强的抑制，抑制率均在 99% 以上。

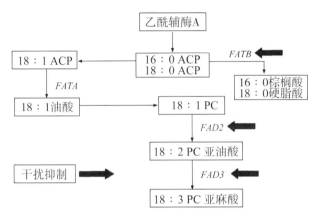

图5-3　RNA干扰作用原理

采用 HP 6890N 气相色谱仪，分别测定转基因种子样本中棕榈酸（16：0）、硬脂酸（18：0）、油酸（18：1）、亚油酸（18：2）、亚麻酸（18：3）、二十碳烯酸（20：1）的相对含量（表5-8），发现与未转化甘蓝型油菜相比，转基因油菜（以 TB-5 为例）种子中脂肪酸的含量比例发生了显著变化：棕榈酸（16：0）、硬脂酸（18：0）、亚油酸（18：2）、亚麻酸（18：3）含量分别降低了 56.59%、27.98%、48.89%、60.02%；油酸（18：1）含量提高了 27.77%（其中棕榈酸、硬脂酸含量降低程度与 Gustavo 研究结果一致），得到了高油酸油菜新种质，但获得的高油酸突变体植株，生长力较弱，并出现大面积的死亡（表5-9），与 Kinney 的研究结果一致。

表5-8　转基因油菜脂肪酸数据分析　　　　　　　　　　单位:%

植株	棕榈酸	硬脂酸	油酸	亚油酸	亚麻酸	其他
TB-1	1.62±0.23	1.16±0.24	77.66±1.3	12.58±1.2	3.76±0.45	3.69±0.38

续表

植株	棕榈酸	硬脂酸	油酸	亚油酸	亚麻酸	其他
TB-2	1.76±0.315	1.59±0.19	72.82±0.79	12.32±0.95	5.06±0.29	6.61±1.65
TB-3	1.48±0.1	1.58±0.16	74.12±0.98	15.16±0.7	4.82±0.41	2.83±0.61
TB-4	1.12±0.12	1.79±0.13	74.66±1.15	13.09±0.98	5.94±0.36	3.39±0.49
TB-5	1.35±0.23	1.75±0.06	81.3±0.73	9.2±0.37	3.29±0.38	3.11±0.62
WT（CK）	3.11±0.15	2.43±0.48	66.76±0.95	18±0.35	8.23±0.96	1.51±0.43

表 5-9　转基因油菜植株生长状况记录表

植株数目	真叶数目	植株生长状况
42	2～5	苗期，真叶枯萎变黄，主茎断裂糜烂死亡。
8	7～9	现蕾期，极易感染蚜虫病，最终枯萎变黄死亡。
5	11～13	花期，不能正常形成花蕾，花蕾败育。
4	15～17	结实期，荚果内无油菜种子。
5	15～17	正常收获转基因油菜种子。

第三节　高油酸油菜常规新品种选育

根据育种方式，油菜分为常规油菜和杂交油菜两大品种类型，常规油菜选育是直接对自然变异或诱导变异材料进行选择，通过常规育种程序选育符合需要的油菜品种。常规油菜选育方法包括系统育种、诱变育种等。

湖南农业大学官春云院士从 1999 年开始进行高油酸油菜研究，利用辐射诱变方法得到高油酸油菜育种新材料，在此基础上利用系统选育法，采用系谱法先后选育了高油酸 1 号、湘油 708 等高油酸油菜常规新品种。

一、高油酸 1 号选育过程

高油酸 1 号是 1999 年利用甘蓝型"双低"油菜品种湘油 15 号干种子经 8 万～10 万伦琴^{60}Co γ 射线辐射产生高油酸突变，此后利用气相色谱仪对后代种子油酸含量进行测定，并定向选择油酸含量较高的单株在下一年度种植，至 2010 年经连续 11 代系统选择育成高油酸 1 号（图 5-4），2015

年冬，该组合参加了 8 个品种（组合）10 个点的联合品比试验，亩产 150.8 kg，比对照增产 13.25%，达到极显著水平。2016 年冬参加了 7 个品种（组合）9 个点的联合品比试验，亩产为 160.43 kg，比对照增产 8.64%，达到极显著水平；2018 年获得新品种权证书［GPD 油菜（2019）430001］。

1999 年	湘油 15 号变异株（重离子辐射）
2000 年	F_1
2001 年	F_2
2010 年	F_{11} 获得 710
2015 年品比试验	710
2016 年品比试验	710
2017 年定名为	高油酸 1 号

图 5－4　高油酸 1 号选育系谱图

二、湘油 708 选育过程

湘油 708 是 1999 年利用湘油 15 号干种子经 8 万～10 万伦琴^{60}Co γ 射线辐射产生高油酸突变，此后利用气相色谱仪对后代种子油酸含量进行测定，并定向选择油酸含量较高的单株在下一年度种植，至 2011 年经连续 11 代系统选择育成（图 5－5）。2015 年冬，该组合参加了 8 个品种（组合）10 个点的联合品比试验，结果产量居常规品种第 2 位，亩产 149.74 kg，比对照增产 13.00%，达到极显著水平。2016 年冬参加了 7 个品种（组合）9 个点的联合品比试验，产量居参试常规品种第 3 位，亩产 159.8 kg，比对照增产 8.2%，达到极显著水平。

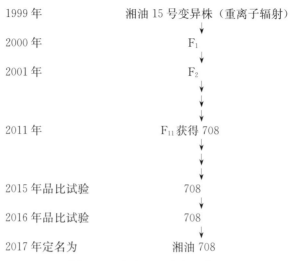

1999 年	湘油 15 号变异株（重离子辐射）
2000 年	F₁
2001 年	F₂
2011 年	F₁₁ 获得 708
2015 年品比试验	708
2016 年品比试验	708
2017 年定名为	湘油 708

图 5-5　湘油 708 选育系谱图

第四节　高油酸油菜杂交新品种选育

杂交油菜是两个不同的油菜品种或品系采用杂交制种技术配制的杂种第一代。由于存在种优势，与常规油菜比较，具有绿叶多、光合能力强、根系发达、长势旺盛、分枝多、角果多、抗逆性强、产量高等明显优势。但因其制种困难，种子价格相对较贵，且杂交油菜只能杂交一代种，不能留种，必须年年制种，杂交油菜一般是利用杂种势育种。

一、春云油 6 号选育过程

甘蓝型化学杀雄两系杂交油菜新组合春云油 6 号，由湖南省春云农业科技股份有限公司以"B145×B205"配组选育而成（图 5-6）。母本"B145"来源于湘油 15 号自交系，选育始于 2008 年，对油酸含量较高、产量性状较好的自交系进行筛选，2010 年定型，2011 年对 12 个高油酸自交系进行化学杀雄敏感性和产量试验，结果筛选出对化学杀雄较敏感同时产量高的高油酸自交"B145"，刚现蕾时喷药两次，整个花期达到 98％的不育效果。父本"B205"来自湘农油 571 的后代，选育始于 2008 年，通过该自交系后代的连续选择，在第 4 代，选出稳定的高油酸优系"B205"，两个亲本在 2013 年定型配组。

春云油 6 号的配组始于 2013 年，2014 年利用"B145"与 12 个自交系配制 12 个杂交组合，进行了两个点组合比较试验，2015 年春，从这 12 个组合中筛选出新组合（B145×B205），其表现综合性状好，油酸含量高，产量比对照增产 12.60%。2016 年，春云油 6 号参加了 3 个单位 5 个组合 9 个长江中游点的联合品比试验，产量居参试组合第 1 位，比对照增产 15.66%，产油量增加 17.08%。2017 年春云油 6 号参加了 3 个单位 5 个组合 9 个长江中游点的联合品比试验，产量居参试组合第 1 位，比对照增产 11.36%，产油量增加 12.39%。两年平均比对照增产 14.01%，产油量增加 14.74%，油酸含量达到 78.50%。

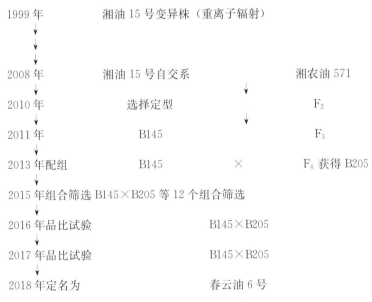

图 5-6　春云油 6 号选育系谱图

二、湘杂油 991 选育过程

甘蓝型化学杀雄杂交油菜新组合湘杂油 991（710×1035），由湖南农业大学油料作物研究所官梅选育而成（图 5-7）。

母本"710"是 1999 年利用湘油 15 号干种子经 8 万~10 万伦琴^{60}Co γ射线辐射产生高油酸突变，此后利用气相色谱仪对后代种子油酸含量进行测定，并定向选择油酸含量较高的单株在下一年度种植，至 2010 年经连续 11 代系统选择育成。

父本"1035"是 1999 年以湘油 15 号为母本和埃塞俄比亚芥 35 号为父本进行远源杂交，后代以湘油 15 号作为轮回亲本进行回交，以综合农艺性状和"双低"作为标准进行定向选择，至 2010 年经连续 10 代系统选择育成。

湘杂油 991 的选育始于 2012 年，利用"710"与 5 个自交系配制 5 个杂交组合，进行了两个点组合比较试验，2013 年春从这 5 个组合中筛选出新组合（710×1035），其表现综合性状好，油酸含量 81.3%，比对照增产12.6%。湘杂油 991 于 2015 年冬，参加了 8 个品种（组合）10 个点的联合品比试验，亩产 158.21 kg，居 12 个品种第 1 位，比对照增产 19.39%，达到极显著水平；2016 年冬参加了 7 个品种（组合）9 个点的联合品比试验，亩产167.94 kg，居 12 个品种第 1 位，比对照增产 13.71%，达到极显著水平。

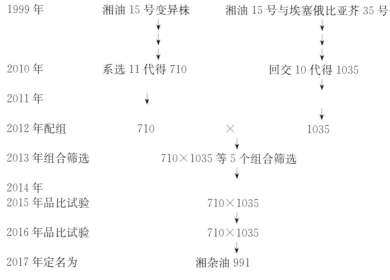

图 5 - 7　湘杂油 991 选育系谱图

三、湘杂油 992 选育过程

甘蓝型化学杀雄杂交油菜新组合湘杂油 992（708×1035），由湖南农业大学油料作物研究所官梅选育而成（图 5 - 8）。

母本"708"来源于湘油 15 号辐射诱变定向选育的含油量＞80%的高油酸品系；父本"1035"来源于湘油 15 号与埃塞俄比亚芥 35 号的杂交后代，两个亲本在 2011 年定型配组。

母本"708"是1999年利用湘油15号干种子经8万~10万伦琴^{60}Co γ射线辐射产生高油酸突变，此后利用气相色谱仪对后代种子油酸含量进行测定，并定向选择油酸含量较高的单株在下一年度种植，至2011年经连续11代系统选择育成。

父本"1035"是李枸选育而成，选育过程是从1999年开始以湘油15号为母本和埃塞俄比亚芥35号为父本进行远源杂交，后代以湘油15号作为轮回亲本进行回交，以综合农艺性状和"双低"作为标准进行定向选择，至2010年经连续10代系统选择育成。

湘杂油992（708×1035）的选育始于2013年，利用"708"与6个自交系配制6个杂交组合，进行了两个点组合比较试验，2013年春从这6个组合中筛选出新组合（708×1035），其表现综合性状好，油酸含量82.1%，比对照增产10.5%。湘杂油992始于2015年冬，该组合参加了8个品种（组合）10个点的联合品比试验，亩产155.1 kg，居12个品种第3位，比对照增产17.04%，达到极显著水平；2016年冬参加了7个品种（组合）9个点的联合品比试验，亩产166.87 kg，居12个品种第2位，比对照增产12.99%，达到极显著水平。

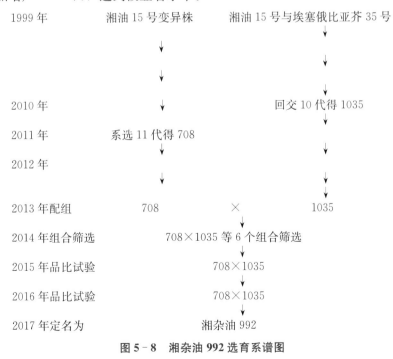

图5-8 湘杂油992选育系谱图

第六章 高油酸新品种

一个优良品种常常具有高产、稳产、优质、低消耗、抗逆性强、适应性好、推广利用价值高等特点，能比较充分地利用自然、栽培环境中的有利条件，避免或减少不利因素的影响，对于农业发展具有重要意义。油菜育种早期研究的重点是产量、株高、倒伏、整齐度、成熟度、含油量和病虫害等农艺性状，随之品质育种也逐渐开展。从 1968 年第一个低芥酸油菜品种"Oro"发布，到低芥酸低硫苷品种"Tower"（1974 年）和"Candle"（1977 年）的成功选育，代表了"双低"油菜品种的开始。由于与先前品种营养上的显著差异，国际上把这种低芥酸低硫苷特征的新类型油菜，命名为"canola"，标志着油料和膳食质量都进入了一个新的时代。同时，由于"canola"在低芥酸低硫苷的同时，油酸含量增加（60%～70%），适宜作为培育高油酸"双低"油菜的原材料，从而得到相关学者、育种家等的关注，并由此打开了选育高油酸"双低"油菜的大门。

1992 年，Auld DL 等利用 EMS 诱变，选出一些高油酸突变系。1995 年，第一个高油酸品种选育成功，国外高油酸油菜品种陆陆续续被选育出来。我国的高油酸油菜育种虽然开始较晚，但已取得了不俗的成就。浙江农科院、湖南农业大学、中科院油料作物研究所等陆续推出了高油酸油菜新品种，如浙油 80、高油酸 1 号、湘油 708、中油 80 等。2020 年 6 月 4 日，在湖南农业大学召开了《高油酸油菜籽》标准审定会，标准规定了高油酸油菜籽的术语与定义、质量要求、检验方法、等级划分等，对促进我国油菜产业高质量发展、推动高油酸油菜新品种选育有重大意义，高油酸油菜发展前景广阔。

第一节　从“双低”油菜到高油酸油菜

20 世纪 70 年代末，中国农科院油料所、华中农业大学、湖南农业大学等有关科研单位相继开始了单（双）低油菜育种。由湖南农业大学官春云院士选育的湘油 11 号是我国第一个通过国家审定的“双低”油菜品种，1987 年湖南省审定，1991 年国家审定，推广面积 40 万公顷，被评为湖南省十大科技成果之一。随后湘油 13 号、湘油 15 号系列、中双 4 号、油研 7 号等不断涌现，集高产和优质于一身。当前，除特异用途品种外，“双低”品种要求已成为我国新品种审定的最低品质标准。高油酸油菜是由“双低”油菜改良而成，研究表明其品质、农艺性状和抗病性均相当于或超过“双低”油菜，可进行大力繁殖与推广。

一、湘油系列“双低”油菜

湘油 11 号、湘油 13 号、湘油 15 号均由湖南农业大学官春云院士选育。

（一）湘油 11 号

湘油 11 号属甘蓝型半冬性品种，全生育期 210～220 天，适于稻—稻—油三熟制栽培地区。

1. 特征特性

株高 160～170 cm，主茎总节数 30 节左右，一次有效分枝数 8 个左右，二次有效分枝数 10 个左右，株型紧凑，主花序长 70 cm 左右，单株角果数 300～500 个，每果粒数 18～20 粒，千粒重 3.2～3.5 g。在角果发育期植株上还保留有部分绿叶，而且叶片和角果的净光合率都较高。抗逆性强，主要表现在茎秆坚硬，耐肥抗倒；菌核病和病毒病危害较轻，菌核病发病率低。种子含油量 40%左右，油酸 60.74%，芥酸 0.47%，菜饼中硫代葡萄糖苷含量 0.24%。

2. 产量表现

一般亩产 100～150 kg，高的亩产 200 kg 以上，比对照湘油 5 号增产 10%以上。在湖南省单、双低油菜区域试验、生产试验和生产示范中产量均居前列。

(二) 湘油 13 号

湘油 13 号属半冬性中熟偏早的甘蓝型油菜品种，冬前长势强，成熟早。在湖南省区域试验中，3 年平均全生育期为 217 天，与对照中油 821 相同，比湘油 11 号早 3.5 天。

1. 特征特性

湘油 13 号株型呈扇形，紧凑；叶色浅绿，有蜡粉，总叶数 28 片左右，种子黄褐色。在 1.5×10^5 株/hm^2 的种植密度下，株高在 165 cm 左右，一次有效分枝位约 45 cm，一次有效分枝数 8 个左右，二次有效分枝数 5 个左右，单株有效角果数约 300 个，果较粗，每果粒数约 20 粒，千粒重达 4 g 以上。种子含油量 39.97%，油酸 66.32%，芥酸 1.64%，硫代葡萄糖苷 26.1 μmol/g。中抗病毒病，低抗菌核病，并具有很强的抗低温阴雨结荚能力。由于茎秆坚硬，该品种具有很强的抗倒伏能力。

2. 产量表现

单产均在 1725 kg/hm^2 以上，多数点产量位居第一。在 3 年共 22 点次的全省优质油菜区试中，有 16 个点产量居第 1 位，4 个点位居第 2 位，产量第 1 点次率达 72.7%，平均产量达 1824 kg/hm^2，比湘油 11 号（CK1）增产 19.22%，增产极显著，比中油 821（CK2）增产 8.33%，增产显著，比对照增产点次率为 100%。其中，1990—1991 年区试，平均产量为 1690.5 kg/hm^2，比对照湘油 11 号增产 14.65%，增产极显著；1991—1992 年区试，平均产量为 1877.3 kg/hm^2，比对照湘油 11 号增产 25.1%，增产极显著，比对照中油 821 增产 15.5%，增产显著；1992—1993 年区试，平均产量 1820.3 kg/hm^2，比对照湘油 11 号增产 12.88%，增产极显著，比对照中油 821 增产 2.8%。区试中，湘油 13 号表现出了良好的丰产性和稳产性。

(三) 湘油 15 号

湘油 15 号属甘蓝型半冬性常规品种，生育期较中油 821 早 0.7 天。适宜在湖北、湖南、江西、安徽省冬油菜区种植。

1. 特征特性

湘油 15 号属甘蓝型半冬性常规品种，生育期较中油 821 早 0.7 天。子叶肾形，苗期叶琴形，裂叶 2～3 对，叶缘锯齿状，叶绿色，较淡，有蜡粉。根系发达，根颈粗，株型紧凑，茎秆硬。株高 165 cm 左右，一次有效分枝数 8 个左右，二次有效分枝数 5 个左右，主花序长 75 cm 左右，单株角果 350 个左右。角果长 7～9 cm，果粗长，每果种子数 20 粒左右。种子近圆形，黑褐色，有少量黄色籽，千粒重 4 g 左右。抗（耐）菌核病和病毒病性与中油 821 相当。含油量 39.7%，油酸 66.32%，芥酸 0.21%，硫苷 62.19 μmol/g。

2. 产量表现

1998—2000 年参加国家长江中游区试，1998—1999 年平均亩产 133.33 kg，较对照增产 5.74%；1999—2000 年平均亩产 156.37 kg，较对照增产 7.89%，两年平均亩产 144.86 kg，较对照平均增产 6.81%。1999—2000 年生产试验平均亩产 141.5 kg，较对照中油 821 增产 5.01%。

上述"双低"油菜农艺性状、品质性状均较好，油酸含量比传统油菜高 60% 左右。适宜用作培育高油酸油菜的材料。

二、高油酸油菜与"双低"油菜性状对比

官邑与黄璜以 2 个"双低"油菜品种为对照，对 4 个高油酸品系（表 6-1）进行了农艺性状调查研究。

表 6-1　高油酸油菜品种种子中主要脂肪酸组成

类别	品种（系）	脂肪酸组成/%		
		C18：1	C18：2	C18：3
高油酸油菜	高油酸 1 号	83.8	10.9	5.3
	高油酸 2 号	85.2	9.8	5.0
	高油酸 3 号	81.7	9.4	8.8
	高油酸 4 号	80.8	10.3	7.3
"双低"油菜	湘油 15 号	61.4	20.5	10.2
	湘油 13 号	60.0	20.1	10.3

（一）农艺性状

高油酸油菜品种的株高、分枝位、一次分枝数、每果粒数、千粒重均

与"双低"油菜品种相当，差异不显著，但高油酸油菜品种单株角果数略低（表6-2）。

表6-2　高油酸油菜品种的农艺性状

类别	品种（系）	株高/cm	分枝位/cm	一次分枝数/个	单株角果数/个	每果粒数/粒	千粒重/g	全生育期/天
高油酸油菜	高油酸1号	170.2 a	35.4 b	8.3 b	543.5 a	23.6 b	4.17 a	210
	高油酸2号	167.0 a	40.6 b	9.2 a	499.2 b	23.4 b	4.20 a	212
	高油酸3号	166.5 a	38.0 b	8.5 b	487.9 b	23.7 b	4.21 a	211
	高油酸4号	165.5 a	38.0 b	8.4 b	536.5 a	23.5 b	4.20 a	214
"双低"油菜	湘油15号	165.4 a	44.3 a	9.2 a	544.6 a	24.5 a	4.23 a	210
	湘油13号	166.3 a	35.6 b	8.8 b	520.3 a	23.1 b	4.29 a	208

注：同列数据后小写字母不同表示达到5%差异显著水平，下同。

（二）产量

统计分析表明，高油酸油菜品种的产量与"双低"油菜品种的产量差异不显著。从表6-3可看出，高油酸1号和高油酸2号产量较高，产量分别为2748.0 kg/hm² 和 2629.5 kg/hm²。

表6-3　高油酸油菜品种的产量及种子含油量

类别	品种（系）	产量/（kg·hm^{-2}）	含油量/%
高油酸油菜	高油酸1号	2748.0a	46.2a
	高油酸2号	2629.5a	47.1 a
	高油酸3号	2515.5 a	46.0a
	高油酸4号	2458.5a	45.8 a
"双低"油菜	湘油15号	2422.5a	45.5 a
	湘油13号	2353.5a	45.6 a

（三）种子含油量

高油酸油菜品种的种子含油量见表6-3。可以看出，高油酸1号和高油酸2号种子含油量较高，分别为46.2%和47.1%。统计分析表明，高油酸品种的种子含油量与"双低"油菜品种差异不显著。

（四）植株倒伏情况

从表 6-4 可以看出，高油酸油菜品种与"双低"油菜品种抗倒性均较强，倒伏株率仅 7%～18%，两者平均分别为 12.0% 和 12.5%，差异不显著。

表 6-4　高油酸油菜品种植株倒伏情况

类别	品种（系）	调查株数/株	直立株/株	斜立株/株	倒伏株/株	倒伏株率/%
高油酸油菜	高油酸 1 号	100	28	65	7	7
	高油酸 2 号	100	38	44	18	18
	高油酸 3 号	100	35	51	14	14
	高油酸 4 号	100	34	53	13	13
"双低"油菜	湘油 15 号	100	34	56	10	10
	湘油 13 号	100	40	45	15	15

（五）病毒病和菌核病发病情况

病毒病发病情况是高油酸品种高于"双低"油菜品种，但差异不显著；菌核病危害情况为高油酸品种略低于"双低"油菜品种，其差异也不显著（表 6-5）。

表 6-5　高油酸油菜品种病毒病和菌核病的发病情况

类别	品种（系）	调查株数/株	病毒病		菌核病	
			发病率/%	病情指数	发病率/%	病情指数
高油酸油菜	高油酸 1 号	100	15	0.207	2	0.257
	高油酸 2 号	100	14	0.205	0	0.250
	高油酸 3 号	100	14	0.204	4	0.265
	高油酸 4 号	100	14	0.206	2	0.257
"双低"油菜	湘油 15 号	100	5	0.202	4	0.293
	湘油 13 号	100	3	0.201	2	0.257

供试高油酸品种（系）4 个，均来自湖南农业大学油料作物研究所。高油酸材料系"双低"油菜湘油 15 号种子经 10 万伦琴 ^{60}Co γ 射线电离辐射处理后获得的突变系第 10 代，性状稳定。所采用高油酸品种油酸含量在 80% 以上。供试"双低"油酸品种为湘油 13 号和湘油 15 号，油酸含量为

60%左右。

此研究表明，油菜高油酸品种与"双低"品种在农艺性状、种子产量和抗病性上差异均不显著。"双低"油菜是我国当前大面积推广的油菜品种，研究证实高油酸油菜品种品质、农艺性状和抗病性均相当于或超过"双低"油菜。

第二节　国内新品种

一、湘油系列高油酸油菜

湖南农业大学官春云院士在培育出国内首个经过国家审定的"双低"油菜品种湘油11号之后，就提出国内要进行高油酸油菜研究，并利用辐射诱变的方法获得了高油酸油菜新材料，在此基础上通过系谱法进行系统选育，先后育成了高油酸1号、湘油708等。同时，利用杂交育种，通过化学杀雄技术获得了湘杂油991、湘杂油992。浙江省农科院、华中农业大学、西南大学、云南农科院等育种单位都培育出了高油酸油菜品种。国外高油酸育种工作亦在如火如荼地进行，并在原有的高油酸品系上，进行多种类型的高油酸品种发掘。

（一）高油酸1号

1. 特征特性

植株半直立，叶中等绿色，无裂片，叶翅2～3对，叶缘弱，最大叶长34.7 cm（中），最大叶宽21.4 cm（中），叶柄长度中，刺毛无，叶弯曲程度弱，开花期中，花粉量多，主茎蜡粉少，植株花青苷显色弱，花瓣中等黄色，花瓣长度中，花瓣宽度中，花瓣相对位置侧叠，植株总长度169.5 cm（中），一次分枝部位68 cm，一次有效分枝数7.6个，单株果数194.5个，果身长度8.5 cm（中），果喙长度1.2 cm（中），角果姿态上举，籽粒黑褐色，千粒重3.95 g（中）。该组合在湖南两年多点试验结果表明，在湖南9月下旬播种，次年5月初成熟，全生育期224天左右。

芥酸0%，硫苷20.5 μmol/g，含油量为44.2%，油酸含量83.2%，测试结果均符合国家标准，含油量较高。菌核病平均发病株率为8.1%，抗菌核病；病毒病的平均发病株率为1.6%，高抗病毒病。经转基因成分检测，不含任何转基因成分。

2. 两年多点试验表现（2015—2016年、2016—2017年）

（1）品种及供种单位

参试品种共8个，对照为"双低"杂交种湘杂油763，参试品种见表6-6。

表6-6　参试品种及对照

品种名	类型
高油酸1号	常规种
杂2013（2015—2016）	三系杂交种
湘杂油991	化杀杂交种
湘油708	常规种
油796（2015—2016）	化杀杂交种
油SP-5（2015—2016）	三系杂交种
湘油1035	常规种
湘杂油992	化杀杂交种
湘杂油763（CK）	"双低"杂交种
野油865（2016—2017）	三系杂交种
油HO-5（2016—2017）	三系杂交种

（2）试验设计及田间管理

1）试验设计

试验地要求排灌方便。土壤类型为壤土或沙壤土，肥力中等偏上。前作为一季中稻。试验按油菜正规区域试验的方案实施，随机区组排列，三次重复，小区面积20 m²，定苗密度1.5万株/亩左右。田间管理按常规高产田实施。

试验2015—2016年度共设10个试验点，分别由君山区农业局、衡阳县农科所、安乡县农业局粮油站、安仁县农业局粮油站、衡阳县农业局粮油站、道县农业局粮油站、常宁市农业局粮油站、耒阳市农业局粮油站、浏阳市农业局原种场、国家油料改良中心湖南分中心（长沙）承担；2016—2017年度设除衡阳县农业局粮油站的其他9个试验点。

2）田间管理

种植密度 1.2 万株/亩（每小区 30 行，每行 12 株）。各生育阶段调查物候期和油菜生长发育情况，成熟期调查病害发生情况，角果成熟后在第二区组取每个组合各 10 个单株进行室内考种。

3）气候特点

2015 年 9 月各试点降雨较多，田间无法顺利作业，多个试点播种期稍有推迟，由于墒情充足，油菜出苗整齐；进入越冬期以前各试点天气以晴好为主，气温下降平稳，有利于形成冬前壮苗；越冬期极端气温较少，属于暖冬年份，各试点参试品种冻害较轻；春季气温回升缓慢，分枝和角果形成；4 月初油菜刚进入盛花期，各试点普遍遭遇强对流天气，大风降雨使得参试品种倒伏严重，而后的几场阴雨利于菌核病的发生，影响到角果数和籽粒重，造成抗倒、抗病品种和不抗倒、不抗病品种之间产量的差异较大。

2016 年 9 月各试点墒情较好，都能做到适期播种，油菜出苗整齐；进入越冬期以前各试点天气以晴好为主，气温下降平稳，有利于形成冬前壮苗；10—11 月，雨水充足，油菜长势强；蕾薹期墒情充足，气温回升较慢，光照充足，有利于花芽分化；花期较常年提前 5 天左右。整个花期阳光充足、墒情较好，有利于授粉和角果籽粒形成。

（3）产量结果

2015—2016 年度与 2016—2017 年度各品种在各试点的产量表现及汇总结果见表 6-7 至表 6-16。由表 6-7、表 6-8 可见，由于在气候、地力及管理上的不同，各试点间产量水平存在差异。

2015—2016 年度，根据测产结果，各组合的产量详见表 6-7。方差分析结果表明，区组间有差异，但未达显著水平，说明区组间的田间肥力有一定差异；组合间的差异达极显著水平。各组合的亩产水平在 132.53～158.25 kg，说明组合之间的产量差异很大。本试验中，对照品种湘杂油 763 的平均亩产最低，为 132.53 kg。高油酸 1 号亩产 150.08 kg，居组合第 5 位，比对照增产 13.30%。

2016—2017 年度，根据实测结果，各组合的产量详见表 6-8。各组合的亩产水平在 147.675～167.925 kg，说明组合之间的产量差异很大。对照品种湘杂油 763 仍然最低，高油酸 1 号亩产 160.425 kg，居组合第 4 位，比对照增产 8.6%。

表 6 - 7　2015—2016 年度参试品种在各试点的产量表现

品种	项目	君山	耒阳	浏阳	衡阳县	安乡	安仁	长沙	道县	衡阳市	常宁	汇总
湘油708	亩产/kg	123.60	155.85	164.25	220.13	116.18	142.50	128.10	166.73	145.50	134.63	149.78
	增产/%	8.80	8.30	37.80	30.40	−8.20	21.90	22.40	12.00	2.60	−4.40	13.00
	位次	10	3	5	3	8	1	9	4	4	10	6
杂2013	亩产/kg	127.28	161.70	90.83	181.73	123.38	117.38	160.50	144.75	141.83	132.38	138.15
	增产/%	12.00	12.30	−23.80	7.70	−2.50	0.40	53.40	−2.80	0.10	−6.00	4.30
	位次	8	1	12	8	6	5	4	9	8	11	8
湘油1035	亩产/kg	133.05	132.68	130.73	200.55	124.95	119.18	170.78	176.40	168.45	146.55	150.30
	增产/%	17.10	−7.80	9.60	18.80	−1.30	2.00	63.20	18.40	18.80	4.10	13.40
	位次	6	10	8	7	5	3	2	1	1	4	4
湘杂油992	亩产/kg	167.78	141.23	189.08	229.73	99.60	102.38	174.68	172.88	137.70	135.83	155.10
	增产/%	47.70	−1.90	58.60	36.00	−21.30	−12.40	66.90	16.10	−2.80	−3.60	17.00
	位次	1	7	2	2	11	8	1	2	9	9	3
高油酸1号	亩产/kg	163.20	157.28	178.43	204.68	96.45	118.58	142.58	146.85	140.55	152.18	150.08
	增产/%	43.70	9.30	49.70	21.20	−23.80	1.50	36.30	−1.40	−0.80	8.10	13.30
	位次	2	2	3	6	12	4	7	8	8	3	5
湘杂油991	亩产/kg	138.45	155.40	175.05	219.68	127.13	137.85	143.48	165.90	162.75	156.30	158.25
	增产/%	21.90	8.00	46.80	30.10	0.50	18.00	37.10	11.40	14.80	11.00	19.40
	位次	5	4	4	4	3	2	6	5	2	2	1
油SP-5	亩产/kg	155.85	121.43	208.80	232.65	135.38	93.38	160.73	170.85	143.78	143.55	157.95
	增产/%	37.10	−15.60	75.20	37.80	7.00	−20.10	53.60	14.70	1.40	2.00	19.20
	位次	3	11	1	1	1	9	3	3	5	5	2
湘杂油763	亩产/kg	113.63	143.93	119.18	168.83	126.60	116.85	104.63	148.95	141.75	140.85	132.53
	增产/%	0	0	0	0	0	0	0	0	0	0	0
	位次	11	6	10	9	4	6	12	7	7	6	9
油796	亩产/kg	125.70	94.95	125.48	213.83	120.90	104.48	144.60	160.95	158.33	156.75	139.28
	增产/%	10.70	−34.00	5.30	26.70	−4.50	−10.60	38.20	8.00	11.70	11.30	5.10
	位次	9	12	9	5	7	7	5	6	3	1	7

表 6 - 8 2016—2017 年度参试品种在各试点的产量表现

品种	项目	君山	耒阳	浏阳	衡阳县	安乡	安仁	长沙	道县	常宁	汇总
高油酸1号	亩产/kg	136.95	150.375	237.6	134.7	167.55	93.825	191.1	201.3	130.575	160.425
	增产/%	23.6	−17.4	13.3	28.1	9.5	−21.1	3.1	34.2	14.3	8.6
	位次	6	8	2	2	3	8	5	1	4	4
湘杂油992	亩产/kg	154.725	203.85	217.2	133.35	162.15	115.5	200.25	166.425	148.425	166.875
	增产/%	39.7	12.0	3.6	26.7	6.0	−2.8	8.0	11.0	29.9	13.0
	位次	3	1	6	3	4	6	2	5	1	2
油HO-5	亩产/kg	162.3	183.225	225.525	135.225	170.925	116.025	185.25	141.3	125.925	160.65
	增产/%	46.5	0.7	7.6	28.5	11.7	−2.3	−0.1	−5.8	10.2	8.8
	位次	1	3	3	1	1	4	7	8	6	3
野油865	亩产/kg	114.675	177.45	220.5	130.35	154.275	116.7	196.8	189	128.625	158.7
	增产/%	3.5	−2.5	5.2	23.9	0.8	−1.8	6.2	26.0	12.6	7.5
	位次	7	6	4	5	6	5	4	3	5	6
湘油708	亩产/kg	152.4	179.7	214.275	129.6	170.475	112.125	171.15	192.6	115.875	159.825
	增产/%	37.5	−1.3	2.2	23.1	11.4	−5.6	−7.7	28.4	1.5	8.2
	位次	4	5	7	6	2	7	8	2	7	5
湘杂油763	亩产/kg	110.775	182.025	209.7	105.225	153	118.8	185.4	150	114.225	147.675
	增产/%	0	0	0	0	0	0	0	0	0	0
	位次	8	4	8	8	7	3	6	7	8	8
湘杂油991	亩产/kg	159	186.6	245.925	131.625	155.475	132.15	214.725	152.1	133.725	167.925
	增产/%	43.5	2.5	17.3	25.1	1.6	11.2	15.8	1.4	17.1	13.7
	位次	2	2	1	4	5	1	1	6	3	1
湘油1035	亩产/kg	139.95	155.325	219.675	106.95	152.175	120.75	199.2	168.975	139.125	155.775
	增产/%	26.3	−14.7	4.8	1.7	−0.5	1.6	7.4	12.7	21.8	5.5
	位次	5	7	5	7	8	2	3	4	2	7

（4）品质分析

对所有样品进行品质分析，测定其芥酸、硫苷、含油量 3 项指标。其中芥酸分析样品为各参试单位提供的种子，采用气相色谱法，国家标准（GB/T 17377—1998），ISO5508：1990 测定；硫苷和含油量分析样品为参试品种在各试点收获油菜籽混合样，硫苷测定采用近红外法，国际标准〔ISO9167—1；1992（E）〕；含油量采用国家标准（NY/T4—1982）残余法测定（下同）。所有样品均在湖南农业大学国家油料改良中心湖南分中心测定。分析表明，各参试品种均达到品种审定的双低标准〔芥酸＜1%，硫苷＜30 μmol/g（饼）〕。分析结果见表6－9，表6－10。

表6－9　2015—2016年度参试品种品质分析结果

品种	芥酸/%	硫苷/〔μmol/g（饼）〕	含油量/%
高油酸1号	未检出	20.19	41.72
杂2013	未检出	21.83	37.48
湘杂油991	未检出	20.17	48.42
湘油708	未检出	20.75	43.37
油796	0.2	20.42	45.94
油SP-5	0.1	20.25	41.02
湘油1035	未检出	19.34	46.95
湘杂油992	未检出	20.82	42.28
湘杂油763（CK）	未检出	18.15	45.71

表6－10　2016—2017年度参试品种品质分析结果

品种	芥酸/%	硫苷/〔μmol/g（饼）〕	含油量/%
野油865	0.2	20.46	43.78
高油酸1号	未检出	22.13	48.29
油HO-5	0.1	22.14	45.40
湘杂油992	未检出	22.10	43.28
湘杂油991	未检出	21.23	44.30
湘油708	未检出	20.94	45.10
湘油1035	未检出	22.07	48.42
湘杂油763	未检出	22.70	46.54

（5）农艺性状

对2015—2016年度和2016—2017年度各参试组合的株高、分枝起点、有效分枝数、主花序长度、单株有效角果数、角粒数、千粒重和单株产量等主要经济性状进行了考查，结果详见表 6 - 11、表 6 - 12。

各参试组合的株高在 163～183 cm，分枝起点 42～69 cm，一次有效分枝数 6～9 个，单株有效角果数 220～280 个，差异较大。每角粒数为 20～23 粒，千粒重 3～4 g，组合之间的差异不大。单株产量 11～14 g，试验各参试组合的单株产量情况，组合之间的差异与小区产量和单产水平的变化趋势大致相同，单株产量较真实地反映了各组合的产量潜力，说明本试验的取样和考种操作误差较小。其中高油酸 1 号植株高度约 167 cm，分枝起点在 58 cm 左右，一次有效分枝数约 7 个，单株角果数约 230 个，千粒重约 3.9 g，单株产量约 13.5 g。

表 6 - 11　2015—2016 年度农艺性状表

| 品种 | 株高/cm | 分枝部位/cm | 一次有效分枝数/个 | 主花序 | | | 总角果数/个 | 角粒数/个 | 千粒重/g | 单株产量/g | 不育株率/% |
				长度/cm	角果数/个	结角密度/（个/厘米）					
湘油 708	170.59	69.40	6.97	51.05	56.57	1.11	237.18	19.40	3.32	11.83	0.26
杂 2013	174.50	57.98	7.33	58.72	66.14	1.13	293.23	17.65	3.74	12.58	3.99
湘油 1035	174.24	57.93	7.42	50.58	58.73	1.16	271.41	19.41	3.87	13.62	1.00
湘杂油 992	165.13	56.07	7.30	56.90	63.00	1.11	270.55	18.24	3.93	13.15	0.73
高油酸 1 号	166.35	58.48	7.65	51.92	58.35	1.12	246.70	18.41	3.79	13.08	1.56
湘杂油 991	182.02	68.61	7.20	56.32	60.80	1.08	248.71	19.33	3.51	13.61	4.33
油 SP-5	173.63	63.66	7.12	58.52	65.06	1.11	264.54	20.37	3.35	13.08	2.40
湘杂油 763	174.32	57.65	7.84	54.94	60.40	1.10	280.67	18.72	3.42	12.44	1.61
油 796	168.05	54.49	7.31	52.87	60.60	1.15	263.77	18.44	3.61	13.07	0.10

表 6‑12 2016—2017 年度农艺性状表

| 品种 | 株高/cm | 分枝部位/cm | 一次有效分枝数/个 | 主花序 | | | 总角果数/个 | 角粒数/个 | 千粒重/g | 单株产量/g | 不育株率/% |
				长度/cm	角果数/个	结角密度(个/cm)					
高油酸 1 号	167.28	57.02	6.84	56.30	58.83	1.04	222.16	22.03	4.06	14.38	0.55
湘杂油 992	176.84	61.97	7.92	57.46	65.34	1.14	258.57	22.32	3.83	14.54	0.56
油 HO-5	179.07	61.05	8.08	56.22	60.00	1.07	249.93	23.45	3.80	13.68	1.77
野油 865	166.41	52.96	8.86	49.99	50.59	1.01	222.21	23.41	4.02	13.34	3.25
湘油 708	173.22	54.00	7.97	53.76	52.11	0.97	213.54	24.45	3.88	13.43	0.08
湘杂油 763	180.72	66.38	7.66	59.51	65.56	1.10	221.32	22.96	3.86	12.89	0.48
湘杂油 991	169.44	57.03	8.28	52.32	53.57	1.02	219.01	25.54	4.15	14.00	1.27
湘油 1035	163.62	42.55	8.22	61.23	64.39	1.05	249.57	20.16	4.16	14.55	1.25

（6）生育期与一致性分析

两个年度参试的 5 个组合全生育期无差异，均在 224～225 天。生长一致性除湘杂油 763 在 2015—2016 年度表现中等之外，其他组合两个年度均表现齐性（表 6‑13，表 6‑14）。

表 6‑13 2015—2016 年度生育期与一致性观察表

品种名称	全生育期/天	比 CK 早熟天数/天	一致性
湘油 708	224.5	−0.5	齐
杂 2013	225.1	0.1	齐
湘油 1035	225.1	0.1	齐
湘杂油 992	225.7	0.7	齐
高油酸 1 号	224.2	−0.8	齐
湘杂油 991	225.1	0.1	齐
油 SP-5	224.5	−0.5	齐
湘杂油 763	225.0	0.0	中
油 796	224.1	−0.9	齐

表 6 - 14   2016—2017 年度生育期与一致性观察表

品种名称	全生育期/天	比 CK 早熟天数/天	一致性
高油酸 1 号	228.3	−0.3	齐
湘杂油 992	227.0	−1.6	齐
油 HO-5	228.3	−0.3	齐
野油 865	227.3	−1.3	齐
湘油 708	226.9	−1.7	齐
湘杂油 763	228.6	0.0	齐
湘杂油 991	227.9	−0.7	齐
湘油 1035	228.6	0.0	齐

（7）抗性分析

依据 DB51/T1035—2010《油菜抗菌核病性田间鉴定技术规程》和 DB51/T1036—2010《油菜抗病毒病性田间鉴定技术规程》，对各组合病毒病和菌核病进行调查（下同），结果表明各组合均无病毒病；各组合 2016—2017 年度菌核病发病率整体较 2015—2016 年度高，其中湘杂油 763、湘油 708、杂 2013 在两个年度发病率均较高，而湘杂油 991、湘杂油 992 发病率较低，抗性较好（表 6 - 15，表 6 - 16）。各组合的抗倒性除 2015—2016 年度的杂 2013 表现中等之外，其他组合均表现正常，未出现倒伏。

表 6 - 15   2015—2016 年度抗性观察表

品种名称	菌核病		病毒病		抗倒性
	病害率/%	病害指数	病害率/%	病害指数	
湘油 708	15.56	10.00	0	0	强
杂 2013	16.37	12.66	0	0	中
湘油 1035	9.73	8.08	0	0	强
湘杂油 992	7.66	6.92	0	0	强
高油酸 1 号	7.57	5.14	0	0	强
湘杂油 991	10.68	7.31	0	0	强
油 SP-5	9.54	5.25	0	0	强

品种名称	菌核病		病毒病		抗倒性
	病害率/%	病害指数	病害率/%	病害指数	
湘杂油 763	16.88	12.17	0	0	强
油 796	12.71	8.98	0	0	强

表 6-16 2016—2017 年度抗性观察表

品种名称	菌核病		病毒病		抗倒性
	病害率/%	病害指数	病害率/%	病害指数	
高油酸 1 号	17.5	9.3	0	0	强
湘杂油 992	13.0	6.9	0	0	强
油 HO-5	13.2	6.9	0	0	强
野油 865	19.3	12.5	0	0	强
湘油 708	24.4	15.0	0	0	强
湘杂油 763	18.5	9.8	0	0	强
湘杂油 991	15.8	10.0	0	0	强
湘油 1035	16.0	8.8	0	0	强

（8）品种简评

高油酸 1 号株高约 167 cm，一次有效分枝数约 7 个，单株角果数约 230 个，千粒重约 3.9 g，单株产量约 13.5 g，平均亩产 160.43 kg，比对照增产 8.64%，达到极显著水平；不育株率约占 1%，生育期 226 天，菌核病病害率 12%，病害指数 7.1；病毒病未发病，抗倒伏；种子芥酸含量 0%，商品籽硫苷含量约 21 μmol/g，含油量 44.29%，油酸含量 83.2%，品质符合油菜审定标准，属于高油酸品种。

3. 品种主要优点、缺陷及应当注意的问题

（1）主要优点

油酸含量 80% 以上，品质好，生育期适中，冬发性强，产量高，抗倒抗病性强，含油量高。

（2）缺陷

无明显缺陷。

（3）应当注意的问题

在病虫害高发年份注意病虫害防治。

（4）适宜种植区域

适宜在湖南省大面积推广。

（5）栽培技术要点

适期播种：湖南直播一般在 9 月下旬播种，每亩播种量 0.20 kg 以内；育苗移栽在 9 月中旬播种，每亩播种量在 0.10 kg。

施肥：亩基施复合肥 50.00 kg，硼肥 1.00 kg，在苗期适当追施 3.00～5.00 kg 氮肥。

田间管理：播种和移栽后及时浇水，适时喷施除草剂，防苗期杂草，苗期注意防蚜虫和菜青虫。春后及时清沟排水，花期注意防菌核病，成熟时及时收割，机收最好采用割倒再捡拾脱粒，及时干燥防霉变。

（6）保持品种种性和种子生产的技术要点（杂交种含亲本）

1）选择好隔离条件。亲本繁殖可采用纱网隔离或远距离自然隔离（1000 m），种子生产一般采用远距离自然隔离，在自然隔离区内不种任何十字花科作物。

2）严格去杂去劣。亲本繁殖和种子生产在苗期根据其品种特性除去杂株，在开花期和成熟期各去杂株一次。

3）防止人工混杂。收获时要单收，单脱，单晒和单贮。

4）亲本繁殖在收获时进行优良单株选择，分株测定品质，选品质优的单株混合留作原种，用于繁殖下年亲本。

5）杂交种子生产时，把握好化学杀雄的时期、浓度和用量及喷施的均匀度。

（二）湘油 708

1. 特征特性

植株半直立，叶中等绿色，无裂片，叶翅 2～3 对，叶缘弱，最大叶长 35.4 cm（中），最大叶宽 22.1 cm（中），叶柄长度中，刺毛无，叶弯曲程度弱，开花期中，花粉量多，主茎蜡粉多，植株花青苷显色弱，花瓣中等黄色，花瓣长度中，花瓣宽度中，花瓣相对位置侧叠，植株总长度 173.2 cm（中），一次有效分枝 6.97 个，单株角果数 237.18 个，果身长度 7.2 cm

（中），果喙长度 1.3 cm（中），角果姿态上举，籽粒黑褐色，千粒重 3.6 g（中）。该组合在湖南两年多点试验结果表明，在湖南 9 月下旬播种，次年 5 月初成熟，全生育期 224.5 天左右。

芥酸 0%，硫苷 20.75 μmol/g，含油量为 43.37%，油酸含量 82.3%，测试结果均符合国家标准，含油量较高。菌核病平均发病株率为 10.4%，抗菌核病；病毒病的平均发病株率为 2.8%，高抗病毒病。经转基因成分检测，不含任何转基因成分。

2. 两年多点试验表现

参见高油酸 1 号。

3. 品种简评

湘油 708：该品种越冬期呈匍匐状，春季返青快，幼茎绿色，花黄色，叶深绿色。特征特性：株高 170.59 cm，一次分枝数 6.97 个，单株总角果数 237.18 个，角粒数 19.40 个，千粒重 3.32 g，不育株率 0.26%；生育期 224.5 天，比对照晚熟 0.5 天；产量表现：亩产 149.74 kg，居 12 个品种第 6 位，比对照增产 13.00%，达到极显著水平；抗性：菌核病病害率 15.56%，病害指数 10.00；病毒病未发病，抗倒伏；品质分析：种子芥酸含量 0.2%，商品籽硫苷含量 20.75 μmol/g，含油量 43.37%，品质符合油菜审定标准。

（三）湘杂油 991

1. 品种（含杂交种亲本）特征特性描述

（1）杂交种亲本特征特性

1）母本特征特性

母本 710：植株半直立，叶中等绿色，无裂片，叶翅 2～3 对，叶缘弱，最大叶长 34.7 cm（中），最大叶宽 21.4 cm（中），叶柄长度中，刺毛无，叶弯曲程度弱，开花期中，花粉量多，主茎蜡粉少，植株花青苷显色弱，花瓣中等黄色，花瓣长度中，花瓣宽度中，花瓣相对位置侧叠，植株总长度 169.5 cm（中），一次分枝部位 68 cm，一次有效分枝数 7.6 个，单株角果数 194.5 个，果身长度 8.5 cm（中），果喙长度 1.2 cm（中），角果姿态上举，籽粒黑褐色，千粒重 3.95 g（中）。该组合在湖南两年多点试验结果表明，在湖南 9 月下旬播种，次年 5 月初成熟，全生育期 224 天左右。

2) 父本特征特性

父本 1035：植株半直立，叶中等绿色，无裂片，叶翅 2～3 对，叶缘弱，最大叶长 37.7 cm（中），最大叶宽 20.3 cm（中），叶柄长度中，刺毛无，叶弯曲程度弱，开花期中，花粉量多，主茎蜡粉极少，植株花青苷显色弱，花瓣中等黄色，花瓣长度中，花瓣宽度中，花瓣相对位置侧叠，植株总长度 168.6 cm（中），一次有效分枝数 7.42 个，单株角果数 271.41个，果身长度 8.3 cm（中），果喙长度 1.3 cm（中），角果姿态上举，籽粒黑褐色，千粒重 4.02 g（中）。该组合在湖南两年多点试验结果表明，在湖南 9 月下旬播种，次年 5 月初成熟，全生育期 225.1 天左右。

(2) 湘杂油 991 特征特性

植株半直立，叶中等绿色，无裂片，叶翅 2～3 对，叶缘弱，最大叶长 40.7 cm（中），最大叶宽 25.3 cm（中），叶柄长度中，刺毛无，叶弯曲程度弱，开花期中，花粉量多，主茎蜡粉无或极少，植株花青苷显色弱，花瓣中等黄色，花瓣长度中，花瓣宽度中，花瓣相对位置侧叠，植株总长度 175.5 cm（中），一次分枝部位 68 cm，一次有效分枝数 7.2 个，单株角果数 248.71 个，果身长度 8.1 cm（中），果喙长度 1.3 cm（中），角果姿态上举，籽粒黑褐色，千粒重 3.81 g（中）。该组合在湖南两年多点试验结果表明，在湖南 9 月下旬播种，次年 5 月初成熟，全生育期 225.1 天左右。

芥酸 0%，硫苷 20.17 μmol/g，含油量为 48.42%，测试结果均符合国家标准，含油量高。菌核病平均发病株率为 8.5%，抗菌核病；病毒病的平均发病株率为 1.25%，高抗病毒病。经转基因成分检测，不含任何转基因成分。

2. 两年多点试验表现

参见高油酸 1 号。

3. 品种简评

湘杂油 991：该品种苗期长相稳健，返青快，幼茎绿色，花黄色，叶较大、深绿色。特征特性：株高 175.5 cm，一次分枝数 7.20 个，单株总角数 248.71 个，角粒数 22.5 个，千粒重 3.81 g，不育株率 2.8%；生育期 226 天；产量表现：亩产 163 kg，居参试品种第 1 位，比对照约增产16%，达到极显著水平；抗性：菌核病病害率 13%，病害指数 8.6；病毒病未发病，抗倒伏；品质分析：湘杂油 991 种子芥酸含量 0%，商品籽硫苷含量 20.17 μmol/g，含油量 48.42%，品质符合油菜审定标准，属于高含油量品种。

（四）湘杂油 992

1. 品种（含杂交种亲本）特征特性描述

（1）杂交种亲本特征特性

1）母本特征特性

母本 708：植株半直立，叶中等绿色，无裂片，叶翅 2～3 对，叶缘弱，最大叶长 35.4 cm（中），最大叶宽 22.1 cm（中），叶柄长度中，刺毛无，叶弯曲程度弱，开花期中，花粉量多，主茎蜡粉多，植株花青苷显色弱，花瓣中等黄色，花瓣长度中，花瓣宽度中，花瓣相对位置侧叠，植株总长度 173.2 cm（中），一次有效分枝数 6.97 个，单株角果数 237.18 个，果身长度 7.2 cm（中），果喙长度 1.3 cm（中），角果姿态上举，籽粒黑褐色，千粒重 3.6 g（中）。该组合在湖南两年多点试验结果表明，在湖南 9 月下旬播种，次年 5 月初成熟，全生育期 224.5 天左右。

2）父本特征特性

父本 1035：植株半直立，叶中等绿色，无裂片，叶翅 2～3 对，叶缘弱，最大叶长 37.7 cm（中），最大叶宽 20.3 cm（中），叶柄长度中，刺毛无，叶弯曲程度弱，开花期中，花粉量多，主茎蜡粉极少，植株花青苷显色弱，花瓣中等黄色，花瓣长度中，花瓣宽度中，花瓣相对位置侧叠，植株总长度 168.6 cm（中），一次有效分枝数 7.42 个，单株角果数 271.41 个，果身长度 8.3 cm（中），果喙长度 1.3 cm（中），角果姿态上举，籽粒黑褐色，千粒重 4.02 g（中）。该组合在湖南两年多点试验结果表明，在湖南 9 月下旬播种，次年 5 月初成熟，全生育期 225.1 天左右。

（2）湘杂油 992 特征特性

植株半直立，叶中等绿色，无裂片，叶翅 2～3 对，叶缘弱，最大叶长 41.4 cm（中），最大叶宽 24.6 cm（中），叶柄长度中，刺毛无，叶弯曲程度弱，开花期中，花粉量多，主茎蜡粉少，植株花青苷显色弱，花瓣中等黄色，花瓣长度中，花瓣宽度宽，花瓣相对位置侧叠，植株总长度 172.1 cm（中），一次分枝部位 69 cm，一次有效分枝数 7.3 个，单株角果数 270.55

个，果身长度 9.2 cm（中），果喙长度 1.3 cm（中），角果姿态上举，籽粒黑褐色，千粒重 3.85 g（中）。该组合在湖南两年多点试验结果表明，在湖南 9 月下旬播种，次年 5 月初成熟，全生育期 225.7 天左右。

芥酸 0%，硫苷 20.82 μmol/g，含油量为 42.28%，油酸含量 82.1%，测试结果均符合国家标准，油酸含量高。菌核病平均发病株率为 11.2%，抗菌核病；病毒病的平均发病株率为 1.6%，高抗病毒病。经转基因成分检测，不含任何转基因成分。

2. 两年多点试验表现

参见高油酸 1 号。

3. 品种简评

湘杂油 992：该品种苗期长相稳健，返青快，幼茎绿色，花黄色，叶较大、深绿色；特征特性：株高约 171.0 cm，分枝起点为 59.0 cm 左右，一次有效分枝数约 7.5 个，单株角果数约 265 个，千粒重约 3.9 g，单株产量约 14 g。不育株率 0.56%；生育期 226.0 天，比对照晚熟约 1 天；产量表现：亩产 160 kg 左右，比对照约增产 15%，达到极显著水平；抗性：菌核病病害率 10% 左右，病害指数 6.9；病毒病未发病，抗倒伏；品质分析：种子芥酸含量 0%，商品籽硫苷含量约 21 μmol/g，含油量 43.0%，品质符合油菜审定标准。

（五）小结

高油酸 1 号、湘油 708 和湘杂油 991、湘杂油 992 都具有生育期适中，冬发性强及较好的抗倒抗病性的特点，适合在湖南省大面积秋播种植；且产量高，具有较高的栽培价值；不含芥酸，硫苷含量低、油酸含量在 80% 以上，品质好，榨出的油质地清亮，具有较高的食用价值和经济价值，对提高农民种植积极性有重要作用。

二、浙油系列高油酸油菜

（一）浙油 80

浙油 80 由浙江省农业科学院和浙江农科粮油股份有限公司对引进的 I87 材料进行诱变系选得到。

1. 产量表现

2012—2013 年度省油菜区域试验平均亩产 197.2 kg，比对照浙双 72 减产 2.5％；亩产油量 92.2 kg，比对照增产 5.9％。2013—2014 年度省油菜区域试验平均亩产 184.6 kg，比对照减产 5.0％；亩产油量 83.8 kg，比对照增产 2.2％。两年平均亩产 190.9 kg，比对照减产 3.7％；亩产油量 88.0 kg，比对照增产 4.1％。2013—2014 年度省油菜生产试验平均亩产 185.4 kg，比对照减产 3.7％；亩产油量 83.76 kg，比对照增产 0.4％。

2. 特征特性

浙油 80 属甘蓝型常规种。株高 175.8 cm，有效分枝位 46.6 cm，一次有效分枝数 8.4 个，二次有效分枝数 4.8 个，主花序长度 73.1 cm，主花序有效角果数 80.2 个，单株有效角果数 512.5 个，每角粒数 24.2 粒，千粒重 3.6 g。全生育期 233.8 天。食用油芥酸含量 0.1％，硫苷含量 32.70 μmol/g，含油量 46.10％，油酸含量 84.3％。低感菌核病，低抗病毒病，抗寒性强，抗倒耐湿性好。第 1 生长周期亩产 197.2 kg，比对照浙双 72 减产 2.5％；第 2 生长周期亩产 184.6 kg，比对照浙双 72 减产 5.0％。

3. 栽培技术要点

适时早播：移栽油菜 9 月中下旬播种，10 月底至 11 月上旬移栽，秧龄 30～35 天。直播油菜 9 月中旬后越早播种产量越高，一般不超过 10 月底。

合理密植：移栽油菜一般每亩密度 6000～8000 株，直播油菜每亩留苗 2.0 万～2.5 万株，早播稀些，迟播宜密些。

科学用肥：该品种属多枝多粒中等粒重的品种，产量以角数和粒数取胜，要求重施基苗肥，增施磷钾肥，必须施硼肥。一般要求基苗肥占总施肥量的 60％，薹花肥占总施肥量的 40％。硼肥基施，一般每亩用量 1 kg。初花期每亩用磷酸二氢钾 150 g＋咪鲜胺或菌核净叶面喷施可起到防病和提高粒重的作用。

加强田间管理，做好病虫草害综合防治：苗期长势旺要及时做好间苗定苗工作，并做好蚜虫和菜青虫的防治，年后做好开沟排水，防渍害，花期做好蚜虫和菌核病防治。严禁割青，割青将严重影响产量和含油量，建议打堆后熟。

为保持其高品质，建议集中连片种植，防止生物学混杂。

4. 品种简评

浙油 80 熟期较晚，植株高，株型紧凑，角果与每角果粒数多，耐湿性和抗倒性较强，油酸含量高，含油量较高，品质优，抗病性略弱于对照。适于在浙江省油菜产区种植。

（二）浙油 20

浙油 20 由浙江省农业科学院作物与核技术利用研究所培育。

1. 产量表现

2004—2005 年度省油菜区试平均亩产 136.7 kg，比对照浙双 72 增产 2.3%，未达显著水平；2005—2006 年度省油菜区试平均亩产 147.4 kg，比对照增产 0.7%，未达显著水平；两年省区试平均亩产 142.0 kg，比对照增产 1.5%；两年省区试平均产油量 64.4 kg，比对照增产 8.2%。2006—2007 年度省油菜生产试验平均亩产 162.0 kg，比对照增产 0.4%。

2. 特征特性

该品种全生育期 225.8 天，比对照浙双 72 短 1.1 天。株高 168.2 cm，有效分枝位 38.7 cm，一次有效分枝数 9.4 个，二次有效分枝数 9.2 个，主花序长 53.8 cm，单株有效角果数 501.7 个，每角粒数 22.8 粒，千粒重 3.47 g。品质经农业部油料及制品质量监督检验测试中心 2004—2005 年检测，芥酸含量 0.86%，硫苷含量 25.11 μmol/g，油酸含量约 80%，含油量 45.42%。抗病性，据浙江省农科院植微所 2004—2005 年接种鉴定，菌核病和病毒病株发病率分别为 20.0% 和 33.0%，病情指数分别为 7.8 和 13.0，均优于对照。

3. 栽培技术要点

重施基苗肥，注意施用硼肥，注意菌核病和病毒病的防治。

4. 品种简评

该品种属中熟甘蓝型油菜，熟期适中，植株中等偏高，角果多，每角粒数和千粒重中等，丰产性较好，含油量高，品质优，抗病性优于对照。适宜在浙江省油菜产区种植。

三、其他

由中国农业科学院油料作物研究所培育的中油 80，属于甘蓝型半冬性中熟高油酸杂交种。苗期半直立，顶裂叶中等，叶色中等绿色，蜡粉少，叶片长度短，裂叶深，叶脉明显。花瓣中等黄色，花瓣长度中等，呈侧叠状。种子黄褐色。全生育期 209.45 天。株高 175.95 cm，分枝部位 86.72 cm，一次有效分枝数平均 6.2 个，匀生分枝类型，单株有效角果数 205.2 个，每角粒数 20.66 粒，千粒重 3.72 g。硫苷含量 18.53 μmol/g，含油量 44.70%。低抗菌核病，高抗病毒病，抗倒性强。第 1 生长周期亩产 158.80 kg，比对照华油杂 12 增产 10.64%；第 2 生长周期亩产 148.93 kg，比对照华油杂 12 减产 3.65%。

"华油 2101"是华中农业大学傅廷栋院士团队中的周永明教授选育的高油酸油菜新品种，其种子的油酸含量达 75% 以上，含油率 48.5%（干基），全生育期 220 天左右，耐菌核病，抗病毒病，抗倒性强。播种期为 9 月下旬至 10 月下旬。

2018 年 3 月 25 日，由云南省农业技术推广总站主持，组织专家田间测产验收，认定云油杂 51 号（E07HO27）示范区最高亩产 226.7 kg，加权平均亩产 203.6 kg；油菜生育期为 150 天，折合高油酸油菜籽日均亩产量为 1.36 kg。专家组认为示范区高油酸杂交油菜种植，生产效率高，总体达到云南省内低海拔区、国内特早熟区高油酸油菜种植的领先水平，对边疆民族地区精准扶贫产业选择具有积极作用。

第三节　国外高油酸品种

1992 年，Auld DL 等利用 EMS 诱变预先浸泡 16 h 的甘蓝型油菜"Cascade"种子，在 M_3、M_4 代选出一些高油酸突变系，油酸含量高达 88%。

1995 年，第一个品种（油酸含量 81%）由 Rücker 和 Röbbelen 选育成功，其种子油酸含量达 71%，比原野生型油菜油酸高了 11 个百分点，遗传分析表明，它属于加性方式的单基因遗传。

2004 年，欧洲第一个获得注册的 HOLL 油菜品种"SPLENDOR"（油酸含量 76.48%）问世，随之，V140OL、V141OL、V161OL（油酸含量高于 75%）等高油酸常规品种相继推出，主要用于订单农业生产。

2004 年，加拿大 Cargill 种子公司 CNR604（油酸含量 75％）、CNR603（油酸含量 85％）等品系参加品比试验。

2006 年，澳大利亚投放了两个高油酸品种，2007 年又推出替代品种。

2015 年，嘉吉宣布建成新杂交种子研发中心，同时公司已投资 1000 万美元设施，用于选育下一代 VICTORY™ 油菜种子品种，而 VICTORY™ 在过去十年间一直在加拿大市场占据主导位置，该品种在加拿大和美国地区种植采收后，再进一步压榨精炼成 Clear Valley® 高油酸菜籽油，因其无味且稳定性好而得到食品加工商和食品服务运营商的青睐。

2017 年韩国的 Lee 等人利用 EMS 对韩国油菜品种"Tamla"进行诱变，筛到 M_7 代时分离出了两个油酸含量高达 76％ 的高油酸突变体。自 1992 年以来，各国相继开展了高油酸、低芥酸、低硫苷油菜的培育工作，获得了一些高油酸品种，现已推广种植。

一、加拿大高油酸油菜品种

在特种菜籽油领域，加拿大嘉吉公司、拜耳作物科学公司、先锋公司和陶氏农业科学公司先后培育了数种高油酸油菜品种，如 Victory 系列、InVigor Health 系列等。

1. 高油酸低亚麻酸油菜品种"45A37"和"46A40"

加拿大先锋公司（Pioneer Hi-Bred International，Inc.）于 1999 年通过化学诱变培育了高油酸低亚麻酸的油菜品种"45A37"和"46A40"，并通过了加拿大卫生部全面评估。

"45A37"和"46A40"油菜品系除具有高油酸含量和低亚麻酸含量的特点外，其病虫害等农艺性状与其他市售油菜品种相当。两者之间唯一显著的区别是前者具有早熟品质，而 46A40 熟期较晚。从这些新品种菜籽中提取加工的油，被命名为 P6 菜籽油，其油酸水平与花生油和橄榄油相似。其中，油酸含量比传统菜籽油高 24％，亚油酸和亚麻酸含量分别低 40％ 和 75％。对其他脂肪酸、皂化值、碘值和折光指数等的分析表明，P6 菜籽油与传统菜籽油无显著性差异，生育酚的含量低于普通菜籽油，过氧化值也低于普通菜籽油，这与 P6 是一种不饱和程度较高的油相一致（表 6-17）。

表 6 - 17　P6 菜籽油与其他食用油的比较（总脂肪酸百分比）

品种	油酸/%	亚油酸/%	亚麻酸/%
"双低"油菜	63	19～21	10
高油酸低亚麻酸油菜	78	11～13	2～3
橄榄油	55～83（73）	8	0.6
花生油	35～72（45）	32	0

2. 高油酸杂交油菜品种 "Victory V1030" 和 "Victory V1031"

嘉吉公司于 1998 年开始油菜杂交研究，目前正在开发一系列高油酸油菜杂交品种。以杂交高油酸油菜 Victory V1030 和 Victory V1031 为例，与大多数自由授粉油菜品种相比，新 Victory 杂交油菜的产量提高了 19%～25%。这两个杂交种还包括抗草甘膦基因（Roundup Ready Genetics）。在 35 个农场进行的多年试验表明，Victory V1030 和 Victory V1031 早发性强，生长稳定，收获期一致。具有高油酸和低亚油酸的成分，这使油具有更好的稳定性和稍好的口感。

3. 高抗高油酸杂交油菜品种 "L156H"

拜耳公司与嘉吉公司联合推出一款高油酸油菜 L156H，属于 InVigor Health 杂交油菜品种。与其他 InVigor 系列杂交品种一样，L156H 早发性好，并且具有最强的抗黑胫病和 LibertyLink ® 特性，这样种植者们可以用此来替代耐草甘膦系统。根据 2012 年和 2013 年在 North Dakota 和 Eastern Montana 的 11 片大型试验场的试验结果显示，L156H 比对照 Nexera™ 1012 杂交油菜的产量高出 10%。

4. 其他

John Innes Centre（JIC）的 Ian Bancroft 和 Rachel Wells 通过详细的遗传研究和测序，他们发现在油菜中存在 4 个 FAD2 等位基因。结合他们对每个 FAD2 等位基因特性的洞察，他们能够操纵 FAD2 等位基因的最佳组合，以获得油酸含量高达 86% 的新油菜品系。JIC 团队使用 EMS 诱变，以高油酸向日葵为对照，获得了含量高于 86% 的油酸和低于 5% 的多不饱和脂肪酸（表 6 - 18）。

表 6 - 18　不同脂肪酸类型的油菜与其他作物比较

不同脂肪酸类型的油菜	脂肪酸<C16	饱和脂肪酸	油酸 C18∶1	亚油酸 C18∶2	亚麻酸 C18∶3	芥酸 C22∶1
"双低"油菜	<1	7	60	20	10	<2
高芥酸油菜	<1	2	13	3	3	78[y]
低亚麻酸	<1	7	60	30	<2	<2
高油酸油菜	<1	5	86	4	4	<2
高油酸/低亚麻酸油菜	<1	5	85	6	2	<2
棕榈	<1	48	37	9	<1	<2
大豆	<1	14	24	52	7	<2
棉花	<1	25	18	52	<1	<2
向日葵	<1	11	20	66	<1	<2
高油酸向日葵	<1	6	90	3	0	<1

二、欧洲高油酸油菜品种

1. 不同类型高油酸品系

（1）普通高油酸油菜

由 Rücker 和 Röbbelen 通过 EMS 诱变培育出高油酸品种"Expander"，油酸含量达 81%，随后诱变甘蓝型冬油菜品种"Wotan"，使得油酸含量由原来的 60.3% 提高到 80.3%，亚麻酸含量由 9.9% 降低到 6.2%。

Schierholt 等同样利用由"Wotan"诱变得到的高油酸突变体 19508 和 19782（油酸含量分别为 76.4% 和 77.4%）与低亚麻酸品系杂交，发现不同环境下高油酸含量和低油酸含量的种子产量差异较大，油酸含量显著影响产量，且油酸对产量的负面影响因杂交组合和环境而异。另外，利用突变系 19508、7507 和 19661（油酸含量分别为 74.5%、77.9% 和 76.1%），以及由哥廷根大学农艺与植物育种研究所选育的 Sv453（油酸含量 79.1%）与 4 个低油酸甘蓝型油菜杂交，发现杂交后代环境和产量、产油量、千粒重和株高与环境交互作用显著。油酸含量高低对产量、含油量、蛋白质、开花初期和株高有显著影响：不同环境下高油酸和低油酸的种子产量差异非常显著，高油酸材料含油量比低油酸材料高出 0.6%，但含油量的增加并不能弥补种子产量的下降引起的不足，研究表明，高油酸材料的油产量下降了 0.59 t/hm²，最高产量的高油酸和低油酸的相对产量分别为 92.3% 和 101.7%。

德国一些油酸含量约 70% 的甘蓝型油菜品系，其生育期和抗病情况（表 6-19）、农艺性状（表 6-20）及品质性状（表 6-21）如下，已由中国农业科学院油料作物研究所引进，作为优良的种质资源，为高油酸油菜育种提供便利。

表 6-19　生育期及抗病情况

品种名称	类型	生育期/天	成熟日期	菌核病	霜霉病	病毒病
B 1/78	甘蓝型	228	5 月 24 日	低感	低感	高抗
Rucabo（留凯白）	甘蓝型	220	5 月 16 日	低抗	低感	低抗
Liglandor（来兰多尔）	甘蓝型	227	5 月 22 日	中感	低感	低感
H29	甘蓝型	223	5 月 21 日	低抗	低感	低抗
H32	甘蓝型	227	5 月 22 日	低感	低感	高抗

表 6-20　引进材料农艺性状

品种名称	叶型	花色	株高/cm	分枝高度/cm	一次分枝数/个	全株角果数/个	每果粒数/个	种皮颜色	千粒重/g
B 1/78	裂叶	黄色	145.0	55.0	7.0	249.0	13	棕褐色	2.72
Rucabo（留凯白）	裂叶	黄色	121.0	50.0	7.0	301.0	9.4	黑褐色	2.60
Liglandor（来兰多尔）	裂叶	黄色	142.0	45.0	7.0	352.0	16.3	棕褐色	2.82
H29	裂叶	黄色	168.0	62.0	11.0	246.0	15.2	棕褐色	3.41
H32	裂叶	黄色	164.0	51.0	10.0	315.0	13.9	棕褐色	3.37

表 6–21　引进材料品质性状　　　　　　　单位：%

品种名称	含油量	脂肪酸成分						
		棕榈酸	硬脂酸	油酸	亚油酸	亚麻酸	花生烯酸	芥酸
B 1/78	38.99	5.98	1.10	69.99	19.03	3.35	0.10	0.00
Rucabo（留凯白）	37.87	5.16	1.43	70.20	17.64	3.86	1.71	0.00
Liglandor（来兰多尔）	39.14	6.81	1.00	69.90	21.15	1.01	1.01	0.00
H29	41.35	5.76	1.09	69.52	19.07	3.29	1.16	0.10
H32	41.65	5.59	1.04	69.79	18.59	4.53	0.45	0.00

（2）高油酸-低亚油酸/亚麻酸油菜品种

Spasibionek 等用 EMS 处理冬油菜品系 PN 3756/93 种子，诱导脂肪酸生物合成途径突变。种子诱变处理在 M_2 代重复进行。经过处理后，对近交后代脂肪酸组成的变化进行了个体种子和植株选择。以脂肪酸组成发生变化的自花授粉植株为材料，通过自交获得遗传纯合和稳定的突变系。选择了油酸含量增加（约 76%）和亚油酸、亚麻酸含量降低（分别为 8.5% 和 7.5%）的两个突变体 M 10453 和 M 10464。控制油酸去饱和的基因可能在这些植物中发生突变。第三个突变株 M 681 的亚麻酸含量很低（约 2.6%），亚油酸含量增加（约 26%）。这表明控制亚油酸去饱和的基因发生了突变。几代筛选结果表明，环境对种子油的组成有较大影响。这使得寻找具有修饰脂肪酸成分的突变体变得困难。所诱导的突变体不能直接作为新品种使用，但可以作为杂交亲本用于优质油菜品种的选育。

（3）高油酸-低亚麻酸、亚油酸和高油酸-低硫苷品系

Spasibionek 等通过重组育种（杂交），把来自 IHAR-PIB-Poznan 两个研究项目得到的 23 个自交系分成两组，第一组 16 个品系，选自 165 个 M 10453 和 M 10464 高油酸突变体的重组体，以及具有高农艺价值的育种系和种群品种，具有油酸含量高（＞80%），亚油酸和亚麻酸含量较低（各占 6%）的特点。第二组 7 个品系来源于自然变异的重组育种，特点是硫苷含量极低（小于 5 μM/g），油酸含量增加（＞70%）（表 6-22）。

1）23 个品系基本特征比较

在 2013—2014 年度品系对比试验中，23 个品系和两个对照品种 Chagal 和 Monolit 的方差分析表明，所有分析特征均极显著（α＝0.01）（表 6-22）。其中具有突变基因型（HO 型）的品系 PN5-2006（48.73 t/hm²）比参考品种 Monolith（42.94 t/hm²）的产量显著提高（α＝0.05）。就含油量而言，有 6 个品系（46.63%～49.05%）优于 Chagal 和 Monolit（平均46.52%），其中 PN19-256（49.90%）、PN23-30（49.05%）和 PN9-2013（48.50%）在 α＝0.01 水平上有显著差异。在硫苷总含量和烯烃硫苷总含量方面，基因型多样性具有很重要的意义。

与对照相比，第二组所有品系硫苷含量均较低（α＝0.01）（5.59～8.18 μM/g 种子），烯烃硫苷均极低（1.88～3.25 μM/g）。在测试的 23 个品系中，第二组的所有品系均获得最低含量的 Progoitrin（0.83～1.48 μM/g 种子）。就种子油中的脂肪酸组成而言，基因型多样性的重要性也很高，所有测试的 HO 型品系的油酸含量均显著高于对照品种（α＝0.01）（73.20%～77.93%）。

表 6-22　比较试验中测试的自交系的特性（2013—2014 年度）

品系	产量/（t/hm²）	千粒重/g	含油量/%	硫苷/（μmol/g）									脂肪酸/%			
				1	2	3	4	5	6	7	8	9	C16:0	C18:1	C18:2	C18:3
PN1-2001	41.15	5.42	46.03	2.60	0.95	4.68	0.10	0.10	4.78	13.21	7.85	4.90	3.60	76.03	8.68	8.50
PN2-2002	39.36	5.92	44.95	3.33	1.03	7.15	0.10	0.10	4.98	16.69	11.80	5.08	3.68	75.33	8.53	9.25
PN3-2003	43.02	4.68	46.63	1.80	0.63	3.23	0.10	0.10	4.58	10.44	6.03	4.70	3.68	76.35	8.50	8.45
PN4-2004	41.81	4.78	45.18	2.35	0.55	4.95	0.10	0.20	4.70	12.85	8.30	4.88	3.73	75.80	8.28	9.15
PN5-2006	48.73	5.10	46.30	3.75	0.73	6.08	0.10	0.10	4.70	15.45	10.13	4.83	4.08	73.20	10.80	8.88
PN6-2009	34.01	4.70	47.63	3.30	0.95	8.18	0.13	0.08	4.58	17.24	12.15	4.73	3.73	77.25	8.48	7.05
PN7-2010	37.39	4.66	46.30	1.93	1.10	2.58	0.10	0.10	5.08	10.84	5.93	5.25	3.80	76.85	8.13	8.05
PN8-2012	37.56	5.01	43.50	4.38	1.63	7.90	0.20	0.00	3.93	18.03	13.45	4.00	3.85	74.65	8.75	9.65
PN9-2013	37.39	5.49	48.50	2.38	0.78	3.15	0.03	0.13	4.75	11.24	6.53	4.85	3.83	73.88	9.93	9.40
PN10-2015	37.16	5.35	45.68	4.45	0.73	8.55	0.13	0.10	4.30	18.23	13.45	4.38	3.15	75.20	9.90	8.45
PN11-2036	33.52	5.31	45.63	2.65	0.70	4.35	0.00	0.30	5.20	13.18	7.60	5.40	3.73	76.18	8.48	8.45

续表

品系	产量/(t/hm²)	千粒重/g	含油量/%	硫苷/(μmol/g)									脂肪酸/%			
				1	2	3	4	5	6	7	8	9	C16:0	C18:1	C18:2	C18:3
PN12-2038	31.28	4.93	44.43	2.43	0.58	4.20	0.03	0.28	4.45	11.99	7.13	4.48	3.75	75.35	9.25	8.45
PN13-2050	40.84	6.02	46.20	2.68	0.93	3.68	0.08	0.38	5.53	13.28	7.10	5.75	3.78	77.93	7.45	7.98
PN14-2075	39.07	4.78	46.45	2.25	1.10	3.60	0.10	0.10	4.88	12.03	7.90	4.98	3.83	77.03	8.28	7.65
PN15-2081	40.60	4.31	43.78	2.20	0.70	3.73	0.10	0.10	3.90	10.73	6.90	4.10	3.93	75.25	8.80	8.78
PN16-2082	40.24	4.61	43.85	2.83	0.83	5.68	0.13	0.03	3.90	13.40	9.35	4.00	3.90	74.90	8.78	9.35
组 I 均值	38.94	5.07	45.69	2.83	0.87	5.10	0.09	0.13	4.64	13.67	8.85	4.77	3.75	75.70	8.81	8.59
PN17-246	44.22	5.13	46.45	0.88	0.13	1.03	0.00	0.10	3.75	5.89	2.73	3.88	4.03	74.18	9.40	9.23
PN18-253	38.90	5.58	45.90	1.65	0.30	1.48	0.00	0.33	4.43	8.18	3.25	4.65	4.05	74.80	9.68	8.25
PN19-256	44.51	4.75	49.90	1.00	0.23	1.18	0.00	0.20	4.30	6.91	2.70	4.45	4.03	76.00	9.53	7.38
PN20-259	43.16	4.93	46.25	0.90	0.13	0.83	0.00	0.00	3.73	5.59	1.88	3.83	4.10	74.73	8.98	8.95
PN21-3	39.67	5.21	45.45	1.15	0.53	1.38	0.00	0.15	4.40	7.60	2.90	4.63	3.78	77.53	7.65	7.78
PN22-22	36.59	6.05	47.23	0.85	0.13	0.95	0.00	0.10	3.60	5.64	1.88	3.73	3.85	74.75	9.70	8.53
PN23-30	31.84	4.86	49.05	0.93	0.18	1.25	0.00	0.20	3.95	6.49	2.78	4.08	4.28	74.70	9.35	8.65
组 II 均值	39.83	5.22	47.18	1.05	0.23	1.15	0.00	0.15	4.02	6.61	2.59	4.18	4.01	75.24	9.18	8.39
Chagal	43.57	5.30	46.63	3.03	0.65	5.48	0.10	0.20	4.23	13.65	9.10	4.48	4.75	62.78	19.78	9.85
Monolit	42.94	5.02	46.40	1.75	0.58	4.00	0.18	0.10	4.23	10.83	6.45	4.33	5.00	64.00	19.25	8.75
标准平均值	43.26	5.16	46.52	2.39	0.61	4.74	0.14	0.15	4.23	12.24	7.78	4.40	4.88	63.39	19.51	9.30
Average	39.54	5.12	46.17	2.30	0.67	3.97	0.07	0.14	4.43	11.58	7.01	4.57	3.91	74.58	9.77	8.59
F	5.09**	37.15**	28.79**	49.4**	48.5**	57.0**	20.9**	41.4**	2.5**	35.0**	41.5**	2.5**	89.7**	76.8**	89.7**	24.6**
NIR0.05 LSD0.05	5.22	0.21	0.81	0.42	0.15	0.89	0.04	0.04	0.88	1.85	1.54	0.93	0.11	1.15	0.90	0.40
NIR0.01 LSD0.01	6.92	0.28	1.07	0.55	0.19	1.16	0.05	0.06	1.15	2.41	2.01	1.21	0.14	1.50	1.18	0.52

注：1. 3-丁烯基硫代葡萄糖苷；2. 4-戊烯基硫代葡萄糖苷；3. 2-羟基-3-丁烯基硫苷；4. 5-烯丙基-1，3-噁唑烷-2-硫酮；5. 3-吲哚基甲基硫苷素；6. 4-羟基-3-吲哚基甲基硫苷；7. 总硫苷；8. 链烯基硫苷；9. 总吲哚硫苷。

C16:0—棕榈酸 C18:1—油酸 C18:2—亚油酸 C18:3—亚麻酸。

2) 特征值遗传性研究

另外，对23个品系所测特征的均值、标准差，广义上的遗传力和预期的遗传进展（表 6 - 23）进行统计分析表明，大多数遗传系数均较高，除 4-OH-芸薹素含量（$h^2=0.632$）和吲哚硫苷总量（$h^2=0.711$）外，其他特征遗传系数在 0.804～0.984 的范围内。从广义上讲，同一环境条件下，根据所分析的特征，研究类群的多样性很大，遗传系数较高。在实际育种中，应在不同的环境（年和地点）中对材料进行评估，由于育种材料与环境之间的相互作用所产生的可遗传变异，获得的遗传力系数通常较低。

决定品系育种价值的重要参数是预期遗传进展，这对于培育具有更好特征特性（即提高的育性、营养、饲料或技术价值等）的新品种有重要意义。基于此表明，基因库以选定的重组品系形式进行了扩展，这些重组品系具有高产量（PN5-2006），高脂肪含量（PN19-256，PN23-30，PN9-2013）和 progoitrin 含量低，总硫苷含量低和烯基硫苷含量极低的特点（PN20-259，PN22-22）以及种群中吲哚硫苷总含量增加的品系（PN13-2050，PN11-2036，PN7-2010，PN2-2002）和油酸含量高的品系（PN13-2050，PN21-3，PN6-2009，PN14-2075，PN7-2010）。第一组种子中油酸含量的增加是由于编码 $\Delta1$，2 去饱和酶形成的 $fad2$ 等位基因的突变，降低了油酸的去饱和作用（Falentin 等，2007；Spasibionek，2013）。第二组中，通过与多个双改良油菜品种的重复杂交育系和其分离世代的循环选择，也获得了类似的效果（Piętka 等，2003；Krzymanèski 等，2004）。因此，两组品系都包含不同的基因库，并且通过杂交组合使菜籽油脂肪酸组成具有更大的多样性。

表 6 - 23　根据产量、千粒重、含油量以及选择的硫苷和脂肪酸组成进行品系的统计和遗传分析

参数	产量	千粒重/g	脂肪	硫苷/（µmol/g）									脂肪酸/%			
				1	2	3	4	5	6	7	8	9	C16：0	C18：1	C18：2	C18：3
H^2	0.804	0.976	0.970	0.980	0.981	0.984	0.953	0.975	0.632	0.975	0.984	0.711	0.970	0.889	0.887	0.957
Sob.	4.189	0.471	1.598	1.078	0.381	2.455	0.059	0.101	0.515	4.008	3.83	0.578	0.222	1.218	0.827	0.675
dS	4.859	0.546	1.854	1.250	0.444	2.848	0.068	0.111	0.597	4.649	4.443	0.670	0.258	1.413	0.959	0.783
dG	3.955	0.533	1.798	1.225	0.434	2.802	0.065	0.114	0.378	4.533	4.372	0.477	0.250	1.256	0.840	0.749

注：H^2—广义遗传力（BS）；Sob.—平均目标偏差；dS—选择差异；dG—遗传进展。

3）相关性研究

同时，为了解特征之间的相关性，计算了相关系数（表6-24）。从两个育种方式中选择的油酸含量增加的品系和硫苷含量降低的品系达到的产量水平与目前栽培种相近。且这些品系中脂肪酸组分和硫苷含量的差异与种子产量和千粒重不相关，即进一步降低硫苷含量和脂肪酸组分变化不会对选育新品系的产量产生不利影响。在种子含油量与总硫苷含量（-0.434）和烯烃硫苷（-0.445）之间有显著负相关关系，为在不影响新基因型种子含油量的情况下继续降低硫苷含量提供了机会。而油酸含量与亚油酸含量（-0.847）、亚麻酸含量（-0.723）呈极显著负相关，可用于进一步研究菜籽油脂肪酸组成分化多样性。

表6-24　性状之间的相关系数

特征	1	2	3	4	5	6	7	8	9	10	11	12	13	14	15	16
产量	1															
千粒重	-0.069	1														
含油量	0.011	0.085	1													
丁烯基硫苷	-0.077	0.061	-0.466	1												
葡萄糖异硫氰酸戊-4-烯酯	-0.126	-0.060	-0.451	0.766	1											
前致甲状腺肿素	-0.131	0.031	-0.438	0.955	0.716	1										
3-恶唑烷-2-硫酮	0.093	-0.258	-0.493	0.794	0.831	0.815	1									
芸薹素	-0.237	0.350	0.156	-0.182	-0.248	-0.269	-0.471	1								
4-羟基芸薹素	-0.044	0.257	0.045	0.333	0.470	0.256	0.163	0.488	1							
硫苷总量	-0.123	0.030	-0.434	0.976	0.806	0.975	0.815	-0.157	0.434	1						
烯基硫苷总量	-0.115	-0.041	-0.445	0.969	0.791	0.989	0.850	-0.265	0.317	0.988	1					
吲哚硫苷总量	-0.026	0.257	0.051	0.291	0.439	0.214	0.132	0.519	0.996	0.339	0.273	1				
C16:0	0.193	-0.211	0.294	-0.568	-0.426	-0.597	-0.441	0.073	-0.365	-0.611	-0.591	-0.336	1			
C18:1	-0.190	-0.055	0.018	-0.057	0.282	0.011	0.109	0.286	0.536	0.095	0.027	0.562	-0.360	1		
C18:2	0.155	0.084	0.289	0.059	-0.378	-0.014	-0.203	-0.137	-0.412	-0.087	-0.047	-0.438	0.224	-0.847	1	
C18:3	0.150	0.102	-0.436	0.203	0.073	0.148	0.176	-0.315	-0.321	0.106	0.169	-0.347	0.109	-0.723	0.287	1

（4）高油酸、低亚麻酸的冬油菜新品系

Spasibionek 等在前面研究的基础上，利用包括高油酸、低亚麻酸突变体材料和高产、高油酸、硫苷含量极低，农艺性状良好的油菜材料，通过两年两点，随机完全区组设计，对越冬性、含油量和产量以及种子品质性状进行了表型分析，研究了种子中油酸和亚麻酸含量的基因型×环境互作。利用等位基因特异的 CAPS 标记和 SNaPshot 分析，对高油酸和低亚麻酸纯合系进行基因分型。最后，获得了高油酸、低亚麻酸的冬油菜新品系，为开发具有较高市场价值的新品种奠定了基础。

1）材料与方法

①通过使用 EMS 进行化学诱变，将先前获得的高油酸突变体（HOmut，＞75％）和低亚麻酸突变体（LLmut，＜3％）杂交（Spasibionek，2006），开发高油酸-低亚麻酸重组突变体。获得的突变型 HOmutLLmut-F5 自交系重组子具有产量低、越冬率低、籽粒 GLS 含量高的特点，不能直接用于育种。

②在几个独立的田间试验中，筛选出 10 个高油酸和低硫苷（HOLGLS）育种材料。所选品系为高油酸型，可生产出含油量约为 75％的油酸（C18∶1），其种子硫苷含量极低（5～10 μmol/g 种子），产量高达 48.7 t/hm^2（Spasibionek，2016）。

③为了将这两个方案结合起来，将 F$_5$ 自交重组突变体（HOmutLLmut 837）与 10 个选择的高油酸低硫苷品系杂交，开发出具有良好农艺价值的 HOLL 型重组体。育种方案如图 6-1 所示。

从 220 个重组子中，选择了 10 个育种品系及其祖先基因型在田间试验中进行详细分析评估（图 6-1，表 6-25）。试验分为 2015/2016（16）和 2016/2017（17）两个生长季进行。

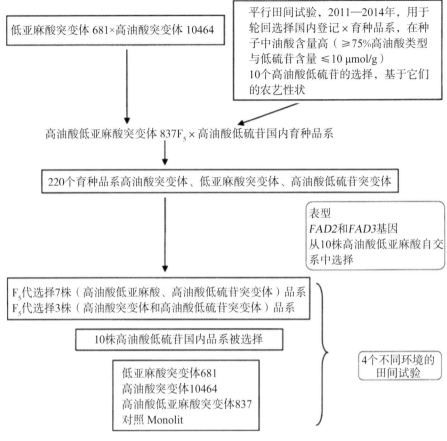

图 6-1 育种方案

注：本实验采用 EMS 化学诱变获得高油酸突变体、低亚麻酸突变体、高油酸低亚麻酸 WOSR 突变系；高油酸突变体和低亚麻酸突变体杂交获得重组品系高油酸低亚麻酸突变体；FAD2 和 FAD3 分别负责种子油中油酸和亚麻酸的生物合成，利用特定的 DNA 标记监测 FAD2 和 FAD3 脂肪酸去饱和酶基因的突变等位基因对 FAD2 和 FAD3 基因分型。

表 6-25　试验材料

基因型	亲本	世代	参考文献
LLmut 681	Mut681	M_8	Spasibionek，等，2006
HOmut 10464	Mut10464	M_8	Spasibionek，等，2006
HOmutLLmut 837	Mut10646×Mut681	F_5	本研究
HOLGLS 480	HO-type and LGLS accession 5	F_4	Spasibionek 等，2016

续表

基因型	亲本	世代	参考文献
HOLGLS 481	HO-type and LGLS accession 4	F₄	Spasibionek 等，2016
HOLGLS 490	HO-type and LGLS accession 8	F₄	Spasibionek 等，2016
HOLGLS 519	HO-type and LGLS accession 6	F₅	Spasibionek 等，2016
HOLGLS 520	HO-type and LGLS accession 7	F₅	Spasibionek 等，2016
HOLGLS 535	HO-type and LGLS accession 3	F₅	Spasibionek 等，2016
HOLGLS 543	HO-type and LGLS accession 9	F₇	Spasibionek 等，2016
HOLGLS 550	HO-type and LGLS accession 2	F₉	Spasibionek 等，2016
HOLGLS 561	HO-type and LGLS accession 10	F₉	Spasibionek 等，2016
HOLGLS 593	HO-type and LGLS accession 1	F₉	Spasibionek 等，2016
LLmut&HOLGLS 440	HOmutLLmut 837×HOLGLS 550	F₅	本研究
LLmut&HOLGLS 878	HOmutLLmut 837×HOLGLS 480	F₅	本研究
LLmut&HOLGLS 880	HOmutLLmut 837×HOLGLS 593	F₅	本研究
LLmut&HOLGLS 882	HOmutLLmut 837×HOLGLS 535	F₅	本研究
LLmut&HOLGLS 888	HOmutLLmut 837×HOLGLS 543	F₅	本研究
LLmut&HOLGLS 899	HOmutLLmut 837×HOLGLS 519	F₅	本研究
LLmut&HOLGLS 902	HOmutLLmut 837×HOLGLS 561	F₅	本研究
HOmut&HOLGLS 850	HOmutLLmut 837×HOLGLS 520	F₅	本研究
HOmut&HOLGLS 852	HOmutLLmut 837×HOLGLS 490	F₅	本研究
HOmut&HOLGLS 873	HOmutLLmut 837×HOLGLS 481	F₅	本研究
Monolit	Monolit，Polish cultivar，HO-type	cv.	http：//www.coboru.pl

注：LLmut—低亚麻酸突变体；HOmut—高油酸突变体；HOmutLLmut—高油酸
低亚麻酸突变体；LLmut&HOLGLS—低亚麻酸突变体 & 高油酸低硫苷突变
体；HOLGLS—高油酸低硫苷突变体；Monolit—对照品种。

2）结果

①种子产量和越冬

通过多环境田间试验对 24 个种质进行综合评价。对照 Monolit 产量最
高（348.9 t/hm²）。12 种材料的种子产量略低，但高于 280 t/hm²（表6-
26）。其中 6 个是新的突变重组子：4 个 LLmut&HOLGLS（440、880、
882 和 899），2 个 HOmut&HOLGLS（850 和 873）。

其余 6 个是 HOLGLS 材料：481、519、520、535、550 和 593。

同时，三个突变型 HOmut、LLmut 和 HOmutLLmut 基因型的种子产量分别为 9.64 t/hm²、9.99 t/hm² 和 121.9 t/hm²，远低于对照，差异极显著。另外，8 个其他基因型：4 个 HOLGLS（480、490、543 和 561）、3 个 LLmut&HOLGLS（878、888 和 902）和 1 个 HOmut&HOLGLS（852）种子产量高于突变系，但低于对照，在 245.0～279.9 t/hm² 之间（表 6‑26）。

最佳越冬期为 LLmut&HOLGLS 882，越冬率为 87.23%。其他五种基因型，包括对照 Monolit（81.30%）均在 80% 以上：两个 HOLGLS（480 和 535）、HOmutLLmut 837 和 HOmut&HOLGLS 852。LLmut 681 基因型越冬率最低，为 37.85%。另外两个品种 LLmut&HOLGLS 440 和 HOLGLS 520 的越冬率较低（低于 60%）。其余 15 个基因型越冬与最佳越冬期相似（表 6‑26）。

表 6‑26 在四个环境中进行的田间试验所测试的 24 个品系的特征：甘蓝型油菜 A 和 C 基因组中 FAD2 和 FAD3 去饱和酶的表型性状和等位基因变体的平均值

ID	基因型	种子产量/(t/hm²)	越冬率/%	含油量/%	C18:1	C18:3	硫苷含量/(μmol/g)	FAD2 A/C haplotype	FAD3 A/C haplotype
1	LLmut 681	9.99	37.85	43.82	68.31	2.34	10.68	wild/wild	mut/mut
2	HOmut 10464	9.64	66.21	44.44	78.63	6.49	13.84	mut/wild	wild/wild
3	HOmutLLmut 837	12.19	81.29	43.56	76.76	3.75	14.24	mut/wild	mut/mut
4	HOLGLS 480	27.34	82.01	45.89	78.59	6.73	8.66	wild/wild	wild/wild
5	HOLGLS 481	30.48	67.68	46.49	79.59	6.48	9.21	wild/wild	wild/wild
6	HOLGLS 490	27.53	64.96	47.38	76.52	7.18	7.44	wild/wild	wild/wild
7	HOLGLS 519	31.26	65.24	46.60	76.68	6.90	5.31	wild/wild	wild/wild
8	HOLGLS 520	30.50	59.35	48.39	76.94	7.01	9.08	wild/wild	wild/wild
9	HOLGLS 535	31.59	84.70	47.74	76.59	6.84	7.04	wild/wild	wild/wild
10	HOLGLS 543	26.59	74.40	44.01	77.54	7.54	5.34	wild/wild	wild/wild
11	HOLGLS 550	31.98	69.96	45.18	76.20	8.18	8.59	wild/wild	wild/wild
12	HOLGLS 561	24.50	63.05	44.75	75.32	8.10	9.89	wild/wild	wild/wild

续表

ID	基因型	种子产量/(t/hm²)	越冬率/%	含油量/%	C18:1	C18:3	硫苷含量/(μmol/g)	FAD2 A/C haplotype	FAD3 A/C haplotype
13	HOLGLS 593	32.19	67.70	47.90	77.26	6.78	8.29	wild/wild	wild/wild
14	LLmut& HOLGLS 440	30.76	52.90	45.07	77.56	4.73	9.09	wild/wild	wild/mut
15	LLmut& HOLGLS 878	27.41	74.04	45.72	75.67	3.38	21.57	wild/wild	mut/mut
16	LLmut& HOLGLS 880	32.19	75.66	44.51	78.37	3.20	12.86	wild/wild	mut/mut
17	LLmut& HOLGLS 882	29.93	87.23	43.52	78.29	3.38	14.33	wild/wild	mut/mut
18	LLmut& HOLGLS 888	24.76	73.59	44.11	77.89	4.10	10.06	wild/wild	wild/mut
19	LLmut& HOLGLS 899	28.04	74.24	43.88	78.30	4.13	11.62	wild/wild	wild/mut
20	LLmut& HOLGLS 902	27.99	69.78	45.13	77.93	5.41	12.04	wild/wild	wild/mut
21	HOmut& HOLGLS 850	28.14	76.68	43.91	78.40	7.02	13.13	mut/wild	wild/wild
22	HOmut& HOLGLS 852	27.39	80.53	45.97	79.28	7.43	10.64	mut/wild	wild/wild
23	HOmut& HOLGLS 873	30.44	74.85	46.60	79.03	7.06	11.89	mut/wild	wild/wild
24	Monolit	34.89	81.30	45.56	64.46	8.15	12.16	wild/wild	wild/wild

注：LLmut—低亚麻酸突变体；HOmut—高油酸突变体；HOmutLLmut—高油酸低亚麻酸突变体；HOLGLS—高油酸低硫苷突变体；LLmut&HOLGLS—低亚麻酸突变体&高油酸低硫苷突变体；Monolit—对照品种；wild—野生型；mut—突变型。

②含油量和品质

种子含油量在 43.52%（LLmut&HOLGLS 882）～48.39%（HOL-

GLS 520）之间，而三个 HOLGLS（490、535 和 593）则显示出较高的含油率，超过 46.64%（表 6 - 26）。其他 6 个品系超过对照 Monolit（45.56%）：3 个 HOLGLS（480、481 和 519），2 个 HOmut&HOLGLS 品系（852 和 873）和 LLmut&HOLGLS 878 品系（表 6 - 26）。

就油酸含量而言，不同油菜品系之间存在显著差异。HOLGLS 481 油酸含量最高（79.59%），其次是 HOmut&HOLGLS 品系（852 和 873），也超过 79%。另外 6 个油酸含量也在 78% 以上，包括 HOmut 10464（78.63%），HOLGLS 480（78.59%），HOmut&HOLGLS 850（78.40%），3 个 LLmut&HOLGLS 品系（880 为 78.37%，882 为 78.29%，899 为 78.30%），以及 LLmut&HOLGLS 880（78.37%），所有品系油酸含量都高于对照 Monolit（64.46%）（表 6 - 26）。

就亚油酸含量而言，LLmut 681 品系含量最低，为 2.34%，可作为 LL 型的参考。除此之外，只有 3 个 HOLL 型重组株（LLmut&HOLGLS 878、880 和 882）的亚麻酸含量低于 3.5%。同时，这 3 个品系均为低亚麻酸纯合基因型（表 6 - 26 中的 "FAD3 A/Chaplotype）。与对照相比，HOLGLS 品系（包括 LLmut&HOLGLS 440 品系）中硫苷含量极低，范围在 5.34 ~ 9.21 μmol/g。几乎所有品系均小于 15.00 μmol/g（LLmut&HOLGLS 878 除外）（表 6 - 26）。

③基因与环境互作分析

通过方差分析在四种环境中（两年，两个地点）对基因型进行了评估（表 6 - 27），并评估了平均基因型和环境影响的基因型（表 6 - 28）。对种子产量和品质性状（含油量、种子油中 C18：1 和 C18：3 含量和总 GLS 含量）的方差分析表明，基因型（G）、环境（E）和环境影响下的基因型（G×E）差异显著（表 6 - 27）。

表 6 - 27　不同基因型的油菜品种脂肪酸含量的差异

差异显著	自由度	均方差				
		产量	种子油量	C18：1	C18：3	GLS
环境（E）	3	8942.71***	192.81***	151.86***	42.16***	203.05***
基因型（G）	23	17030.43***	787.75***	4267.69***	1197.20***	4402.34***

续表

差异显著	自由度	均方差				
		产量	种子油量	C18：1	C18：3	GLS
基因型× 环境	69	6035.72***	306.08***	292.50***	56.18***	1251.86***
残差	288	6394.17	411.43	327.98	74.39	483.66

注：C18：1 为油酸；C18：3 为亚麻酸；GLS 为硫苷。*** 表示显著性水平至少为 0.01。

通过估计主要的 G 作用和 G×E 相互作用及其意义，评估了种子油中 C18：1 和 C18：3 脂肪酸的基因型×环境相互作用。如表 6-28 所示，在包括对照在内的 24 个测试品系中，有 10 个品系的油酸含量与环境有显著相互作用，包括低亚麻酸突变体 LLmut 681 品系，高油酸和低亚麻酸突变体重组品系 HOmutLLmut 837，10 个 HOLGLS 品系中的 2 个（490 和 543）和 7 个 LLmut & HOLGLS 重组系中的 3 个（882，878 和 902），以及 3 个 HOmut & HOLGLS 重组系中的 2 个（850 和 852）（表 6-28）。

关于亚麻酸含量，9 个品系显示出与环境的显著相互作用，包括低亚麻酸突变体 LLmut 681 品系，高油酸突变体 HOmut 10464，高油酸和低亚麻酸突变体重组 HOmutLLmut 837，10 个 HOLGLS 品系中有 3 个（519，535 和 561），以及与油酸含量相似的 3 个 HOmut & HOLGLS 重组体中的 2 个（850 和 852）（表 6-28）。同时，有 10 个品系不显示 G×E 相互作用，包括 5 个 HOLGLS 品系（480、481、520、535 和 550），4 个 LLmut & HOLGLS 重组体（440、880、888 和 899）和 1 个 HOmut & HOLGLS 重组体（873），表明其稳定性良好。

G×E 互作分析表明，所分析的基因型在四种环境中表现不同。而含油量、油酸和亚麻酸含量的平均值没有显著影响。同时，不同基因型的油酸和亚麻酸含量在同一地点的不同年份存在显著差异（表 6-27）。值得注意的是，2 个 LLmut & HOLGLS 重组体 880 和 882 的种子产量与对照 Monolit 相当，且越冬率高，油酸含量高，亚麻酸含量低（表 6-26）。同时，880 中油酸和 882 中亚麻酸含量在不同环境下都是稳定的（表 6-28）。根据基因分型结果，这两个重组株系揭示了参与油酸合成的 FAD2 去饱和酶基因的野生型纯合等位基因，同时，*FAD3* 去饱和酶基因突变纯合等位基因参与了亚麻酸的合成（表 6-26）。新培育的甘蓝型油菜是一种脂肪酸组成发生变化的良好资源，可以满足世界油料作物市场对植物油用于油炸、制作健康食品以及生物柴油生产的需求。

表 6-28 油酸和亚麻酸含量的基因型×环境相互作用估测

编号	基因型	油酸			亚麻酸		
		主效应估测	F-统计		主效应估测	F-统计	
			主效应	与环境互作效应		主效应	与环境互作效应
1	LLmut 681	−8.36	102.22**	10.03**	−3.58	108.25**	8.94**
2	HOmut 10464	1.96	22.21*	2.54	0.56	3.41	7.05**
3	HOmutLLmut 837	0.09	0.02	5.30**	−2.18	119.82**	2.98*
4	HOLGLS 480	1.92	28.98**	1.87	0.80	22.70*	2.10
5	HOLGLS 481	2.92	176.22**	0.71	0.55	27.71**	0.83
6	HOLGLS 490	−0.15	0.09	3.91**	1.25	54.74**	2.14
7	HOLGLS 519	0.01	0.00	0.54	0.97	13.24**	5.36**
8	HOLGLS 520	0.27	0.46	2.38	1.08	229.42**	0.38
9	HOLGLS 535	−0.08	0.05	2.09	0.91	14.72**	4.22**
10	HOLGLS 543	−0.87	3.28	3.37*	1.61	82.63**	2.36
11	HOLGLS 550	−0.47	1.99	1.63	2.52	180.69**	2.11
12	HOLGLS 561	−1.35	25.10*	1.07	2.17	78.78**	4.50**
13	HOLGLS 593	0.59	2.18	2.32	0.85	8.63	6.33
14	LLmut&HOLGLS 440	0.89	19.69*	0.59	−1.20	59.98**	1.80
15	LLmut&HOLGLS 878	−1.00	3.67	4.02**	−2.55	1078.45**	0.45
16	LLmut&HOLGLS 880	1.70	20.79*	2.04	−2.43	352.54**	1.59
17	LLmut&HOLGLS 882	1.62	8.75	4.42**	−2.55	449.94**	1.09

编号	基因型	油酸			亚麻酸		
		主效应估测	F-统计		主效应估测	F-统计	
			主效应	与环境互作效应		主效应	与环境互作效应
18	LLmut&HOLGLS 888	1.22	15.46*	1.41	−1.83	314.96**	0.80
19	LLmut&HOLGLS 899	1.63	50.94*	0.77	−1.80	100.52**	2.44
20	LLmut&HOLGLS 902	1.26	1.32	17.53**	−0.52	1.12	18.33**
21	HOmut&HOLGLS 850	1.73	8.69	5.05*	1.90	16.45**	5.43**
22	HOmut&HOLGLS 852	2.61	25.09*	3.99**	1.50	50.31**	3.38*
23	HOmut&HOLGLS 873	2.36	73.88**	1.10	1.13	66.81**	1.43
24	Monolit	−12.21	202.88**	10.79**	2.22	180.39**	2.06
	总体均值	75.82			6.17		
	临界值;α=0.05		10.13	2.64		10.13	2.64
	临界值;α=0.01		34.12	3.85		34.12	3.85

注：＊显著性水平至少为 0.05 ，＊＊显著性水平至少为 0.01 。

LLmut—低亚麻酸突变体；HOmut—高油酸突变体；HOmutLLmut-高油酸低亚麻酸突变体；HOLGLS—高油酸低硫苷突变体；LLmut&HOLGLS—低亚麻酸突变体&高油酸低硫苷突变体；HOmut&HOLGLS—高油酸突变体&高油酸低硫苷突变体；Monolit—对照品种。

2. 不同高油酸品系多年多点的品比试验

自 2000 年初以来，德国和法国通过系谱育种，双单倍体，回交和标记辅助育种等不同育种方法育成了一系列高油酸油菜品系。Guguin 等在 2007—2008 年、2008—2009 年和 2009—2010 年，法国、英国、德国、丹麦、捷克、波兰、瑞士和匈牙利的 45 个地点，对高油酸纯系品种（V140OL、V141OL 和 V161OL）和杂交种（V275OL、MDS06、

MDS05、V262OL 和 MDS01）进行了多年多点的品比试验。结果表明，高油酸杂交种油酸含量虽略低于纯系品种，但产量高于纯系品种（图6-2和图6-3），具有广阔的应用前景。

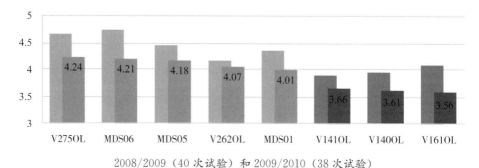

2008/2009（40次试验）和2009/2010（38次试验）

图6-2 多地点小区试验中杂交种与纯系的产量（t/hm²）比较

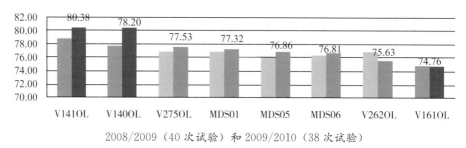

2008/2009（40次试验）和2009/2010（38次试验）

图6-3 多地点小区试验中杂交种与纯系的油酸含量（%）比较

Clarke 等以种植最广泛的高油酸品种"V141OL"为代表与常规种"CASTILLE"进行比较，发现"V141OL"在许多标准上击败了"CA-STILLE"，如产量、品质等，且5年内，高油酸的品质比较稳定，满足了英国市场的需求（图6-4和图6-5）。

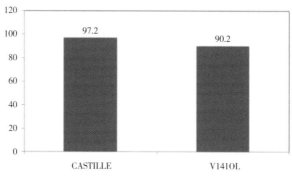

图6-4 2006—2010年高油酸品种 V141OL 与 CASTILLE 产量（t/hm²）对比

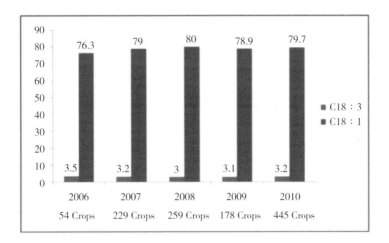

注：数据以 4 种商业品种（SPLENDOR、V140OL、V141OL、V161OL）平均值表示（%）。

图 6-5　英国 5 年种植高油酸油菜的品质

三、其他

Lee 等以油酸含量较高（约 65%）的"Youngsan"品种（韩国），利用反义 RNA 和 RNA 干扰（RNAi）技术构建了 BrFAD2-1 基因的植物转化载体，并用农杆菌载体进行油菜转化，获得了转基因系 AS9A、HP15 和 HPAS29，表现出高油酸表型，且遗传稳定。它们的油酸含量从 67%（Youngsan）增加至 78%、85% 和 86%，多不饱和脂肪酸（PUFA）的含量分别从 24%（Youngsan）下降到 13%、8% 和 6%，其中 HPAS29 产生的种子油酸含量最高，PUFA 含量最低。这些转基因高油酸油菜可用于制造高温煎炸油和高品质生物柴油。

Hu 等以通过 EMS 诱变选育而成含有 77% 油酸和 3% 亚麻酸的"DMS100"为材料，建立了两个与 *fad2* 和 *fad3c* 基因突变相对应的单核苷酸多态性（SNP）标记。这些标记对高油酸、低亚麻酸油菜分子标记辅助性状导入和育种中 *fad2*、*fad3c* 等位基因的直接选择具有重要意义。

第七章 高油酸油菜保优栽培技术

第一节 高油酸品种生产环境要求

一、油菜隔离生产要求

（1）空间隔离。空间隔离栽培是利用山、江河、湖泊等自然条件进行隔离保优的一种栽培方法。一般隔离距离 $500\sim1000$ m，隔离距离越远防杂效果越好。在山区选择山谷、山坳的冲田种植油菜，在平原地区选择有江河、湖泊隔离的地方种植油菜。

（2）作物隔离。作物隔离栽培是在没有天然隔离屏障时，利用种植非十字花科作物进行隔离保优的一种栽培方法。一般隔离距离 500 m 以上，防杂保优效果随隔离距离的增加而提高。油菜生产过程中，每种植一个油菜品种后需要种植其他油菜品种时，在两个油菜品种间种植非十字花科作物进行隔离，同样可以收到良好的防杂保优效果。因此，在平原地区种植油菜应大力推广作物隔离措施，以达到防止品种混杂退化的目的。

二、高油酸油菜生产的生态环境要求

（一）产地环境

生产基地要求土壤疏松肥沃、土层深厚、重金属含量低、空气新鲜、水质优良、阳光充足、无工业"三废"污染，基地环境应符合 NY/T846 的条件。

（二）品种选择

选择品质优良、产量较高、含油丰富、抗病抗倒的油菜新品种。种子质量应符合 GB4407.2 的要求。

（三）培育壮苗

1. 苗床选择与整理

选择土壤肥沃、背风向阳、排灌方便的地块作苗床。种过十字花科作物的田地不宜做苗床。

整地时施土杂肥 37.5 t/hm²、过磷酸钙 450 kg/hm²、三元复合肥 37.5 kg/hm²，整地要求平、细、实。畦长 4.5 m、宽 0.8～1.0 m，沟宽 30 cm、深 20 cm。

2. 适期播种

育苗移栽于 9 月中旬左右播种，播种量 6.0～7.5 kg/hm²，大田用种量 1.5 kg/hm² 左右，苗床与大田比为 1∶5；机械直播和人工直播以 9 月下旬至 10 月上旬播种为宜，人工直播用种量 3.0～4.5 kg/hm²，机械直播用种量 3.75～5.25 kg/hm²。

3. 苗期管理

出苗期至第 1 片真叶期间苗，第 5 片真叶期定苗，苗距 3～5 cm。苗期用硫酸铵 75～150 kg/hm²，或人畜粪尿 11.25 t/hm² 加水淋施，除非特别干旱一般不浇水，移栽前 7 天左右，淋施硫酸铵 112.5～150.0 kg/hm²。三叶期用 150 mg/kg 多效唑喷施，可以促进植株生长矮壮。油菜苗期主要有斜纹夜蛾、甜菜夜蛾、菜青虫、蚜虫等害虫，特别是蚜虫、菜青虫发生尤为严重。移栽前 4～7 天喷施 1 次"送嫁药"。

壮苗标准：老嫩适度，叶片较厚、色深、边缘微带红色；苗龄适中，移栽时叶片数 5～6 片；苗高 20 cm 左右，不曲颈，不高脚；株型矮壮，根颈粗大于 0.7 cm，秧苗叶柄不要长于总长的 1/2；无病虫害。

（四）及时移栽

苗龄 30～35 天、幼苗 5～6 叶时进行移栽，10 月底以前栽完。适当密植，瘦地、迟茬地栽植 12 万～15 万株/hm²，中等肥力地块栽植 9 万～12 万株/hm²。直播地块留苗 30 万～45 万株/hm²。

（五）精准施肥

施肥方法分为一次施肥和多次施肥。肥料施用应符合 NY/T496 的规定。

1. 一次施肥

油菜移栽或直播后施油菜专用肥 750 kg/hm²，仅用肥 1 次。

2. 多次施肥

施土杂肥 45 t/hm²、硼砂 11.25 kg/hm²，或人粪尿 22.5 t/hm²，或纯氮 11.25 kg/hm²、P_2O_5 11.25 kg/hm²、K_2O 11.25 kg/hm² 作基肥。活蔸后，施纯氮 30 kg/hm² 或人粪尿 6000 kg/hm²，移栽 15～20 天施纯氮 45 kg/hm² 或人粪尿 9000 kg/hm²。在 12 月下旬至翌年 1 月上旬施用腊肥。施猪牛粪 19.5～22.5 t/hm²，秧苗生长较差的可在冬至时追施纯氮 30～45 kg。薹肥在 2 月上中旬时施纯氮 45 kg/hm²。花肥可用 0.2% 硼砂或 1% 尿素叶面喷施 1～2 次。

（六）水分管理

遇干旱天气应及时灌溉保墒，春后注意清沟排渍。

（七）病虫草害防治

主要病虫害有菌核病、霜霉病、蚜虫、菜青虫等。苗期至生长前期以防虫为主。蚜虫用 10% 吡虫啉 1000～1500 倍液喷雾防治；菜青虫用 5% 啶虫隆 600～1000 倍液喷雾防治。油菜生长后期以防病为主。菌核病用 50% 乙烯菌核利 1.5 kg/hm² 兑水 450～750 kg/hm² 喷雾防治；霜霉病用 75% 百菌清 800 倍液喷雾防治。农药使用应符合 GB4285、GB/T8321（所有部分）的规定。

一般化学除草 2 次。免耕直播油菜播前 5 天采用封闭式除草 1 次，用 20% 百草枯 1500～2250 mL/hm²，或 10% 草甘膦 6000～9000 mL/hm² 兑水 450～750 kg/hm² 喷雾。在油菜三至四叶期再进行除草 1 次。禾本科杂草用 15% 精吡氟禾草灵 600～900 mL/hm²，或 5% 精喹禾灵 675～900 mL/hm² 兑水 450～750 kg/hm² 喷雾；防治阔叶杂草用 10% 高效吡氟氯禾灵 300～375 mL/hm²，或者用 50% 草隆灵 450～600 mL/hm² 兑水 450～750 kg/hm² 喷雾。翻耕直播油菜在播后 3 天芽前除草 1 次。盖籽后用 50% 乙草胺 600～900 mL/hm²，或 60% 丁草胺 1050～1500 mL/hm² 兑水 450～750 kg/hm² 喷雾。在油菜三至四叶期再进行 1 次除草，方法同免耕直播。育苗移栽参照翻耕直播除草执行。

（八）适时采收

当主花序角果籽粒变褐色，全株角果 80％ 呈枇杷黄色时采收。机械收获后及时除杂、晒干、贮藏。人工收获后堆放 4～5 天，促进后熟，然后脱粒、晒干、贮藏。

第二节　机播机收、适度管理全程机械化生产技术

一、油菜"机播机收，适度管理"栽培模式的内容和意义

（一）内容

（1）选用适于机械栽培的抗病虫、抗倒的油菜新品种。

（2）机械播种，稻板田直播栽培油菜。一次播种完成灭茬、浅耕、播种、施肥、开沟、覆土 6 个工序。

（3）机械收获。一次收获完成割倒、脱粒、精选装袋、秸秆粉碎还田 4 个工序。

（4）必要时进行管理。

（5）要求每亩投入在 300 元左右，每亩产量在 150 kg 左右，纯收入 300 元左右。

（二）意义

（1）发展现代农业，必须改变传统栽培方式，使油菜生产能实现规模化、机械化、标准化生产。

（2）农村劳动力转移，必须改变传统栽培方式。

（3）现代高新科技可以取代精耕细作的传统栽培方法。

二、适度管理的主要措施

（一）原则

因为冬油菜生长期间气温较低，病虫害较少等，油菜栽培的重点是抓好机播、机收两个环节，将油菜栽培管理的所有环节尽量整合到机播或机收两个环节中去，若不出现大的问题，一般不予管理，只在必须管理时再进行管理。

(二) 措施

1. 播种

用油菜精量播种机可直接进行播种。也可用小麦条播机播种油菜，行距 40 cm。播种前要耕翻整地，并按播种量进行机械调试，确保播种均匀、减少空段。

（1）适合机械化生产的特性：

①直播油菜在生长过程中田间整体形态特征表现为：植株高度随植株底部直径增加而增加，植株分枝数在 8 mm 以后分枝逐步增多，8 mm 以下基本无分枝现象，植株最低角果离地位置在 40 mm 以上，且在 8 mm 附近的离地高度整体偏高。因此在 8 mm 附近的植株表现特性比较适合机械化收获，由于其分枝少且分枝离地高度较高，有利于割台实行较高割茬收割，减少割台掉粒损失，同时减少竖割台分禾掉粒损失，因此有利于机械化收获。植株角果总数随直径增加而增多，其中主枝角果数随直径变化平缓，且主枝角果数比任何其他分枝角果数要多 30 个，说明可以通过增加密度提高主枝角果数来保证大田总角果数。

②不同密度大小对植株田间特性影响表现为：密度偏小时，表现为植株直径过大，植株高度偏高，分枝较多，不同分枝数比例基本持平；中等密度时，植株平均直径趋于平稳，植株高度中等，分枝较少，零分枝占总植株数的 60% 以上；密度过大时，整体植株高度下降明显，角果总数下降较多，植株直径偏小。由此可以看出，密度过大过小都不适宜于机械化收获。过大时，植株直径小，容易倒伏，且角果总数难以保证，不利于通风防虫和植株采光。密度过小时，植株生长过高过粗，难以切割，不利于拨禾轮、割台正常工作，侧切刀切割会造成较多掉粒、掉枝损失。中等密度时分枝少，高度适中，分枝离地高度较高等物理表现有利于机械化收获作业。

③成熟度、催熟剂喷施等因素在不同水平下对角果拉伸力学特性测试表明：在早期角果拉断力测试结果较大，过熟时角果拉断力下降幅度大，而催熟剂的喷施与同期的无喷施取样对比，角果拉断力变化不明显，下降幅度相对较小。在同一直径条件下不同收获期、有无催熟剂条件下取样，分析结果显示：植株最下层分枝角果抗拉能力小，角果拉断力偏低，后期

收获的分枝测试对比表明在上半部分的分枝角果拉断力有所下降，而植株主茎秆在早期和晚期收获角果拉断力下降明显，说明对于密度较小、分枝多的直播油菜收获过程中，过迟收获会因为角果拉断力的下降，拨禾轮的推拨作用，两侧分禾板的拉扯作用等造成角果断裂，损失增加，影响收获质量。对于中等密度的直播油菜，直径处于 8～10 mm，其角果拉断力受收获时间段的影响偏小，因此其适收期会有所延长，有利于提高机械作业利用率和作业时间跨度；催熟剂的实施，对植株角果的拉断力影响较小，对油菜机械化收获作业质量影响较小，因此通过喷施催熟剂来使油菜收获时间提前，争取水稻早插时间，对全面提高土地产出率和利用率有积极的作用。

（2）播种期：直播油菜的最适播种期一般比育苗移栽油菜迟 10～15 天，生产上由于受前茬作物茬口的限制，难以在最适播种期内播种，所以直播油菜的产量一般随播种期的推迟而逐渐下降，并且播种期越迟，产量随播种期下降的幅度也越大。最迟播种期比育苗移栽油菜最适播种期迟 35～40 天，播种过迟冬前生长量小、冻害严重，产量很低甚至出现绝收。因此直播油菜应在前茬作物收获后尽可能早播，湖南省早熟油菜一般最迟在 10 月中旬播种，以免影响产量及品质。

湖南农业大学以早熟品种"1358"、中熟品种"中双 11 号"和晚熟品种"浙双 8 号"为材料，在长沙地区进行分期播种试验。结果表明：早熟油菜品种"1358"具有很好的耐迟播性，适宜的播期为 10 月中下旬；中晚熟品种在 4 个播期内均以 9 月 30 日和 10 月 15 日播种的产量最高，适播期为 9 月下旬至 10 月上中旬。

（3）种植密度：直播油菜的密度大小与播种期、土壤肥力等有密切关系，在适期播种、土壤肥力和施肥水平较高的条件下，种植密度一般为每亩 3.0×10^4～5.0×10^4 株，也有更高密度的相关研究，具体要与当地的气候、土壤肥力等相结合，密度过高过低都不利于产量的提高。

（4）播种量：早播、整地质量高、土壤墒情足、施肥水平较高及栽培管理水平较好的田块播种量要少些，反之要多些。一般机直播每亩用油菜种子 0.2～0.3 kg，拌复合肥或油菜专用肥 5～10 kg 进行条播，播种深度以 1～2 cm 为宜。

2. 田间管理措施

（1）沟系配套：直播油菜对沟系要求高，在播种前或播种后应及时开好田间沟系。一般畦面宽 2.4 m（播种 6 行）或 3.6 m（播种 9 行），沟深 25～30 cm。近年来新推出了油菜起垄栽培。2BYL-4 型油菜垄作直播旋耕播种机作业时直接与轮式拖拉机三点挂接，具有开沟作业不受田间土壤湿度限制、田间适用性好、沟型稳定、垄面平整、种床深耕、高产高效等特点。主要由传动装置、入土定幅装置、旋耕装置、开沟起垄成厢装置、厢面整理装置、排种装置、排肥装置等组成，能集土壤旋耕碎土、灭茬除草、成厢起垄、施肥、插种、镇压六项功能于一体，一次性达到稻田油菜高产栽培作业的要求。该机具也可单独进行开沟起垄作业。主要作业参数：质量（不含行走系）≤600 kg；每亩种子播量 0.11～0.37 kg（可调）；每亩肥料播量 0～135 kg（可调）；垄宽 600 mm，垄沟深≤300 mm（可调），垄沟宽度 300 mm；垄数 2 条；播种行数 4 行（单垄 2 行）；纯工作小时生产率≥4.5～7.5 亩。

（2）及时间苗补苗：出苗后要及时间去丛子苗，空段严重的田块及时补种补栽。3 叶期按所需密度进行定苗。

（3）肥控结合培育壮苗：直播油菜常常由于播种期迟，出苗后因气温下降，苗期总积温较少，幼苗生长缓慢，冬前的生长量少，油菜苗的素质较差。栽培上采用相应的技术措施来培育壮苗，这是直播油菜取得高产的根本保证。根据直播油菜的生育特点，除了尽可能早播，并满足种子出苗所需的各种环境条件外，还应采取促控相结合的途径来调节其生长。应增施基肥并且适量施用种肥，以保证幼苗能及时从土壤中吸收到充足的速效性养分，这是促进苗期叶片快速出生、迅速扩大光合面积的一项有效措施。然而增施肥料虽然能有效地促进幼苗的生长，但仍比移栽油菜小得多，并且根系生长发育较差，根冠比较小，因而幼苗的素质较差，必须同时注意促进壮苗充实。其主要措施是适期适量喷施多效唑。对于播种稍早的油菜，多效唑的施用宜分次进行，做到先轻后重。第 1 次在 3 叶期进行，其目的是加以适当抑制，促进根系的良好生长，每公顷用量为 15% 的多效唑 300～450 g；第 2 次在越冬前进行，这时苗体已较大，喷施多效唑以提高苗体素质、培育壮苗安全越冬为目的，每公顷用量为 15% 的多效唑

$750 \sim 900$ g。对于播种较迟的油菜，在越冬前每公顷喷施 15% 的多效唑 $450 \sim 600$ g 即可。

三、与"机播机收，适度管理"相配套的几项措施

(1) 稻板田除草。

(2) 播种期。10 月中、下旬，最迟不超过 10 月底。

(3) 插种量。4.5 kg/hm² 左右，成苗 2.5 万～3 万株。

(4) 随播种施用油菜专用控释肥 750 kg/hm² 左右（N、P_2O_5、K_2O、B 施用量分别为 180 kg/hm²、90 kg/hm²、165 kg/hm²、7.5 kg/hm²）。

(5) 收前 5 天左右施用催熟剂 750 g/hm²。

第三节 稻田油菜机械起垄栽培技术

一、油菜种植方式

目前生产上油菜的种植方式主要有直播和育苗移栽两种。油菜直播最大的优点在于可以简化油菜种植的操作步骤，能与播种机械相配套，便于种植技术的机械化生产，有利于减少油菜生产的用工量，减轻劳动强度，增加种植效益。在保证适期播种条件下，加上配套的田间管理措施，能获得较高的产量。自从农村劳动力向其他产业逐渐转移后，有关直播油菜的栽培技术和生育特性的研究日益增多，包括直播油菜高产栽培技术方面的研究，直播油菜种植密度和肥料运筹方面的研究以及直播油菜播期方面的研究等，这些研究对直播油菜的推广起到了重要作用。

二、起垄栽培的优点

采用垄作栽培，最大的优势在于它可以提高作物产量。在垄作栽培的基础上，配合摆栽技术，可以大幅度提高油菜移栽的效率，减少油菜移栽的工耗，适应我国农村劳动力不足的现状。这种栽培方式通过减少生产成本，增加产量的途径，增加了农民的收益，调动了农民种植油菜的积极性。

三、起垄栽培技术介绍

垄作是在高于地面的土上栽种作物的一种耕作方式。在20世纪40年代，国内外就已经有了垄作的相关研究，其增产效应主要是，更有利于有益微生物的活动，增加了有效养分，从而更有效地协调土、水、肥、气、热、光、温等关系，为作物生长发育创造一个良好的生态环境，免耕垄作改善了土壤结构，为土壤微生物活动创造了良好环境，促进了土壤生物化学过程的进行，使土壤酶活性、呼吸作用强度以及纤维素分解能力增加，反过来这些作用又促进了土壤中的养分代谢，提高了土壤肥力，为作物生长发育创造了良好的条件。魏朝富等研究认为，垄作免耕促使土壤非腐殖物质转化为腐殖质并同氧化铁铝等物质结合（腐殖质是团聚土粒的主要有机胶结剂），使土壤有机无机复合度提高，形成良好的土壤结构。

目前，小麦、棉花、水稻、花生、玉米以及油菜等作物已经陆续开展了垄作方面的技术研究，并取得了不错的效果。杨洪宾等研究认为，垄作小麦利于构建"松塔型"的理想株型，其茎秆和叶片对籽粒的贡献大于传统平作小麦，此外，垄作栽培可以通过降低节间长度，降低植株高度，有利于提高小麦的抗倒伏能力。与传统平作相比，小麦垄作栽培更有利于构建理想株型，更好地发挥群体功能，提高产量。张教海等研究认为，垄作栽培能提高0～20 cm土壤温度，降低土壤容重，提高土壤孔隙度和通气性，进而能促进棉花早生快发，稳长增蕾铃，形成高产。黄庆裕研究认为，垄作栽培采用宽行窄株的插植模式，能协调水稻生长发育过程中个体与群体的关系，改善田间小气候，植株封行迟，通风透光性能好，光能利用率高；同时田间昼夜温差大，有利于光合物质的运输和积累，稻株生长均匀、稳健。余世发通过对花生垄作栽培的研究发现，花生垄作是一项能降低土壤湿度、高产稳产的栽培技术，比平作花生平均每亩增产28.5 kg，部分田块甚至增产85％以上。马丽等研究认为，垄作提高了玉米光合速率、蒸腾速率和气孔导度，增加了玉米的光化学效率。此外，垄作减慢了后期叶面积的衰减速率，延长了叶片功能期，促进光合产物的积累及向籽粒的转移，千粒重显著高于平作，产量提高9.6％。刘翠莲等研究认为，起垄摆栽油菜优势强，活棵后发苗快，植株健壮，叶片宽大厚实，受冻恢复快。此外，垄作油菜的株高、开展度和单株绿叶数要显著高于平作，相对于平作增产 5.8%。

四、油菜起垄栽培机械（开沟机）

油菜起垄栽培使用的主要机械是开沟机，开沟机是一种挖掘沟渠的专用机械，常应用于林果园施肥开沟，农田水利建设、市政工程等开沟作业。按照开沟部件的工作原理，开沟机类型主要分为铧式犁开沟机、链式开沟机和旋转式开沟机。按照开沟机匹配动力大小，开沟机分为大型开沟机、中小型开沟机及微型开沟机，其中功率小于 7.5 kW 的为微型开沟机。大型开沟机主要应用于市政工程、线缆铺设、管道的开沟作业；中小型开沟机主要应用于林果园、稻田等施肥排水开沟；微型开沟机主要运用于工作环境狭小低矮的果林园及农田的开沟作业。

（一）铧式犁开沟机

铧式犁开沟机历史悠久，早在 20 世纪 50 年代就已经应用于我国的农田建设，较为适用于土壤硬度不大的轻质土壤以及中等土壤，主要应用区域是小麦田、水稻田、油菜田等开沟播种施肥。铧式犁开沟机按照牵引类型主要分悬挂式及牵引式两种类型，其中开沟深度较小的一般采用悬挂式，开沟深度较大的大多采用牵引式。按照牵引动力可分为畜力犁和机力犁两种类型。

（二）链式开沟机

链式开沟机是一种新型链条式开沟装置。它由四部分组成：动力系统、链条传动系统、分土系统、减速系统。柴油机经过皮带将转动传递到离合器后，驱动行走变速箱、传动轴、后桥等来实现链式开沟机的向前或向后的直线运动。链式开沟机采用的是回转链式结构，其开沟部件为带开沟刀片的链条，链条带动刀片切削土壤并随着链条的转动将其带至地面，再利用分土系统将土壤输送至沟的两侧或者一侧。

（三）旋转式开沟机

旋转式开沟机分为圆盘式、螺旋式及旋耕式。圆盘式开沟机是以旋转的铁抛盘为主要工作部件的表田开沟机械。主要由传动轴、刀轴、变速箱、传动皮带轮和机架组成，一般同拖拉机配套使用，并由拖拉机驱动开沟作业。圆盘式开沟机按照结构形式可以分为单圆盘式和双圆盘式。开沟作业时，单圆盘式旋转开沟机只有一个铁抛盘，用以切沟渠一侧的土壤，另一侧倾斜安装一把直切土刀，用以切出沟壁；切下的土壤落到铁抛盘上，同被铁抛盘切下的土壤一起抛出沟外；而双圆盘式开沟机具有两个对称的铁抛盘，双圆盘同时切削和抛置沟壁两侧土壤颗粒。按照开沟作业的方式可划分为一次成沟作业和多次成沟作业。其中圆盘式开沟机一次成沟作业时要求整机前进速度为 50～200 m/h。而在多次成沟作业时要求整机前进速度为 200～400 m/h。因此为满足低速要求，圆盘式开沟机要求配套的拖拉机需有超低速挡。国内研究人员对螺旋式开沟机的研制始于 20 世纪 80 年代，螺旋式开沟机开沟作业时同时完成土壤的切削、提升、抛撒三步，其集立铣、轴向提升、螺旋叶片惯性抛撒等原理于一体。立式螺旋式开沟机可分为单螺旋式和多螺旋式两种。旋耕式开沟机以旋耕刀片为开沟部件，是将开沟部件安装在原有的旋耕机刀轴上随旋耕刀轴进行施转铣削土壤进而开沟的农田开沟机械。一般旋耕式开沟机的旋耕切削方向与机组前进方向即驱动轮轮转方向一致，并有开沟铲配合工作，能够开出矩形截面排水沟。

第四节　油菜全程机械化机具

冬油菜是直根系忌水作物，油菜种植既要保证厢面土壤细碎、平整，保证种子着床出苗，同时又需要开好三沟（即畦沟、腰沟、围沟），以利于冬前灌水和春后排水。冬油菜主要种植于长江流域，该区域普遍存在土壤板结、黏重，前茬高、密度大，导致土壤耕作部件如旋耕刀辊、开畦沟装置、驱动地轮等容易黏土、缠草、堵塞，存在通过性差、工作稳定性差、功耗居高不下的技术难题，因此，结合油菜种植的农艺要求，油菜直播机械的开发应定位于耕整地、开沟、播种、施肥复式作业机型的研发。其技术突破主要集中在两方面，一是排种装置的突破，二是成厢起垄装置的突破。在排种技术上，研制出适合不规则球形小颗粒种子精量、变量播种要求的排种器，在成厢起垄装置上，研究有低功耗、沟形整齐等特征的开沟装置。基于该研究思路，湖南农业大学先后研制出了适合南方冬油菜种植的系列油菜播种机。

一、联合播种机具

(一) 2BYF-6 型油菜免耕直播联合播种机

2003年，官春云院士提出的"机播机收，适度管理，公司运作，农民获利"的油菜轻简化栽培模式，围绕该栽培模式，研制出了在稻茬板田上免耕直播油菜要求的 2BYF-6 型油菜免耕直播联合播种机（图 7-1）。该播种机可以实现插种、施肥、成厢起垄、种肥覆土一次完成四项作业，其主要技术参数为：种子播量（kg/hm²）：1.5～4.5；各行排量一致性变异系数（%）：≤4；排种均匀性变异系数（%）：≤35；肥料播量（kg/hm²）：225～450；垄沟宽度（mm）：240；垄沟深度（mm）：≤200（可调）；垄沟位置：中间开沟；垄沟形式：矩形沟；工作幅宽（mm）：2000；插种行数（行）：6；单边覆土宽度（mm）：≥1000；纯工作小时生产率（hm²/h）：0.1～0.15。

图 7-1　2BYF-6 型油菜免耕直播联合播种机

该产品于 2007 年通过湖南省科学技术厅成果鉴定，成果处于国内领先水平，其排种装置处于国际先进水平，同年转化到现代农装株洲联合收割机有限公司生产并列入国家农机具购置补贴目录。该播种机的成功研制，极大地推动了南方冬闲田油菜机械化直播技术与装备的研究和应用，为油菜生产机械化的推广应用奠定了坚实的基础。

（二）2BYD-6 型油菜浅直播施肥耕联合播种机（重点推广技术与装备）

稻板田油菜免耕直播技术的成功推广与应用，油菜种植面积得到迅速扩大，然而，稻田土壤免耕而导致的病、虫、草害的有效控制问题成为油菜机械化直播这一技术继续推广的关键。因此，课题组在 2BYF-6 型油菜免耕联合播种机的基础上，研制出了土壤浅耕、灭茬除草、播种、施肥、成厢起垄、种肥覆土一次完成六项作业要求的 2BYD-6 型油菜浅直播施肥耕联合播种机（图 7-2）。其主要技术参数为：种子播量（kg/hm²）：1.5～4.5；各行排量一致性变异系数（%）：≤4；排种均匀性变异系数（%）：≤35；肥料播量（kg/hm²）：225～450；垄沟宽度（mm）：240；垄沟深度（mm）：≤200（可调）；垄沟位置：中间开沟；垄沟形式：矩形沟；工作幅宽（mm）：2000；浅耕深度（mm）：≤85；播种行数（行）：6；浅耕漏耕率（%）：≤5；灭茬率（%）：≥95；纯工作小时生产率（hm²/h）：0.3～0.4。

图 7-2　2BYD-6 型油菜浅直播施肥耕联合播种机

该产品于 2009 年通过湖南省科学技术厅成果鉴定，成果处于国际先进水平。同年转化到长沙市农旺工程机械有限公司（现湖南鹏翔星通汽车有限公司）生产并列入国家农机具购置补贴目录。该播种机的成功研制，有效地控制了南方冬闲田油菜种植的病虫草害，进一步推动了油菜生产机械化的应用与发展。

（三）2BYL-4 型油菜垄作施肥联合播种机

技术原理：整机主要由种子箱、肥料箱、排种器、排肥器、排种排肥机架、排种排肥传动系统、调速器、厢面平土装置、地轮、沟垄成型装置、撒播播种互换装置、旋耕机主体、小前犁等构成。采用主动旋耕加前后犁体纵向推进法，从动式成沟原理实现田间沟垄成型。采用双地轮驱动排种排肥系统，六挡防反转调速系统，硬底层行走等方式提高动力传动可靠性和稳定性。

主要性能指标：外形尺寸：长 2400 mm×宽 1800 mm×高 1500 mm；配套动力（kW）：≥48；种子播量（kg/hm²）：1.0～5.0；肥料播量（kg/hm²）：0～1500；排水沟沟型：梯形（15°～20°）；排水沟沟底宽度（mm）：150；排水沟深度（mm）：≤250；单垄宽（mm）：1800；工作幅宽（mm）：2200；播种行数（行）：4（单垄 2）；播种过程种子破碎率（%）：≤1.0；总排种量稳定性变异系数（%）：≤2.6；总排肥量稳定性变异系数（%）：≤7.8；操作人数（人）：1；纯工作小时生产率(hm²/h)：0.3～0.5。

创新性：①为适应南方稻田种植油菜的作业特点设计了一种油菜双垄四行施肥播种联合作业机，一次性完成旋耕、灭茬、开沟、起垄成厢、施肥、播种等六项联合作业。②创新设计一种新型旋耕起垄装置，采用"小前犁＋深旋耕＋开沟起垄装置"，实现纵向推进式沟、垄成型，完成旋耕、碎土、起垄、成厢一体化作业，达到垄面平整、沟底整齐，不受田间湿度影响，实现南方稻茬田高湿度、高稻茬条件下开沟起垄作业，提高了油菜种植机械田间开沟作业适应性和可靠性。③利用后托板延长设计配套沟内硬底层安装双地轮驱动，采用单向防滑转定向驱动系统，保证排种排肥工作过程抗干扰能力强，稳定可靠度高。④在传统直播油菜的基础上，创新推出了新型垄作机械化高产栽培新方法，采用深沟窄垄直播模式，整体提升种床高度，增强田间排水性能。

旋耕开沟起垄装置设计：

旋耕开沟起垄装置主要由三个开沟起垄器和常规的旋耕装置组成，为了达到沟形能长时间得到保持，且回土非常少，有效减少人工清理等目的，同时又要使开沟起垄的土壤能有效地得到旋耕作用，使厢面立体结构表现为秸秆在下，细碎土壤在上，必须对开沟犁进行多方面设计，最后在开沟犁前面首先分别设计一个小前犁，小前犁可以减少整个机具和开沟犁入土的阻力；同时加长开沟犁的长度，使得开沟犁具有足够长的尾翼，尽最大可能使开沟后多余的土壤放在厢面得到旋耕，同时降低回土率。

覆土压实装置设计：

覆土压实装置主要由覆土托板和压实滚筒组成。覆土托板由 4 mm 厚的钢板制成，上端的圆柱杆与机架相连，圆柱杆中分为上下两个弹簧，弹簧可以使覆土托板随着垄面的高低不平而上下浮动，作业时可以起到聚土压实的作用，保证厢面的初次平整。经过覆土托板整理后的垄面比较平整，但是土壤密实度还达不到油菜生长的合适状态，需要再一次压实。而压实装置选用圆柱形镇压滚筒是因为它结构简单，镇压面较宽，压力分布均匀，对土壤压实性能较强，为了提高滚筒的工作质量，避免黏土，特设计刮土板，刮土板与滚筒紧贴，滚筒滚动起来后，两者分离与紧贴间歇出现，从而达到刮土效果。经过覆土压实装置后，厢面平整光滑，非常适合油菜的着床和生长。

田间试验是在湖南常德安乡县会子庙村进行的。试验地为稻茬田水稻机收后秸秆部分还田，留茬高度为 15 cm，土壤为黏土。试验分别测定沟深、沟宽、播种后油菜生长状况等数据，综合分析播种机的田间适应性和可靠性。试验时，首先调整机具至最佳工作状态，机具以低速一挡完成开沟起垄播种作业，经试验，田间作业参数如表 7-1 所示。

表 7-1　起垄播种参数

序号	参数	指标
1	种子播量/（kg/hm²）	0.75～1.5（可调）
2	垄面宽度/mm	600
3	垄沟深度/mm	≤300（可调）
4	垄沟沟底宽度/mm	150
5	垄面沟宽度/mm	200～300（可调）
6	工作幅宽/mm	2100

序号	参数	指标
7	起垄漏耕率/%	≤5
8	灭茬率/%	≥95
9	纯工作小时生产率/（hm²/h）	≥0.3
10	播种行数/行	4

2BYL-4型油菜垄作施肥联合播种机采用旋耕后利用开沟起垄器完成对厢面土壤的沟底、沟壁等三方位的挤压，配合刮土板和辊压滚筒的双重压实定型，可以实现标准定型的垄面和沟型，作业效果好，对土壤的适应性强。该机能在稻茬地一次完成旋耕、开沟、起垄、成厢、播种、施肥等多道工序，作业效率高，作业成本低。

2BYL-4型油菜垄作施肥联合播种机基于农机农艺结合的出发点，为油菜生长发育提供良好的种床和田间生长环境，为促进油菜高产稳产提供配套可行的机械装备。

二、分段收获机具

分段收获是先将油菜割倒放铺摊晒，再由机械捡拾、脱粒。在油菜约八成熟时，用割晒机将油菜割倒铺放于田间，晾晒至七八成干时，把已拆下拨禾轮和动刀杆（或动刀片）的联合收割机开到油菜田里缓慢行走，由人工捡拾已晾晒好的油菜植株，均匀喂入收割机割台上，实现油菜的脱粒、清选。这种收获方式的特点与人工收获类似，利用作物的后熟作用，提前收获，延长收割期，因而对收割期要求不严格。缺点是作业效率低、劳动强度大。采用分段收获油菜还应注意两点：一是油菜晾晒不可过干，否则裂壳多，损失大。二是喂入要均匀、适量，喂入过多容易堵塞，喂入过少则影响作业效率。

（一）油菜割晒机

油菜割晒机作为油菜分段收获机械化的主要装备之一，经过近几年的发展，代表机型有湖南农业大学、南京农业机械化研究所分别研制的4SY-2.2型油菜割晒机（图7-3）、4SY-2.0型油菜制晒机（图7-4）。该类机

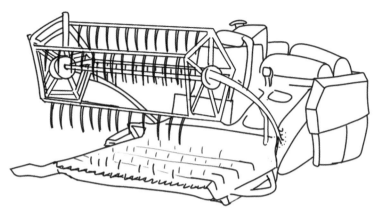

图 7 - 3　4SY-2.2 型油菜割晒机

图 7 - 4　4SY-2.0 型油菜制晒机

型均采用现有联合收割机的行走底盘，通过更换割台面安装割晒机。作业时，往复式切割器将油菜割倒并在拨禾轮的作用下铺放到链齿式输送台上，随后在输送齿的作用下向侧边输送，油菜被输送到侧边时在惯性作用下离开割台铺到田间。该机型有效解决了我国南方地区油菜的切割、输送和铺放问题，但对于割倒油菜的物理特性与链齿输送台的结构参数和运动参数的配合关系需要进一步研究，以解决油菜铺放不规则的难题。同时，该机型属于侧边铺放型，存在第 1 厢油菜没有铺放空间等问题。

　　为解决侧边铺放型割晒机田间铺放位置的问题，上海农业机械化研究所研制了 4SY-3.2 型油菜割晒机，齐齐哈尔红星农业机械制造公司研制了 4SZ-4500 型油菜割晒机，黑龙江红兴隆机械制造有限公司研制了 4SZ-4.2

型自走式割晒机。该类机型采取宽幅切割油菜,利用超宽的割台在侧边预留油菜铺放空间,需解决侧边铺放型割晒机田间作业时需要人工开设油菜铺放位置的问题。该类机型作业幅宽大,对割台的刚性要求高,同时对于南方丘陵山地小田块的作业适应性差。华中农业大学研制的4SY-1.8型油菜割晒机(图7-5),佳木斯市阳光农业机械有限公司研制的高地隙自走式割晒机,采用中间铺放的形式,不过必须配置高地隙专用行走底盘,尤其是南方高产油菜割晒作业时,行走底盘对已铺放油菜的二次作用影响了油菜的铺放质量,严重影响后期的机械化捡拾作业。

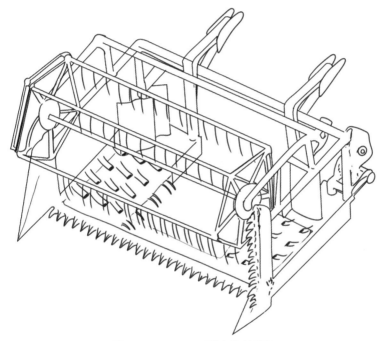

图 7-5 4SY-1.8 型油菜割晒机

为适应南方丘陵地区小田块油菜割晒作业,湖南农业大学研制了4SY-1.5型油菜割晒机,该类机型采用小型联合收割机动力行走底盘,在其前端安装立式割台,结构简单,转移方便。工作时,采用往复式切割器切割油菜,由扶禾器代替拨禾轮,多排输送链齿同步输送已割断的油菜并向一侧输送,可以实现不同高度油菜茎秆的输送,铺放整齐利于后熟,但工作效率低,存在输送堵塞问题。

(二)油菜捡拾脱粒机

国内油菜捡拾脱粒机主要是在油菜联合收割机上增设专用的捡拾器。专用捡拾器直接挂接在油菜联合收割机制台前面。目前我国的油菜联合收割机,大多是在稻麦联合收割机基础上经过更换割台、脱粒清选装置等专用工作部件改型设计而来,存在损失率及含杂率过高的问题。现有的机型有湖南农业大学将弹齿式油菜捡拾器安装到碧浪 4LZ(Y)-1.8 型油菜联合收割机上的油菜捡拾脱粒机和南京农业大学研制的齿带式油菜捡拾脱粒机(图 7-6)。该机型结构简单,捡拾效率高,但是对割倒的油菜铺放质量要求高,存在过度后熟和捡拾损失率高等问题。

图 7-6 齿带式油菜捡拾脱粒机

(三)发展对策

(1)加强油菜割晒机关键技术与装备研究:油菜割晒机是分段收获的关键装备,近年来,围绕油菜割晒工序,研制出了几种典型机型,并进入试验示范阶段,但是仍存在机具与物料之间相互作用的理论研究缺乏、理论计算依据不足的问题。应重点研究油菜分段收获的适收期,油菜品种、种植密度和植株机械力学特性参数变化规律,割倒油菜的输送、铺放机制及相应装置的结构参数与运动参数。

(2)加强油菜捡拾脱粒机关键技术与装备研究:针对割晒后的油菜脱粒大多是采用成熟的稻麦脱粒机进行改装来完成,而且脱粒效果较好,因此在油菜捡拾脱粒环节重点研究油菜捡拾技术与装置,主要围绕捡拾器对已割倒的油菜在有序和无序铺放条件下捡拾可靠性,捡拾装置对待脱粒油菜机械碰撞力与炸荚损失，大喂入量对捡拾装置的适应性等的研究。

（3）加强油菜分段收获与联合收获协同创新研究：针对油菜收获中现有两种模式共存的现状，开展油菜分段收获与联合收获的协同研究，开展作业机具通用部件的共用和专用部件的快速挂接技术与装置研究。重点研究通用行走底盘的行走速度与动力输出轴的运动参数匹配关系，通用脱粒装置在联合收获与分段收获中因物料物理特性改变条件下的运动参数快速调整，专用部件联合收获割台、制晒装置、捡拾装置和通用底盘部件快速挂接技术与装置等。

三、联合收割机械

（一）油菜联合收获机

（1）碧浪 4YC-1.0 型油菜联合收获机。

简介：碧浪 4YC-1.0 型油菜联合收获机是湖南农业大学与现代农装株洲联合收割机有限公司联合研制开发的一种油菜联合收获机械。2008 年完成第一台样机的制造，已获国家专利 5 项。该机主要适合高密度直播栽培油菜的收获作业，可实现切制、脱粒、清选和分装 4 项工序一次完成。在快速更换割台和四板筛后可用于稻、麦联合收获作业。

主要技术参数：

配套动力：

33 kW 燃油消耗：30～37.5 L/hm^2

工作效率：0.33～0.4 hm^2/h

喂入量：1.0 kg/s

割幅：1600 mm

总损失：≤8%

破碎率：≤4%

清选含杂率：≤5%

（2）碧浪 4YC-1.8 型双滚筒稻油兼用联合收获机。

简介：碧浪 4YC-1.8 型双滚筒稻油兼用联合收获机是湖南农业大学与现代农装株洲联合收割机有限公司联合研制开发的一种油菜联合收获机械。2010 年完成第一台样机的制造，已获国家专利 4 项。2010 年 5 月在宁乡县回龙铺镇的油菜机械化收获现场演示会上，碧浪4YC-1.8型双滚筒稻油兼用联合收获机得到参会代表和当地村民的一致好评，并得到中央电视台新闻频道的专访。

该机主要适合高密度直播栽培油菜的联合收获作业，可实现切割、脱粒、清选和分装4项工序一次完成。在快速更换割台和调整清选筛后可用于稻、麦联合收获作业。

主要技术参数：

配套动力：

48 kW 工作效率：0.4～0.53 hm^2/h

喂入量：1.8 kg/s

割幅：1900 mm

总损失：≤8%

破碎率：≤0.5%

清选含杂率：≤5%

（二）示范与推广情况

2007年开始在洞庭湖区建立试验示范基地12个，2008年在湖南、湖北、浙江、四川等建立试验示范基地8个，2009年开始在湘南、湘中、湘西及江西、广西、浙江等地建立示范基地17个，并在衡阳、湘潭、宁乡等地建立了核心示范点4个（其中湘潭2个），2010年开始借助种植大户进行机械化技术推广示范。截至2010年底，共实现油菜直播机销售约3000台，累计播种面积10.6万公顷左右；销售两种型号收割机近1000台，累计收获面积约1.33万公顷。

（三）理论研究成果

油菜免、浅耕直播技术理论和试验研究方面，在排种器结构及排种机理、机具土壤作用机理、旋转圆盘开沟器结构及沟型成型机理、集成式排肥器、单轴式离合器、种肥排量检测监控系统及电控变量播种系统等关键技术取得了突破。获国家专利14项（发明专利2项），发表EI收录论文6篇，其成果油菜免耕直播联合播种机的开发与推广于2010年获湖南省科技进步二等奖。

收获技术理论和试验研究方面，在表层通过履带差速转向、离心轴流组合分选风机、风筛组合清选气力流场、双滚筒脱粒、柔性脱粒、温控脱粒等关键技术成果取得了突破，获国家专利 5 项（发明专利 1 项），发表 EI 收录论文 2 篇。

四、田间管理机具

（一）油菜移栽机

我国在油菜移栽机的研究方面落后于国外，现阶段油菜移栽机的研究开发应用仍以半自动为主，目前生产上应用的油菜移栽机机型很少。半自动移栽机虽然在栽植速度方面受到很大的限制，且需耗费不少人工，但是其结构简单，造价较低，工作稳定性较好。

（1）富来威 2ZQ 油菜移栽机，由南通富来威农业装备有限公司、南京农业大学、江苏省农机具开发应用中心、江苏省农机推广站、南通市农机推广站等单位共同研发，属于钳夹式移栽机，其主要技术参数见表 7 - 2。富来威 2ZQ 油菜移栽机入选《2009—2011 年国家支持推广的农业机械产品目录》，同时在全国多省进入《非通用类农业机械产品购置补贴目录》，并且已经在浙江、湖北、湖南、贵州、江苏、江西、河南等省油菜生产中应用。该机集开沟、栽植、覆土、镇压、浇水、施肥等多种功能于一体，是适用于油菜、花卉、烟草等多种作物的移栽机。

主要特点：①结构简单，使用维修方便；②生产效率高、劳动强度低、不伤苗、苗直立度好、成活率高；③裸苗和钵体苗均能实现移栽；④采用特殊的开沟器，立苗率和成活率高；⑤先进的覆土装置，保证立苗率；⑥多行移栽，行距任意可调；⑦独立单元挂接式结构，移栽行数可增可减。

表 7 - 2　富来威 2ZQ 油菜移栽机主要技术参数

配套主机	14～36 kW 拖拉机	成活率	90%
外形尺寸/cm	1580×2240×1180	灌水量/（mL/穴）	0～120（可调）
作业行数/行	2～4	施肥量/（kg/hm²）	0～180（可调）
幅宽/m	0.8～1.6	生产率/（hm²/h）	0.1～0.16
行距/mm	250～800（可调）	作业可靠性/%	90
株距/mm	23～80（12 挡可调）	操作人数/人	3～5

栽植深度/mm	40～100	苗高/mm	200
立苗率/%	95	苗龄/天	30

（2）PVHR2-E18 油菜栽植机，由井关农机（常州）有限公司生产，属回转杯式移栽机（主要技术参数见表 7 - 3），该机机体轻，移动灵活，操作方便，需要钵苗移栽，在蔬菜上使用较多。浙江慈溪、台州的西蓝花移栽使用较多。

表 7 - 3 PVHR2 - E18 油菜栽植机主要技术参数

机体尺寸（长×宽×高）/mm	2050×1500×1600	插植行数/行	2
机体质量/kg	240	插植行距/cm	30～40、40～50
功率/同转速度[kW/r·min^{-1}]	1.5/1700	插植株距/cm	30～60
前轮/mm	370	适应垄高度/cm	10～33
后轮/mm	550	行距调节装置	有
车轮间距/mm	845～1045（内车轮）1150～1350（外车轮）	刹车装置	有
变速方式	机械变速	平整轮（自动升降）	有
变速挡数	前进 4 挡，后退 1 挡	驾驶座席	有
驱动方式	后轮驱动	垄端感应报警装置	有
车体升降控制	油压式自动升降	适用苗	钵苗、营养土苗
车体水平控制	油压式手动调节	作业效率/（棵/h）	3600
倾斜对应角度	左右 5°	随作业环境变化	—

（二）1Q-180 型开沟起垄机

发展现状：国外的开沟起垄机主要以加拿大所产为主，是在开沟器前增加破茬圆盘刀，靠圆盘刀锋利的刀口和足够的重力切断根茬和切开土壤，采用气吸式排种原理实现排种，外槽轮排肥器实现排肥功能。一般为大型宽幅机型，结构庞大，超大马力，且多为牵引式，适合于平原地区作业，主要由大型跨国国际农机公司包括凯斯、约翰迪尔、纽荷兰等生产。该机型不适合我国小地块种植的国情。

国内的主要有 1GQS-120、1GZN-130V1、1GZ-60V 型等系列旋耕起垄机，该系列机型主要在手扶拖拉机配套旋耕机上对旋耕刀片进行改装设计，采用两端旋耕弯刀更换成起垄刀盘，中间旋耕刀布置不变的结构实现定幅起垄作业。1GZN-130V1 主要是在中间驱动型旋耕机两侧加装螺旋反向起垄刀，实现起垄作业。1GZ-60V 山地旋耕起垄机，该机具与小型手扶拖拉机（8.8～11 kW）配套，将所有旋耕刀更换成起垄刀，一次完成旋耕、开沟、起垄、施肥等联合作业，适用于我国中西部地区坡度小于 18°的耕地。

1KS-200、1QL-70 型等系列起垄开沟机。1KS-200 起垄开沟机主要利用左右两端的双翼铧式犁，将土壤向内侧翻倒后形成定幅厢面，能够一次完成开沟、定畦、起垄作业。1QL-70 型固定起垄机主要由起垄犁、镇压滚、起垄刮板、垄面刮土板等组成。配套动力为 20 kW 小四轮拖拉机。作业时起垄犁将两侧的土壤翻到中间形成垄体，两侧呈对称分布的起垄刮板在垄面刮土板和镇压滚的配合下，形成梯形垄床作业。主要适合已耕地二次起垄成厢作业，一次成型单垄。

SGTN-125、SGTN-160 型等系列灭茬旋耕起垄机。该系列机型基本结构相似，只是幅宽有所差别，主要采用旋耕刀辊、灭茬刀辊前后配置，最后在机组两侧加装起垄铧，实现定幅宽垄单垄作业。

（三）2BYL-220 型油菜垄作开沟起垄机（重点推广技术与装备）

油菜种植机械的耕作部件在进行厢面整理时面对高含水量、高稻茬黏重土壤时易出现壅泥缠草、厢面土块难以细碎、埋茬率低等问题，影响直播油菜的出苗率和后期生长。同时按照高产油菜栽培新技术提出的垄作栽培新要求，重点突破了适合高密度油菜种植的成厢起垄技术。研制出了由传动装置、入十定幅装置、旋耕装置、开沟成厢装置、厢面整理装置等组成的 2BYL-220 型油菜垄作开沟起垄机（图 7-7），该机能够同时完成土壤翻耕碎土、灭茬除草、成厢起垄和厢面整理四项作业。

该机在降低劳动强度的同时提高了作业效率，有效实现了土壤的保墒，避免水、土、养分流失。其主要技术参数为：种子播量 1.5～4.5 kg/hm²，

图 7-7　2BYL-220 型油菜垄作开沟起垄机

排水沟宽度 300 mm，排水沟深度≤200 mm（可调），播种行数 4 行，每小时生产率 0.3～0.5 hm²。

（四）植保机械

我国农作物种植面积居世界前列，但农产品的产量却远远落后于发达国家，农药残留超标事件经常发生。最主要的原因就是农作物在种植与生长过程中，缺乏先进的植保机械和施药技术对其进行保护。使用的植保机械作业效率低、性能差，农药使用技术仍停留在大容量、大雾滴喷雾技术水平上。我国农药的产量和使用量均居世界首位，而有效利用率只有10%～30%，远低于发达国家50%的平均水平。因此，研究设计制造具有自主产权的植保机械，对于解决植保机械的增效、雾化和漂移问题，具有十分重要的意义。

（1）发达国家植保机械设计制造技术发展的现状：欧洲与美国是目前国际上最主要的生产植保机械的国家与地区，其产品覆盖了全球的主要市场，其技术与设备都代表着当今世界的最高水平。欧美国家的植保机械主要分为喷杆式喷雾机、风送式喷雾机、小型植保机械。

喷杆式喷雾机：欧美国家的喷杆式喷雾机已由传统的机械传动、控制向液压传动、电气传动和控制转换。计算机监测、控制系统已大量应用：大型自走式机具大多采用四轮液压驱动，喷幅达到 10～40 m，中型自走式机具采用先进的变速箱和发动机制造工艺，减震效果好、噪声小、操作舒适。

风送式喷雾机：欧美国家的风送式喷雾机设计制造工艺十分先进，其喷射部件、风筒可做成各种形状，机具的风筒可以根据作物的形状任意弯曲、组装，可任意调节喷洒方向进行针对性喷洒，风管可任意弯曲、组装，以适应不同作物的喷洒要求；风机和喷射部件可任意旋转，以适应远程喷雾和射高喷雾，最大限度地提高了风能的利用率和雾滴的穿透率、附着率，反映了发达国家在设计理念上的先进性。

小型植保机械：主要包括背负式喷雾器和手动喷雾器两类，以日本和韩国等人口多、土地少的发达国家为主，此类机具在欧美国家主要用于卫生防疫、庭院花卉施洒，数量和品种虽少，但产品的技术含量较高。从材质上看，以工程塑料为主，耐腐美观；从加工水平来看，无论是光洁度还是尺寸精度，都反映了较高的加工水平。

（2）我国植保机械设计制造技术发展现状：我国 70% 左右的植保机械处于发达国家 20 世纪七八十年代水平。中国常用的植保机械主要以小型背负式喷雾器为主，大中型植保机械市场几乎被欧美发达国家垄断。国产大中型植保机械，主要以仿造为主，难以形成自主产权，其核心部件如液泵、喷头及变速箱大部分靠国外进口。自"九五"开始，国家加大了对植保机械的扶持力度，植保机械的设计制造正迎来较快的发展。"九五"期间，我国研制了系列低量喷头和 24m 风幕式喷杆喷雾机；"十五"期间，我国研制出自动对靶喷雾机，利用红外线电子眼探测靶标。目前，国内有各类植保机械生产企业 350 余家，生产的产品主要有背负式喷雾喷粉机、背负式（担架式或手推式）机动喷雾机、背负式手动喷雾器、背负式电动喷雾器、烟雾机（常温、热）、喷杆式喷雾机等。我国植保机械产品中使用最普遍、承担主要病虫害防治任务的是 20 世纪 60 年代定型的背负式喷雾器、背负式喷雾喷粉机和背负式（担架式或手推式）机动喷雾机等机型，其产销量和社会保有量均占总量的 80% 左右。由于人均拥有的土地面积少，加之传统的思想和消费观念，目前我国的植保机械使用还是以背负式手动喷雾器、背负式喷雾喷粉机、背负式机动喷雾机为主，大型、高效、机械化产品尚处于推广引导的阶段，它需要操作者具有专业的操作技能和安全意识。

我国植保机械的种类和水平可归纳如下：

①压缩式喷雾器、背负式喷雾器。此类目前在我国占绝对地位，占整个市场份额的80%左右。国产小型喷雾器产品制造技术水平低，喷射部件品种单一，喷嘴型号不全，整体加工质量不高，施药量大，雾化不良，作业功效低，农药浪费现象严重，给生态环境造成严重污染。

②大中型喷雾器。以悬挂机型为主，喷杆长度一般在12m左右，机械结构比较简单，喷量、喷杆高度、喷杆的折叠和打开大多由人力调节或操作，自动化程度较低。部分植保机械公司生产的自走式喷杆喷雾机，大都模仿国外机型，关键零部件的质量和种类受到了限制，使喷雾质量难以保证。

（五）烘干机械

油菜烘干机研发现状：油菜籽烘干设备是指将收获后的油菜籽从自然水分干燥到安全贮藏或加工要求时所需的水分比重并保持油菜籽化学成分基本不变的机械。目前广泛采用的干燥方式是加热干燥，通常有预热、水分汽化、缓苏和冷却四个过程。但针对油菜籽的机械烘干，其工艺过程、技术机制、作业标准和在线检测、监控措施的研究仍是保障油菜优质、高产、高效的技术发展的关键。我国的油菜机械化烘干技术的研发才开始起步，尽管谷物烘干技术及装备相对成熟，但难以适用于油菜籽的干燥，为此油菜籽的烘干工艺、干燥机制和适用装备的研究还需引起高度重视。为了提高烘干机的使用效率，改造现有谷物烘干机械设备，使其既能烘干稻谷，又能烘干油菜籽，达到"一机多用"的要求，需根据干燥工艺流程改进设计结构。稻谷烘干工艺为：稻谷预热升温—烘干降水—缓苏—冷却。油菜烘干工艺为：油菜籽预热升温—干燥降水—降温冷却。因此可将烘干机的缓苏段和冷却段与主塔分开。烘干稻谷时，主塔完成预热升温和烘干工艺，辅塔完成缓苏和冷却工艺。除了对主要工作部件结构进行改进外，由于油菜籽粒物理特性与稻谷不同，因此烘干机的技术参数也应进行相应调整。对干燥降水工艺和干燥介质状态进行调整，第一是提高介质温度，并降低表观风速，使颗粒内部水分均匀扩散、蒸发；第二是增加冷却风量和冷却时间，即在辅塔的上部和下部均安装冷却风道。当烘干稻谷时，将辅塔上部风道关闭，使辅塔上部起到缓苏的作用。当烘干油菜籽时，将辅塔上部风道打开，使辅塔上部和下部均起到冷却作用，可加强油菜籽的冷却效果，防止吸湿回潮。同时要加强开发小型移动式油菜烘干机械设备，在现有稻麦烘干技术与设备的基础上研发移动式和固定式的油菜籽连续烘干设备，解决梅雨季节油菜籽因不能及时自然干燥而导致发芽、霉变问题，保证既丰产又丰收。通过所研制的油菜烘干机，将收割机收获的油菜籽在一定区域（以村或组为单位）内集中烘干，将含水率降至 7%～9%，确保油菜籽能安全存放。

我国油菜生产中使用的烘干机类型：我国目前生产上使用的大型烘干机大多是一机多用型，缺少像哈尔滨东宇农业工程机械有限公司自主研制开发的 5HY 系列油菜专用型干燥机（其性能指标见表 7-4）。5HY 系列油菜干燥机广泛应用在内蒙古呼伦贝尔地区，具有连续式干燥、干燥后油菜籽等级提高、节能环保、成本低的特点。

表 7-4　5HY 系列油菜干燥机性能指标

序号	型号处理量/（吨/天）	降水/%	热源（×10⁴ kcal/h）
1	5HY-100	1005	0.53（60）
2	5HY-200	2005	1.40（120）
3	5HY-300	3005	1.86（160）

目前我国油菜生产上使用更多的是小型可移动式油菜干燥机。

①小型可移动式干燥机：四川农业大学从结构简单、体积小、成本低、可移动作业，具有较高的自动化、智能化等方面着手，研制了一种采用搅拌形式的滚筒干燥室的小型干燥机。其干燥能力较强，能耗较低，平均处理能力在 1.5 t 左右，具有较好的经济效益。

整个烘干机由两部分组成：干燥室和控制室。干燥室内采用螺旋式搅拌器，可以使粮食在干燥室内部自上而下翻转 180°，使粮食彻底换向和重新混合，保证所有烘干后的粮食水分的均匀。干燥室和控制室通过热风管相连，控制室里装有热风炉，风机和单片机为核心的干燥机控制装置，整体结构如图7-8所示。该烘干机可进行油菜烘干，具有良好的移动作业能力，能进行跨区作业，可以降低作业成本，能在线检测水分，实现了自动化和智能化。由于油菜籽种皮薄，如果搅拌速度较快易损伤油菜籽，影响油菜籽的品质。该烘干机无提升机构，装卸料不方便。

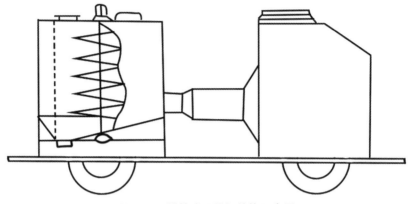

图7-8 搅拌式干燥机结构示意图

②小型可移动滚筒式干燥机：山东菏泽学院研制了一种转筒式干燥机，如图7-9所示。工作时滚筒顺时针回转（进料时滚筒顺时针旋转），但装有风机的圆筒不旋转。在滚筒内壁镶有纵向抄板，当滚筒回转时，滚筒底部的种子被抄板抄起，随着滚筒的回转，抄板中的种子渐渐均匀撒

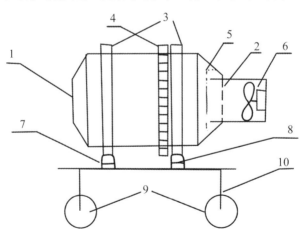

1. 装料卸料口；2. 热风输入口；3. 轨道；4. 内圈；5. 罩；6. 风机；7. 浪轮；8. 浪轮；9. 行走轮；10. 机架。

图7-9 滚筒式干燥机结构原理图

落。处于均匀撒落状态的种子受到热风的吹拂，使种子中的水分被蒸发出来。出料时滚筒逆时针旋转，谷物顺着导料板滑出。

该小型烘干机可移动，一次烘干量为 100 kg。滚筒的旋转起到了搅拌作用，实现了均匀烘干，能保证油菜籽的品质。但是滚筒转动要求较平稳，速度不宜过快，不然油菜籽易溢出。该烘干机装卸料不方便，缺乏在线水分检测和温度检测，未能实现自动化和智能化。

③箱式通风干燥机：江苏正昌集团溧阳正昌干燥设备有限公司生产的 ZCPX 箱式通风干燥机是种性价比较高的可移动式干燥设备，是种粮大户、小型粮食加工厂、种子加工厂、饲料加工厂、食品加工厂等企业选用的干燥设备。

ZCPX 箱式通风干燥机组成如图 7-10 所示，主机上部内置 2 台高性能双叶轮轴流风机，下部内置燃油热风炉系统；采用高效能燃烧器及旋钮式温度控制器，配合大风量低温干燥，保证物料品质及减少物料内部活性物质不受破坏；主机下装有滑轮，便于安装和移动，整个箱体采用积木式装配，连接部位采用销扣搭接，便于快速拆装，闲置时拆卸存放，占地面积小。此外，台湾三久公司也生产了这种类型的烘干机。

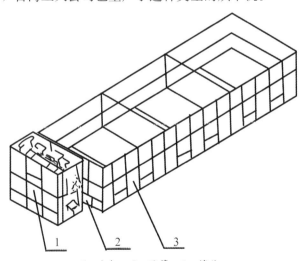

1. 主机；2. 风管；3. 箱体。

图 7-10　ZCPX 箱式通风干燥机

该烘干机成本低，一次可烘干 1.6～3.6 t 油菜籽。网板的网孔直径（3 mm 左右）大于油菜籽直径（1.27～2.10 mm），若作油菜烘干用，需更换孔径适合油菜籽烘干的网板，这将会使风量变小，减缓油菜籽烘干的速率；该干燥机无在线水分检测和温度检测，缺乏搅拌设备，且装卸料不方便。

④小型可移动式循环干燥机：由内蒙古农业大学研制，结构示意图如图 7-11 所示。主要由机架、风机、风量分配器、电热箱（一个预加热器和主加热器）、料仓、干燥室、装料仓、输送管和各种阀门组成。整个干燥机可通过机架和地轮方便地移动。工作时，物料从装料仓进入输送管，被经过预加热器加热的热风（风温 30 ℃～35 ℃可调）吹入料仓，然后因重力落入干燥室。由主加热器加热的热风（温度 40 ℃～70 ℃可调）切向进入外筛筒与圆形干燥室内壁之间，形成旋转气流，然后穿过谷层向上，从而干燥粮食。去除一定水分的粮食再进入上装料仓，然后又循环进入输送管。当粮食水分满足要求时，经下排粮阀收集。

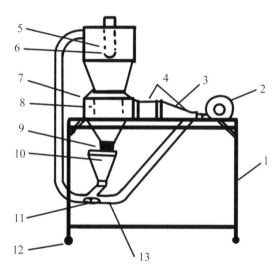

1. 机架；2. 下排粮阀；3. 装料仓；4. 上装料仓；5. 外筛筒；6. 干燥室；7. 内筛筒；8. 料仓；9. 电热箱；10. 风量分配器；11. 风机；12. 地轮；13. 输送管。

图 7-11　干燥机总体结构示意图

该烘干机的优点在于热风循环起到了搅拌作用，可实现均匀烘干，适合油菜籽烘干，但是烘干量少，效率低，无在线水分检测。

另外，三门峡市百得干燥设备公司、余姚市粮机厂、金湖干燥设备厂等还研制出了空心桨叶式干燥机。农业部规划设计研究院研制出了 CTHL

系列混流式的油菜籽干燥机，在北方使用秸秆作燃料，温度可调，具有提升机构、无级变速排量机构，适合各种粒径的作物烘干，还可通过拖拉机牵引实现流动作业等。

湖南农业大学工学院设计并试制了油菜旋风式烘干机，能实现油菜籽粒快速烘干处理作业。试验表明，油菜旋风式烘干机烘干油菜籽，当干燥器进风口温度为 80 ℃、风速 19 m/s 时，烘干效率为 300 kg/h，油菜籽干燥失水率为每分钟 1.12％。油菜旋风式烘干机烘干效率高，烘干后的油菜籽含水率满足油菜干燥的农艺要求。

第五节　油菜专用缓控释肥研究

一、油菜专用肥配方

油菜是一种需肥量较大、耐肥性较强的作物。油菜施肥的主要目的是保证油菜生育期不同发育阶段能够及时地获得所需要的营养物质，实现高产、优质、低成本。因此，必须根据不同地区的生产实际及油菜自身的需肥规律，制定合理的施肥原则和技术措施，对油菜生长发育加以适当的促进和控制。

（一）油菜的需肥特性

油菜对氮、磷、钾的需要量比其他作物多。生产一单位重量产品，其需氮量为水稻的 2.64 倍、小麦的 1.03 倍、大豆的 1.11 倍；需磷量为水稻的 1.41 倍、小麦的 1.03 倍、大豆的 0.96 倍；需钾量为水稻的 2.59 倍、小麦的 2.53 倍、大豆的 2.40 倍。油菜对磷、钾、硼的反应比较敏感。当土壤速效磷含量小于 5 mg/kg 时，即出现明显缺磷症状，同时要求土壤有效硼含量高于 0.5 mg/kg，比其他作物高 5 倍；油菜在整个生长期间都需要从外部摄取硼素营养，进入生殖生长期需硼量增大，但由于前期进入植株体内的硼素大都处于不能再利用状态，油菜植株必须从外部吸取，否则会出现缺硼症状。由于油菜产品被人们摄取的主要是油脂，因此主要的营养元素可以通过饼粕、落叶落花、茎秆、角壳和残茬等返回土壤。大量研究表明，油菜茬能保持较高的养分水平，因而油菜是一种用地养地结合的作物。

（二）肥料在油菜上的应用

氮素营养对油菜的品质影响较大。油菜缺氮则长势不旺，叶片瘦小，分枝少，角数、粒数减少，甚至粒重减轻，产量显著下降。增加氮素营养供应后，常使油菜籽粒的含油量减少。施用磷肥，可以促进油菜生长健壮，加速各生育阶段的发育，提早花芽分化，增加二次分枝数和有效角果数，经济性状得以改善，增产显著。油菜对磷肥的应用虽很敏感，但需要量不如氮和钾高。据资料得知，甘蓝型油菜单产在 $1500\sim2250$ kg/hm^2 时，每生产 100 kg 菜籽需吸收磷 $3.0\sim3.9$ kg，而白菜型仅为 2.4 kg。钾能促进植株体内机械组织的生长，增强抗倒性与抗病性，钾还能提高细胞质浓度和渗透压，从而增强抗逆性。氮、磷、钾作为油菜生长发育所需要的主要营养元素，是在一定的土壤及栽培条件综合影响下发挥作用的，配合使用能表现出明显的增产效应。增施磷钾肥的作用，只有在增施氮肥的基础上才能发挥出来。在油菜施肥上，氮磷钾的配比和用量必须因地制宜，以提高施肥经济效益。土壤严重缺硼，在苗、薹期即可发病，病株萎缩死亡，土壤中轻度缺硼时，花期后出现症状，病株花而不实，其症状也因生育时期不同而异。在苗期提早施硼是防治油菜"萎缩不实"症的根本措施。

（三）油菜施肥技术

（1）施肥量

油菜的施肥量要因品种类型、吸肥量、土壤肥力及目标产量等条件而异，按照不同类型品种每生产 100 kg 菜籽需要吸收氮、磷、钾 3 种元素的数量，甘蓝型油菜折算其比例约 1.0：（0.4～0.5）：（0.9～1.0）。即要求生产 $2250\sim3000$ kg/hm^2 菜籽时，需氮素 $225\sim300$ kg/hm^2、磷素 $90\sim123$ kg/hm^2、钾素 $200\sim270$ kg/hm^2。

（2）基肥

油菜基肥应以有机肥为主，配合速效肥，增施磷、钾和硼肥。有机肥施入土壤中需要经过一段时间的分解转化，才能被吸收利用，宜作基肥早施（占有机肥量的 80%）；油菜对氮肥的需求量大，且大部分土壤的供氮能力都不能满足油菜高产的需要，因此在基肥中必须增加速效氮肥（占速效肥的 50%～60%）。油菜苗期对磷素的敏感性最强，因此磷肥作基肥效果明显优于追肥；安徽省大部分土壤缺钾，尤以水稻土为重，基肥施用钾肥，有利于油菜对氮肥的吸收与利用。但油菜需钾高峰期在薹期，而速效钾在土壤中易于流动，一般基肥施钾量应占总钾量的79%，其余部分作腊肥施用。基肥中氮肥总用量的比例因条件而异。一般高产田，施肥量高，有机肥多，基肥比重宜大些，可占总施肥量的50%以上；施肥量中等的，基肥比重可占30%～40%；施肥量较少时，基肥比重更小，以提高肥料利用率，达到经济用肥的目的，但要适当增加薹肥比重。

（3）追肥

苗肥要分次施，一般分为提苗肥（冬前苗肥）、腊肥、返青肥（冬后返青期）。冬前苗肥的施用量（氮素）一般占总施肥量的10%～20%，要按照"早、速、多"的原则进行追施。"早"即追肥时间要早，一般在油菜移栽活棵后，或直播油菜五叶期定苗时施用；"速"即追施速效肥料，一般用碳铵或腐熟的人粪尿作苗肥追施；"多"即实行少量多次，切忌一次多施。腊肥是油菜进入越冬期施用的肥料。虽然油菜在越冬期间地上部分生长停止，对养分的吸收量也相对减少，但这时主轴与第一次分枝已相继分化，是第一次分枝数和结角数奠定基础的时间。增施肥料可以增加对土壤的覆盖，促进肥土融合，增强油菜的抗寒能力，减轻冻害。腊肥以有机肥和土杂肥为主，用量占总钾肥的15%～20%，稻田油菜可增施一定量的速效钾肥（占钾肥总量的30%）。在腊月上中旬（小寒至大寒期间）结合冬天前最后一次中耕培土，先将土杂肥施在油菜根部，再进行中耕培土。薹肥在油菜抽薹前或刚开始抽薹时施用，供薹期吸收利用。油菜蕾薹期是生殖生长与营养生长两旺，而仍以营养生长占优势的时期。随着气温回升，营养生长日趋旺盛，薹心与腋芽迅速发育伸长，叶片大量增加，花蕾不断分化，对养分的需求量大，尤其是对氮肥与钾肥的吸收量分别占全生育期的45.80%和54.15%，是油菜一生中需肥的高峰期。薹期营养条件的好坏直接关系到油菜有效分枝数和角果数的多少，对产量影响极大，施好薹肥尤为重要。但此期基肥、腊肥的肥效仍不同程度地发挥作用，而油菜春后薹期生长要求早发稳长，如果发得过旺，出现徒长，菜薹窜高，既易倒伏，又易加重菌核病的发生。薹肥宜早施和稳施，一般薹高7～8 cm时施为好，施氮量占总氮量的10%～20%，薹肥要以速效氮肥为主。对缺硼的田块，还要喷施 0.2% 的硼砂水溶液 750 kg/hm²。在实际施用薹肥时，还要根据地力肥瘦、前期施肥多少、菜苗长相以及天气情况灵活掌握。一般以抽薹封行时施用为宜，薹不能封行的要早施多施；薹顶低于叶尖，呈四面高峰，说明抽薹期长势旺盛，薹肥要适当少施；反之，要适当多施。薹色绿为主则表示生长旺盛，薹色发红的长势弱。红薹占薹长的比例为 1/5～1/4 是稳健长相。如红薹过多则缺肥，要适当多施。另外，基肥充足，春季多雨，气温偏高的少施；反之，要早施、多施。花肥在开花前和初花期施用，主要供开花结果期吸收利用。油菜始花至成熟，一般需50～60 天，花期长。如前期营养不足，往往会引起脱肥、早衰和落花落果。因此，对于前期施肥量偏少、长势差的田块，于开花前补施 30～45 kg/hm² 尿素，或用磷酸二氢钾 1.5 kg/hm² 加尿素 15 kg/hm² 兑水 750 kg 进行根外喷施，以利于增花、增角、增粒和提高粒重；反之，对长势好、无脱肥现象的田块，一般不宜追施花肥，以防后期贪青倒伏、发生病害，导致减产。

二、油菜缓控释肥包膜剂

综合国内外相关文献资料，包膜型缓控释肥的包膜材料主要分为无机物和有机聚合物两大类。

无机物包膜材料主要通过黏结剂附着于肥料颗粒上，通过物理阻隔作用减少肥料与水分的接触，从而达到缓释的效果，这类材料主要有硫黄、黏土、钙镁磷肥、氧化镁、石膏、磷酸盐、硅酸盐、腐殖酸、高岭土、膨润土、滑石粉等，其中，对硫包膜材料的研究最多。还有一些矿物质，如沸石、海泡石等由于具有较高的阳离子交换量，对于养分的保持具有特殊作用，成为一种具有潜力的缓控释材料。无机包膜材料来源广泛，且对土壤不构成危害，但无机包膜对肥料的封闭性不好，容易形成较大尺度的孔隙，使缓释效果不佳。且无机材料韧性较差，在包装及运输过程中包膜易破碎脱落，大大降低缓释效果。

有机聚合物包膜缓控释肥由于缓释性能优良，符合作物生长规律，是目前发展较快的一类缓控释肥料。其膜材料可分为天然聚合物、半合成聚合物和合成聚合物三大类。其中，天然聚合物主要有淀粉、纤维素、木质素、天然橡胶、植物胶、动物胶等。天然聚合物包膜材料来源广泛，无毒害且价格低廉，但容易被土壤中的微生物所分解，因而缓释性能较差。半合成聚合物是天然聚合物经改性后形成的，如改性淀粉（羧甲基淀粉、醋酸淀粉等）、改性纤维素（羟甲基纤维素、羧甲基纤维素等）等。对于此类材料的研究报道虽然较少，但由于其材料来源广泛，成膜性较好，具有一定的生物降解性能，从而具有广阔的发展前景。合成聚合物主要有三类：一类是溶剂型热塑性包膜材料（聚烯烃类，如聚乙烯、聚氯乙烯、聚苯乙烯等），这类材料在包膜过程中需要用到大量有毒的有机溶剂，溶剂损失较大、回收困难。第二类是水乳液包膜材料，如丙烯酸酯类聚合物。该类材料以水为载体，采用乳液包膜技术，解决了溶剂型包膜的溶剂回收问题，生产过程较为环保。需要解决的是基体肥料在乳液中的溶解及乳液中水的快速除去问题。第三类是热固性树脂包膜，典型的有醇酸树脂和聚氨酯类。采用热固性树脂进行包膜，没有溶剂回收过程，可连续生产，缓释性能优于聚烯烃类热塑性树脂，但价格一般高于后者。合成聚合物包膜在土壤中分解周期很长，长期施用会对土壤结构造成破坏。

三、油菜专用控释肥

（一）专用缓控释肥

美国是世界包膜肥料的发源地，20世纪60年代中期，美国首先研制成功硫包膜尿素（SCU），其包膜层由包硫层、密封层（石蜡-煤焦油）、扑粉层组成。在当前的包膜肥料中，硫包膜尿素是一类很重要的包膜肥料，尤其适用于缺硫土壤；1964年美国ADM公司用二聚环戊二烯和丙三醇共聚生产出聚合物包膜控释肥料，商品名为Osmocot；目前，SCU、Osmocot仍为世界上最有影响的包膜肥料。

日本最初学习美国硫包膜尿素技术开发包膜肥料。1970年以后日本开发了热固型树脂包膜肥料，这些树脂包膜材料的基础都是以聚烯烃为主体，再加入一些高分子聚合物进行共聚，如聚烯烃（PE），乙烯和乙酸乙烯酯的共聚物（EVA）及无机填料滑石粉，以这一材料生产包膜肥料工艺简称POCF工艺。利用PE薄膜渗透性很低，而用EVA薄膜则渗透性很高的特点，按照作物的需肥规律调整二者比例。通过土壤水分作用，使肥料养分有节制地释放出来而进入土壤从而达到缓释养分的目的。在 PE 和 EVA 配制而成的包膜剂中添加滑石粉调节包膜肥料养分释放速率。日本 Chisso‐Asahi 肥料公司运用 POCF 工艺生产的包膜缓释肥料商品名称为 MEISTER，该肥料主要用于草坪、花卉、温室栽培，是亚洲园艺市场的主导品牌；日本三菱化学公司用低密度聚乙烯、聚环氧乙烷、壬基苯基醚以及滑石粉的悬浮液在流化床中喷雾生产包膜缓释肥料；多木化学公司用生物易降解的热固型醇酸聚氨酯为包膜剂生产包膜缓释肥料。

我国于 20 世纪 70 年代初开始研究包膜型缓/控释肥料，目前研究主要以无机物包裹型和聚合物包膜型为主。作为包裹型的无机物主要有钙镁磷肥、硫黄、石膏、沸石。包裹型缓/控释肥料的研制以郑州工业大学磷肥与复肥研究所为代表，自 1983 年以来，磷肥与复肥研究所许秀成等系统地研究以无机肥料包裹其他肥料的缓释肥料，该类肥料既能达到缓释的目的又能起到复合肥料的作用。我国从 20 世纪 80 年代中期开展了有机聚合物包膜肥料的研究。1985 年北京市园林科学研究所与化学工业研究所联合开发了酚醛树脂包膜复合肥。1990 年浙江农业大学何念祖开发聚合物包膜肥料，在水稻上应用效果较好。90 年代中期北京化工大学开发出了将废旧泡沫树脂溶解在高分子溶液中同时加入无机物制成肥料包膜材料。1993 年周家龙发明了一种以骨胶等蛋白质物质为活性组分作为肥料的包膜材料，能在很长的时间内控制养分释放，而且能针对作物生长的需求释放养分。河北沧州大化集团有限公司研制成功"可控缓释尿素颗粒肥料及其制备方法"，肥料包膜材料由氮肥增效剂、氮素稳定剂、有机酸、被膜剂、表面活性物质、调节剂等组成。

（二）油菜包膜控释肥的优点

（1）能够满足油菜不同时期对营养的需要（在苗期可陆续释放，4 个月后的蕾薹期大量释放）。

（2）避免肥料流失，做到节约用肥、促进增产（包膜控释肥与等量的普通复合肥比，可增产 12%，见表 7‐5）。

（3）节约用工，实现一次施肥。

（三）主要试验结果

（1）2007 年长沙包膜控释肥与一般复合肥对比试验结果见表 7‐5。

表7-5 控释肥施肥量与复合肥施肥量比较

处理	平均小区产量/kg	比对照增产/%	千粒重/g	种子含油量/%	蛋白质含量/%
48%复合肥 40 kg	2.862	26.5	5.3845	41.42	25.55
48%控释肥 40 kg	3.208	41.7	5.3543	42.13	25.37
48%控释肥 20 kg	2.457	26.2	5.2591	41.83	25.43
不施肥（CK）	2.263	0	4.7521	29.70	25.76

（2）2010—2011年衡阳包膜控释肥与复混肥作基肥处理对油菜产量的影响见表7-6。

表7-6 每亩包膜控释肥、复混肥作基肥对油菜产量的影响　　　　　单位:%

处理	50 kg普通复混肥全部作基肥	50 kg包膜控释肥全部作基肥	25 kg包膜控释肥全部作基肥	不施肥
重复1	141	176.4	108.9	52.8
重复2	147.2	183.6	106.1	63.1
重复3	128.8	169.2	114.7	60.2
平均	139.7	176.4	109.8	58.7

第六节　油菜草害与病虫害防治

一、油菜草害的类型及现状

油菜田的杂草种类很多，我国冬油菜主产区的田间杂草主要有稗草、牛繁缕、看麦娘、千金子、猪殃殃、小飞蓬、棒头草、繁缕、碎米荠、稻槎菜、播娘蒿、大巢菜、波斯婆婆纳、硬草、雀舌草、早熟禾等。春油菜主产区的田间杂草主要有遏蓝菜、小藜、野燕麦、苍耳、灰绿藜、苣荬菜、小蓟、苘麻、反枝苋、凹头苋、萹蓄等。因栽培方法的改变、生态环境条件的变化、油菜品种的更新，以及不同除草剂的交替使用等原因，部分油菜种植区的优势杂草也发生了相应的变化。根据田间的草相，油菜田杂草主要可分为三类：①以禾本科杂草为主，主要有看麦娘；②以阔叶杂草为主，主要有猪殃殃、牛繁缕、荠菜；③禾本科和阔叶草混生，主要有猪殃殃、牛繁缕和看麦娘。

杂草是影响油菜生产的重要因素之一，油菜田杂草为害相当严重，油菜生长会因杂草对水、肥、气、热、空间的竞争导致营养生长受抑制，植株瘦弱，从而在生殖生长阶段因养分积累不足而导致开花和结实率低，产量损失严重。据统计，杂草为害可使油菜籽产量下降15.8%，严重的甚至减产50%以上。我国油菜田杂草为害也较严重，据全国农田杂草考察组的考察，长江流域冬油菜的草害面积达到种植面积的46.9%，云南冬油菜草害面积占种植总面积的62.9%。因此，防治草害对油菜生产有十分重要的意义，杂草防治也成为所有油菜生产地的主要任务。

二、油菜草害的发生规律及防治

油菜田杂草的出土时间和数量与油菜种植时间、气温、降水、土壤水分等自然环境因素，以及油菜栽培管理、人为防治等人为因素密切相关。一般油菜整地移拔后3～5天杂草开始出苗，10月下旬至12月上旬为冬前出苗高峰，这批杂草出苗量占油菜全生育期杂草的70%～80%，是造成油菜田草害的主体，对油菜生长和产量影响极大。12月至翌年2月上旬为杂草越冬期，2月中旬至3月上旬为杂草春季出苗高峰，这批杂草数量较少，对油菜产量的影响相对较少，多雨、高湿条件下杂草发生相对较重。不同茬口油菜田杂草相及发生量都表现出不同的特点，棉花和大豆作为前茬口的油菜田杂草为害显著重于花生和甘薯作为前茬口的油菜田，可能是因为花生和甘薯在收获时进行过动土耕翻，杂草不易生长，其后茬油菜田内杂草因此发生较轻。

（一）看麦娘

看麦娘（图7-12），一年生禾本科杂草，秆多数丛生；叶鞘疏松抱茎，叶舌长约2 mm；穗圆锥形，花序呈细棒状，小穗长2～3 mm；颖膜质，近基部联合，沿脊有纤毛，侧脉下部具短毛；外稃膜质，等长或稍长于颖，下部边缘联合；从外稃中部以下伸出长2～3 mm的芒，中部稍弯曲，常无内稃；花药橙黄色，果时颖和稃包被颖果。幼苗第一片真叶呈带状披针形，长约1.5 cm，具直出平行脉3条，叶鞘也有3条脉，叶片及叶鞘光滑无毛，叶舌膜质，2～3深裂，叶耳缺。分布几乎遍及全国，尤以秦岭—淮河流域一线以南地区的稻茬麦田和油菜田发生严重。在江苏全省均有分布，主要在稻茬麦田和油菜田为害。江苏里下河地区是重灾区，沿海、淮北地区有部分为害。防治方法如下：

（1）人工防治。人工除草结合农事活动，如在杂草萌发后或生长时期直接进行人工拔除或铲除，或结合中耕施肥等农耕措施剔除杂草。

（2）机械防治。结合农事活动，利用农机具或大型农业机械进行各种耕翻、耙、中耕松土等措施进行播种前、出苗前及各生育期等不同时期除草，直接杀死、刈割或铲除杂草。

图7-12　看麦娘

（3）化学防除。主要特点是高效、省工，免去繁重的田间除草劳动，用精稳杀得、高效盖草能、拿捕净和精喹禾灵等除草剂，防除效果较好。

（4）替代控制，利用覆盖、遮光等原理，用塑料薄膜覆盖或播种其他作物（或草种）等方法进行除草。

（二）猪殃殃

猪殃殃（图7-13），一年生或越年生杂草，直根系，茎4棱，细长、蔓生或攀援；叶4～8片轮生，条状倒披针形，近无柄，先端有刺状突尖；聚伞花序顶生或腋生，花冠黄绿色，花小，有细梗，悬果密生钩状刺。种子在5℃～25℃萌发，最适温度为11℃～22℃，出苗土层深为1～2 cm，湿润、温暖的秋季发芽最多，有少量在早春萌发。4—5月开花，5—6月为

图7-13　猪殃殃

果熟期，种子休眠期数月。防治方法如下：

（1）油菜移栽前，每公顷用37％早草灵1500 mL，兑水750 kg喷雾。

（2）油菜移栽前1～3天，每公顷用广佳安600～1050 mL，兑水600～750 kg喷雾。

（3）油菜移栽前5～7天或移栽后1～3天，每公顷用禾耐斯750 mL，兑水900 kg喷雾。

（4）杂草苗期、油菜越冬期，每公顷用10％高特克3750 mL，兑水600 kg喷雾。

（三）牛繁缕

牛繁缕（图7-14），多年生阔叶杂草，株高50～80 cm，茎自基部分枝，下部伏地生根；叶对生，下部叶有叶柄，上部叶无柄，叶片卵形或宽卵形，全缘；种子近圆形，略扁，深褐色，有散星状突起，平均单株结籽1370粒。幼苗子叶椭圆形，初生叶2片，心形。以种子和匍匐茎繁殖，种子秋末或早春萌发，发芽温度为5 ℃～25 ℃、土层深度为3 cm以内、适宜土壤含水量为20％～30％，适生于湿润环境，浸入水中也能发芽，长江中下游地区，多在9—11月出苗，少量在

图7-14 牛繁缕

早春发生。10月以前出苗的，当年深秋开花结实；10月以后出苗的，次年春季开花结实，5月种子成熟落地或借外力传播扩散，经2～3个月休眠后萌发，多生于低洼湿润农田、路旁或山野等处，常成单一群落或混生，稻麦轮作田发生较重。防治方法如下：

（1）油菜移栽后第2天，每公顷用50％异丙隆2250 g，兑水600 kg喷雾。

（2）直播油菜6～8叶期或移栽油菜返青期、杂草2～4叶期，每公顷用50％高特克405～450 mL，兑水300～450 kg喷雾。

（3）油菜移栽返青后、杂草 2～4 叶期，每公顷用 15％阔草克乳油 1500～1950 mL，兑水 750～1050 kg 喷雾。

（四）野燕麦

野燕麦（图 7 - 15），一年生草本植物，又称铃铛麦。中国各省均有分布，该属有 34 种。株高 30～150 cm。须根，茎丛生，叶鞘松弛，叶舌大而透明，圆锥花序，颖果纺锤形。生活力强，喜潮湿，多发生在耕地、沟渠边和路旁，与作物争夺肥、水、光照与空间，造成覆盖荫蔽。

图 7 - 15　野燕麦

防治方法主要包括建立种子田，实行水旱轮作、休闲并伏翻灭草；油菜田可用枯草多等选择性除草剂在苗期喷雾。

（五）早熟禾

早熟禾（图 7 - 16），一年生禾草，高 8～30 cm，在精细的管理下也可越年生长。叶片扁平、柔软、细长。圆锥花序展开，颖果纺锤形，花期 4—5 月。秆细弱丛生，直立或基部倾斜，高 5～30 cm，具 2～3 节。世界广泛分布，我国各地区均有分布，生于路边草地及湿草地。对早熟禾的防除一般以综合防除为主。

图 7 - 16　早熟禾

（1）对田埂、四边闲地的杂草进行全面铲除，分田灌溉，防止人为造成早熟禾面积的不断扩大。

（2）全面进行化学除草，在杂草 3～4 叶期，每公顷用 240 g/L 烯草酮乳油 600 mL，兑水 750 kg 喷雾；或用 50％荼丙酰草胺进行化学防除。

（3）科学人工除草，在冬前结合油菜植株的壅根培土，进行人工除草，坚持除早、除小的原则。

（六）稗草

稗草（图 7 - 17），一年生草本，秆直立，基部倾斜，光滑无毛。叶鞘松弛，下部者长于节间，上部者短于节间；无叶舌；叶片无毛。圆锥花序主轴具角棱，粗糙；小穗密集于穗轴的一侧，具极短柄或近无柄；第一颖三角形，基部包卷小穗，长为小穗的 $1/3\sim1/2$，具 5 脉，被短硬毛或硬刺疣毛，第二颖先端具小尖头，具 5 脉，脉上具刺状硬毛，脉间被短硬毛；第一外稃革质，上部具 7 脉，先端延伸成一粗壮芒，内稃与外稃等长。防治方法如下：

图 7 - 17　稗草

（1）直播田芽期封闭除草剂可用苄嘧·丙草胺（加安全剂）、吡嘧·丙草胺（加安全剂）、丙草胺（加安全剂）等。

（2）直播田苗后茎叶除草剂可用二氯喹啉酸制剂等。

（3）移栽田移栽后，待秧苗立根后，稗草 $1\sim3$ 叶期可用二氯喹啉酸制剂等，每公顷用有效成分 $150\sim300$ g，兑水 $450\sim675$ kg 均匀喷雾。

（4）稗草严重发生时，可用五氟磺草胺（稻杰）每公顷 $450\sim750$ mL 或双草醚每公顷用有效成分 $45\sim60$ g，兑水均匀喷雾。

（七）千金子

千金子（图 7 - 18），禾本科一年生杂草。秆高 $30\sim90$ cm，常基部弯曲。叶片条状披针形，长 $8\sim25$ cm，宽 $3\sim6$ mm；叶鞘松弛；叶舌膜质，多撕裂，具小纤毛。圆锥花序长 $15\sim30$ cm，分枝细长，由多数穗形总状花序组成；小穗常带紫色，长 $2\sim4$ mm，含 $3\sim7$ 花，无柄，成两行排列于穗轴的一侧；颖具 1 脉，第一颖比第二颖短且窄；外稃具 3 脉，无毛或下部被微毛。颖果长圆状球形，长约 1 mm。

防治方法：在播种前 3～7 天，整好田并保持湿润，每公顷用 35％丁苄可湿性粉剂 1500 g，或 60％丁草胺乳油 1500 mL，兑水 675 kg 喷雾，也可以拌 300～450 kg 细潮沙土撒施，或者用 12％恶草灵水悬剂 2250 mL，拌细潮沙土撒施，可以防除包括千金子在内的几乎所有杂草，防效达 90％以上。

图 7 - 18 千金子

（八）棒头草

棒头草（图 7 - 19），一年生草本，成株丛生，光滑无毛，株高 15～75 cm。叶鞘光滑无毛，大都短于或下部者长于节间；叶舌膜质，长圆形，常 2 裂或顶端呈不整齐的齿裂；叶片扁平，微粗糙或背部光滑。圆锥花序穗状，长圆形或兼卵形，较疏松，具缺刻或有间断；小穗灰绿色或部分带紫色；颖几乎相等，长圆形，全部粗糙，先端 2 浅裂；芒从裂口伸出，细直，微粗糙。颖果椭圆形。除东北、西北外，几乎分布于全国各地。多发生在潮湿地。为夏熟作物田杂草，主要为害油菜、小麦、绿肥和蔬菜等农作物。

图 7 - 19 棒头草

防治方法：在杂草 1～3 叶期，每公顷用 10.8％高效氟吡甲禾灵（高效盖草能）乳油 450 mL 或 6.9％精恶唑禾草灵（威霸）浓乳剂 750 mL，或 5％精喹禾灵（精禾草克）乳油 750 mL，兑水 675～900 kg 喷雾。

三、油菜草害综合治理

油菜田防除草害是一项系统工程，需要通过农业栽培、人工除草、化学除草等各种措施的紧密配合，采用综合治理途径才能达到安全、经济、有效地控制草害的目的。

油菜田杂草防除当前多采取化学防除为主，另外还有农作防除、综合防除等手段。

（一）化学防除

油菜草害防治主要以化学防治为主，根据化学防除处理时间不同可以分为以下几方面。

1. 播前土壤处理 氟乐灵等除草剂一般用于播前土壤处理。氟乐灵对看麦娘、稗草等禾本科杂草部分阔叶杂草（如牛繁缕、雀舌草等）有较好的防除效果。此类除草剂只对萌发的杂草幼苗有效，对已出土的幼苗防除效果差，因此不宜在杂草出苗后使用。

2. 播后苗前土壤处理 如乙草胺等除草剂一般用于播后苗前土壤处理。乙草胺主要用于防除油菜田看麦娘、稗草等禾本科杂草，也可防除牛繁缕等部分阔叶杂草。乙草胺为芽前除草剂，对开始萌动的杂草防除效果好，对已经出土的杂草防除效果下降，因此须适期用药，防除看麦娘应在1叶之前。

3. 苗后茎叶处理 防除禾本科杂草的茎叶处理剂有盖草能、稳杀得、禾草克、拿捕净等除草剂，这些药剂对看麦娘等禾本科杂草都有较好的防除效果，但对阔叶杂草无效。长期单一使用此类除草剂后，禾本科杂草受到抑制，而阔叶杂草（猪殃殃、繁缕等）数量上升，为害加重，故应注意与防除阔叶杂草的除草剂搭配或交替使用，或进行中耕除草。

防除阔叶杂草的茎叶处理剂如德国先灵（SCHRING）有限公司生产的高特克（Galtak）除草剂，商品为10%乳油。高特克可用于防除油菜田的雀舌草、繁缕、牛繁缕、苍耳、猪殃殃等阔叶杂草，但对稻槎菜、荠菜、大巢菜的防除效果较差。

（二）农作防除

1. 适时换茬、水旱轮作 合理安排作物茬口布局，实行多种形式的不同作物以及不同复种方式的轮作换茬。作物茬口、复种方式以及生态环境和耕作方式的改变均会导致杂草群落发生相应的变化，如牛繁缕等双子叶植物是油菜田中较难防除的杂草，可采取油菜和大小麦轮作换茬的方式来防除。此外，还可进行水旱轮作，使喜旱杂草种子在潮湿土壤中因生境不适而减少，从而显著降低其为害。同样，在符合条件的地区，也可将水田改为旱田，使喜湿杂草种子在干旱条件下大量死亡，减轻杂草为害。

2. 合理密植、培育壮苗　推广育苗移栽，有效减轻草害。在油菜植株的移栽地区，进行油菜合理密植并加强栽培管理，能有效增强油菜抗逆能力，达到以苗压草的目的。采用育苗移栽的方式，等到杂草出土后，油菜苗已长高到 20 cm 左右，杂草为害明显较轻。直播油菜也应合理密植、培育壮苗并加强栽培管理，以达到以苗压草、培育油菜壮苗，有利于油菜的生长发育。

3. 中耕培土、机械深耕　中耕培土能有效减轻杂草为害，尤其在冬油菜越冬期间和油菜移栽后杂草发生期，对油菜行间土壤适时进行中耕培土，加强油菜田中后期人工锄草，可大幅度减少田间杂草的生长，减轻杂草的为害。对油菜田进行一次深翻耕，将土表的杂草种子翻入下层土壤，刻意减少杂草的出土数量。机械除草效率高、灭草快，对环境又没有污染，对土壤微生物的活动及对覆盖残余的薄膜等塑料降解都有很好的效果。

（三）综合防除

1. 实行油菜—麦调茬和交替使用除草剂，即油菜、大/小麦 2～3 年内调茬轮作一次。目前，常用的油菜田除草剂兼除单、双子叶的效果有限，通常对禾本科杂草防除效果较好的除草剂对阔叶杂草防除效果较差，使用该类除草剂可有效减少下一代油菜田中的禾本科杂草种子来源；若在油菜茬后种植水稻，稻茬再种大/小麦时，则稻田和麦田中的看麦娘等禾本科杂草也将大大减少。油菜茬的麦田中优势草种多为阔叶杂草，使用苯甲合剂等针对阔叶杂草防效较好的除草剂，既可有效防除麦田的阔叶杂草，又可为下茬轮作的油菜减少田间阔叶杂草的种子来源，最终形成良性循环。相关研究表明，实行油菜、水稻、麦田调茬及交替使用除草剂，可以显著减少主要草种且对顽固型杂草有较好的控制作用。上述方法可有效防除油菜田看麦娘和猪殃殃总草量的 $80\%\sim90\%$，同时又可调剂地力，改良土壤，促进各茬作物的全面增产。

2. 草情监测，及时进行杂草防治。有草情的监测是制定杂草防除的一个有效方法，它是选择除草剂种类及喷施时期、剂量等除草方案的基础，对于草害较轻的油菜田可用敌草胺、乙草胺、氟乐灵、杀草丹等除草剂作播前或播后苗前土壤处理；对草害较重的地块，则宜采用除草剂茎叶喷施的处理办法，以看麦娘为主而猪殃殃较少的地块应使用盖草能、精稳杀得、精禾草克等除草剂，在看麦娘与猪殃殃并重的地块宜用盖草能与高特克混剂除草剂，防除效果较好。此外，还要注意草龄的控制，草龄过大或过小都会影响防效，如禾本科杂草在 $3\sim5$ 叶防效较好，阔叶杂草在 $2\sim3$ 叶用药则防效较好。

3. 结合施肥等田间管理，人工铲除残余杂草。冬油菜在进入越冬期间一般都要进行施肥（腊肥）和中耕培土壅根等作业，可结合这些作业措施对油菜田越冬期间的残余杂草进行人工铲除，具有较好的防除效果。同时，越冬前及越冬期间油菜田间杂草防除较好的田块，开春后由于油菜生长迅速，能有效起到以苗压草的作用，抑制田间杂草的生长，有利于油菜获得高产。

第七节　油菜病害及防治

一、油菜病害类型及现状

目前，油菜病害全世界已知有 100 多种，其中在我国发现 30 多种，包括真菌病害、病毒病害、细菌病害、线虫病害和生理病害等。病害发生严重年份可致产量损失 30% 以上，发病严重地区可达 80% 以上。按发生时期或发生部位，油菜病害主要类型有苗病类、茎病类、叶病类和花果病类等。

1. 苗病类　此类病已知有 21 种，中国已发现 3 种。主要有根腐病，为多种真菌引起，广泛分布于北美、欧洲、南亚和东北亚油菜生产国，中国各油菜产区均有发生，引起油菜苗根茎腐烂。猝倒病，广布于北美洲、欧洲及亚洲，中国也普遍发生，可致幼苗猝倒。中国尚未发现的严重苗病，有种子幼苗腐烂病，引起油菜苗湿腐，是加拿大普遍而严重的苗病。

茎腐病引起幼苗茎基腐烂,加拿大、德国发生较重。

2. 茎病类 此类病主要有菌核病、霜霉病、白锈病,罹病茎部呈白漆色隆起疱斑,多呈长圆形或短条状。菌核病、霜霉病和白锈病广布于世界油菜产区。黑胫病,无性态可致根颈坏死,在大洋洲、欧洲、北美洲使油菜减产 20%~60%,中国目前发生较少。

3. 叶病类 此类病分布广、为害重的有菌核病、霜霉病和白锈病。另外,黑斑病广布于欧洲、北美洲、印度和中国。罹病叶可布满黑色斑,除影响光合作用外,还直接影响结实。

4. 花果病类 此类病分布广、为害重的有霜霉病、白锈病、黑斑病等,可致花序或果荚畸形,影响结实。另外,细菌性黑斑病,可致根、基维管束变黑,后期全株或部分枯萎。

油菜多数病害的病原菌能在种子或病残体中越冬,油菜生长期间借风雨、昆虫、流水及农事操作传播,引起再侵染,种子和土壤带菌量高,苗期低温多雨,生育后期相对湿度大于 80%,地势低洼、板结,土壤缺硼,偏施氮肥,管理粗放,品种不抗病或连作地均有利于发病。

此外,油菜在生长期还可能发生黄叶症、红叶病、褐色焦边叶、暗紫色症、紫蓝斑叶症等生理病害。

二、油菜病害发生规律及防治

(一)油菜白锈病

此病害全国各油菜产区都有发生。以云南、贵州等高原地区和长江下游的省市发病较重。油菜从苗期到成株期都可发生,为害叶片、茎、花、荚。叶片发病,先在叶面出现淡绿色小点,后变黄绿色,在同处背面长出白色隆起的疱斑,一般直径为 1~2 mm,有时叶面也长疱斑,发生严重时密布全叶,后期疱斑破裂,散出白粉。茎和花梗受害,显著肿大,也长白色疱斑,种荚受害肿大畸形,不能结实。叶片表面生淡绿色小病斑,叶背面病斑处长出白色疱状斑,即病原菌的孢子堆。后期疱斑表皮破裂散出白色粉状的孢子囊。茎和花序上也可生白色疱斑,并肿大弯曲呈畸形。除为害油菜外,还为害其他十字花科蔬菜。

发病规律:本病由白锈菌真菌侵染所引起。流行年份发病率达 10%~

50％，减产 5％～20％，含油量降低 1.05％～3.29％。病原菌以卵孢子在病株残体上、土壤中和种子上越夏、越冬。秋播油菜苗期卵孢子萌发产生游动孢子，借雨水溅至叶上，在水滴中萌发从气孔侵入，引起初次侵染。病斑上产生孢子囊，又随雨水传播进行再侵染。冬季以菌丝或卵孢子在寄主组织内越冬。白锈病是一种低温病害，只要水分充足，就能不断发生，连续为害。品种间抗病性有差异。

防治方法：药剂防治一般在苗期和抽薹期各喷 1～2 次药，在多雨年份，尚需适当增加喷药次数，常用药剂有 5％二硝散可湿性粉剂 200 倍液、65％代森锌可湿性粉剂 500 倍液、50％退菌特可湿性粉剂 800 倍液、50％福美双可湿性粉剂 800 倍液。

（二）油菜霜霉病

油菜霜霉病是我国各油菜区重要病害，长江流域、东南沿海受害重，春油菜区发病少且轻。油菜幼苗受害，子叶和真叶背面出现淡黄色病斑，严重时苗叶和子茎变黄枯死。该病主要为害叶、茎和角果，致受害处变黄，长有白色霉状物。花梗染病顶部肿大弯曲，花瓣肥厚变绿，不结实，上生白色霜霉状物。叶片染病初现浅绿色小斑点，后扩展为多角形的黄色斑块，叶背面长出白霉。

发病规律：本病由寄生霜霉真菌芸薹属专化型侵染所致。病菌孢子囊萌发的温度为 3 ℃～25 ℃，16 ℃有利于病菌侵入，24 ℃有利于病菌生长发育。病菌孢子囊形成和侵入需要有水滴和露水。棚室内冬季密闭性较强，昼夜温差大，因此结露时间越长，对发病越有利，连阴雨天气或浇水后不及时放风，栽植过密或偏施氮肥，均会加重病情。

防治方法：①农业措施。与禾本科作物轮作 1～2 年，或水旱轮作；选用抗病品种；增施磷钾肥，清沟排水，适时晚播，花期摘除中下部黄病叶，减少病源，有利于通风透光。②药剂防治。初花期病株率在 10％以上时，用 72％杜邦克露可湿性粉剂 800 倍液，或 1∶20 波尔多液，或 50％托布津可湿性粉剂 1000～1500 倍液，或 25％瑞毒霉可湿性粉剂 300～600 倍液，50％退菌特可湿性粉剂 1000 倍液喷雾防治。

（三）菌核病

全国各油菜产区都有发生，南方冬油菜区和东北春油菜区发生较为普遍。除为害油菜外，还为害十字花科蔬菜、烟草、向日葵和多种豆科植物。油菜各生育期及地上部各器官组织均能感病，但以开花结果期发病最多，基部受害最重。苗期病斑多发生在地面根茎相接处，形成红褐色病斑，后变枯白色，组织湿腐，上生白色菌丝，后形成不规则形黑色菌核，幼苗死亡。成株期先在下部叶片发病，病斑圆形或不规则形，暗青色水渍状，中部黄褐色或灰褐色，有同心轮纹。茎上病斑长椭圆形、梭形、长条形，稍凹陷，浅褐色水渍状，后变白色。湿度大时病部软腐，表面也生白霉层，后生黑色菌核。后期茎表皮破裂，髓部中空，内生许多黑色鼠粪状菌核。花受害后，花瓣退色。角果感病产生不规则形白色病斑，内外部都能形成菌核，但较茎内菌核小。

发病规律：本病由核盘菌真菌侵染所引起。一般发病率为 10%～30%，严重者可达 80% 以上，减产 10%～70%，粗脂肪含量降低 1%～5%。病原菌以菌核在土壤、病株残体、种子中间越夏（冬油菜区）、越冬（春油菜区）。菌核萌发产生菌丝或子囊盘和子囊孢子，菌丝直接侵染幼苗。子囊孢子随气流传播，侵染花瓣和老叶，染病花瓣落到下部叶片上，引起叶片发病。病叶腐烂搭附在茎上，或菌丝经叶柄传至茎部引起茎部发病。在各发病部位又形成菌核。菌核经越夏、越冬后，在温度 15 ℃条件下萌发，形成子囊盘、子囊和子囊孢子。子囊孢子侵入寄主最适温度为 20 ℃左右。开花期和角果发育期降雨量多、阴雨连绵、相对湿度在 80% 以上有利于病害的发生和流行；偏施氮肥、地势低洼、排水不良、植株过密发病都较严重。芥菜型、甘蓝型油菜比白菜型油菜抗病。

防治方法：①农业措施。选用抗病品种；水旱轮作或与大、小麦轮作；清除病残体，秋季深耕，春季中耕培土，摘除下部老黄叶，并带出田间；多施钾肥或草木灰，开沟排水。②药剂防治。花期用 40% 菌核净可湿性粉剂 1000～1500 倍液，或 50% 速克灵可湿性粉剂 2000 倍液，或 50% 多菌灵可湿性粉剂 500 倍液，或 70% 甲基托布津可湿性粉剂 500～1500 倍液等药剂喷雾防治 1～2 次。

（四）油菜黑斑病

各油菜产区都有发生，以长江流域和华南地区发生较多。本病由芸薹生链格孢菌和萝卜链格孢菌等真菌侵染所引起。除为害油菜外，还为害甘蓝、白菜、萝卜等十字花科蔬菜。油菜生长后期发生较多。叶上病斑黑褐色，有明显同心轮纹，外围有黄白色晕圈，潮湿时病斑上产生黑色霉层，即病原菌分生孢子梗和分生孢子。叶柄、茎和角果上病斑椭圆形或长条形，黑褐色。病果中种子不发育，角内可生菌丝体。

发病规律：病原菌以菌丝或分生孢子在病株残体上或种子内外越夏或越冬。带菌种子萌芽后，病菌侵染幼苗，越冬分生孢子或新生分生孢子，随气流传播进行再侵染。高温高湿有利于发病，特别在角果发育期多雨，极有利于孢子传播与侵染。

防治方法：①种子处理。选用无病种子，并用种子重量 0.4％的 50％福美双可湿性粉剂拌种，或用 50 ℃温汤浸种 20～30 分钟，或用 40％福尔马林 100 倍液浸种 25 分钟。②喷雾防治。发病初期用 65％代森锌可湿性粉剂 500～600 倍液，或 50％多菌灵可湿性粉剂 500 倍液，或 75％百菌清可湿性粉剂 600 倍液喷雾防治。

（五）猝倒病

油菜出苗后，在茎基部近地面处产生水渍状斑，后缢缩折倒，湿度大时病部或土表生有白色棉絮状物，即病菌菌丝、孢囊梗和孢子囊。

发病规律：病菌以卵孢子在 12～18 cm 表土层越冬，并在土中长期存活，翌春，遇有适宜条件时萌发产生孢子囊，以游动孢子或直接长出芽管侵入寄主，此外，在土中营腐生生活的菌丝也可产生孢子囊，以游动孢子侵染幼苗引起猝倒。田间的再侵染主要靠病苗上产出孢子囊及游动孢子，借灌溉水或雨水溅附到贴近地面的根茎上引致更严重的损失。病菌侵入后，在皮层薄壁细胞中扩展，菌丝蔓延于细胞间或细胞内，后在病组织内形成卵孢子越冬。病菌生长适宜温度 15 ℃～16 ℃，适宜发病地温 10 ℃，温度高于 30 ℃受到抑制，低温对寄主生长不利，但病菌尚能活动，尤其是育苗期出现低温、高湿条件，利于发病，当幼苗子叶养分基本用完，新根尚未扎实之前是感病期，这时真叶未抽出，水化合物不能迅速增加，抗病力弱，遇有雨、雪等连阴天或寒流侵袭，光合作用弱，幼苗呼吸作用增强，消耗加大，致幼茎细胞伸长，细胞壁变薄，病菌乘机侵入，因此，该病主要在幼苗长出 1～2 片叶之前发生。

防治方法：①选用耐低温、抗寒性强的品种，如蓉油 3 号等。②可用种子重量 0.2％的 40％拌种双粉剂拌种或土壤处理。必要时可喷洒 25％瑞毒霉可湿性粉剂 800 倍液或 3.2％恶甲水剂 300 倍液、95％恶霉灵精品 4000 倍液、72％普力克水剂 400 倍液，每平方米喷兑好的药液 2～3 L。③合理密植，及时排水、排渍，降低田间湿度，防止湿气滞留。

(六) 根肿病

根肿病主要为害根部，病株主根或侧根肿大、畸形，后期颜色变褐，表面粗糙，腐朽发臭，根毛很少，植株萎蔫，黄叶，严重时全株死亡。

发病规律：病原菌随病根腐烂后散入土中或存于病残体内越夏越冬，通过耕作、土壤、风雨等传播，酸性土壤（pH 5.4～6.5）适于发病，pH 7.2 以上一般不发病。土壤含水量 20％～40％加重发病，含水量低于 18％病菌受抑制或死亡，发病适温 19 ℃～25 ℃。

防治方法：①选无病田育苗，拔除病株后病穴撒石灰消毒，或用 75％五氯硝基苯 700 倍液灌根，每次 0.3～0.5 kg。②每公顷撒施熟石灰 1125 kg 左右。③清沟排水，降低土壤湿度。④选用抗病品种。⑤选用白菌清、敌菌丹、苯菌灵、代森锌、胶体硫等药剂防治。

(七) 油菜黑胫病

油菜黑胫病分布于浙、皖、鄂、湘、川及内蒙古等地，严重为害时产量损失 20％～60％，除油菜外，还为害其他十字花科蔬菜。油菜各生育期均可感病。病部主要是灰色枯斑，斑内散生许多黑色小点。子叶、幼茎上病斑形状不规则，稍凹陷，直径 2～3 mm。幼茎病斑向下蔓延至茎基及根系，引起须根腐朽，根颈易折断。成株期叶上病斑圆形或不规则形，稍凹陷，中部灰白色。茎、根上病斑初呈灰白色长椭圆形，逐渐枯朽，上生黑色小点，植株易折断死亡，角果上病斑多从角尖开始，与茎上病斑相似。种子感病后变白皱缩，失去光泽。

发病规律：病原菌为茎点霉。病菌以子囊壳和菌丝的形式在病残株中越夏和越冬，子囊壳在 10 ℃～20 ℃、高湿条件下放出子囊孢子，通过气流传播，成为初侵染源。潜伏在种子皮内的菌丝可随种子萌发直接蔓延、侵染子叶和幼茎。植株感病后，病斑上产生的分生孢子器放出分生孢子，借风雨传播，进行再侵染。发病后，病部产生新的分生孢子可传播蔓延再侵染为害。病菌喜高温、高湿条件。发病适温 24 ℃～25 ℃，此病害潜育期仅 5～6 天即可发病。育苗期灌水多湿度大，病害尤重。此外，管理不良，苗期光照不足，播种密度过大，地面过湿，均易诱发此病害发生。

防治方法：①床土消毒做新床育苗。沿用旧床要进行土壤消毒，可每公顷用敌克松原粉 50 kg，或 70％甲基托布津可湿性粉剂 5 g，或 50％福美双可湿性粉剂 10 g，与 10～15 kg 干细土拌成药土，播种时垫底和盖土。②种子消毒采用无病种子。必要时进行种子消毒，可用 50 ℃温水浸种 20 分钟，或用种子质量 0.4％的 50％福美双可湿性粉剂，或种子质量 0.2％的 50％托布津可湿性粉剂拌种。③农业措施。重病地与非十字花科蔬菜及芹菜进行 3 年以上轮作。高畦覆地膜栽培，施用腐熟粪肥，精细定植，尽量减少伤根。避免大水漫灌，注意雨后排水。保护地加强放风排湿。定植时严格剔除病苗，及时发现并拔除病苗，收获后彻底清除病残体，并深翻土壤。④药剂防治。发病初期，可用 75％百菌清可湿性粉剂 600 倍液，或 60％多福可湿性粉剂 600 倍液，或 40％多硫悬浮剂 500 倍液，或 50％代森铵水剂 1000 倍液，或 70％甲基托布津可湿性粉剂 800 倍液，或 80％新万生可湿性粉剂 500 倍液等药剂喷雾防治。

（八）软腐病

软腐病又名根腐病，以冬油菜区发病较重，油菜感病后茎基部产生不规则水渍状病斑，以后茎内部腐烂成空洞，溢出恶臭黏液，病株易倒伏，叶片萎蔫，籽粒不饱满，重病株多在抽薹后或苗期死亡。

发病规律：病原菌主要在病株残体内繁殖、越夏越冬，由雨水、灌溉水、昆虫传播，从伤口侵入。高温、高湿有利于发病，连续阴雨有利于病菌传播和侵入。

防治方法：①与禾本科作物实行 2～3 年轮作。②适当晚播。③防治传病昆虫。④发病初期用敌克松 500～800 倍液喷雾。

（九）油菜黑腐病

河北、河南、陕西、浙江、江西、湖北、广东等省都有发生。本病由野油菜黄单胞杆菌细菌侵染所引起。发病率为 3.5％～7.2％，对产量影响很大。除为害油菜外，还为害白菜、甘蓝、萝卜等十字花科蔬菜。叶片发病后，病斑黄色，自叶缘向内发展，呈 Y 形，角尖向内，病斑常扩展致叶片干枯。茎、枝和花序病斑水渍状、暗绿色变黑褐色，在病斑上出现金黄色菌脓。

发病规律：病原细菌在病株残体上或种子上越夏、越冬。通过雨水、流水和昆虫等传播，自寄主水孔或伤口侵入，在维管束内繁殖扩展蔓延，阻塞导管，水分运输受阻，引起植株萎蔫干腐。高温、高湿有利于发病。

防治方法：①种子处理，选用无病田或无病株留种，并用0.5%代森铵液浸种15分钟，或0.1%氯化汞水浸种20~30分钟，然后用清水冲洗，晾干后播种。②农业措施。与禾谷类作物轮作；清沟排水，降低田间湿度。

（十）病毒病

病毒病是油菜栽培中发生普遍且为害严重的一种病害，一般发病率为10%~30%，严重的高达70%以上，致使油菜减产，品质降低，含油量降低。不同类型油菜表现不同的症状。甘蓝型油菜叶片症状以枯斑型为主，也有黄斑型和花叶型。枯斑和黄斑多呈现在老龄叶片上，并逐渐向新叶扩展。前者为油渍透明小点，继而扩展成1~3 mm枯斑，中心有一黑色枯点。后者为2~5 mm淡黄色或橙黄色、圆形或不规则形的斑块，与健全组织分界明显。花叶型症状与白菜型油菜相似，支脉表现明脉，叶片成为黄绿相间的花叶，有时出现疮斑，叶片皱缩。茎秆有明显的黑褐色条斑、轮纹斑和点状斑，植株矮化、畸形，茎薹短缩，花果丛集，角果短小扭曲，有时似鸡脚爪状。角果上有细小的黑褐色斑点，重者整株枯死。

白菜型油菜多发生在嫩叶上，心叶首先是叶脉呈半透明状，由叶片基部向尖端发展，支脉和细脉明脉显著，继而从明脉附近逐渐褪绿，使叶色深浅不一，形成花叶症状，以后生出的新叶，花叶现象更为明显，且叶片皱缩不平，致使心叶卷缩，发育受阻，抗寒力减弱，严重者往往在越冬期间死亡。发病轻者可以越冬，但株型矮化，茎薹短缩、弯曲，不能开花，或虽能开花结果，角果密集、畸形，籽粒少且不充实，含油量降低，在正常成熟前已提前枯死。

发病规律：油菜病毒病是由多种病毒侵染所致，其中以芜菁花叶病毒为主，其次是黄瓜花叶病毒和烟草花叶病毒。病毒病不能经种子和土壤传染，但可由蚜虫和汁液摩擦传染。在田间自然条件下，桃蚜、萝卜蚜和甘蓝蚜是主要的传毒介体，蚜虫在病株上短时间取食后就具有传毒能力。芜

第七章 高油酸油菜保优栽培技术

菁花叶病毒是非持久性病毒，蚜虫传染力的获得和消失都很快。田间的有效传毒主要是依靠有翅蚜的迁飞来实现。在全年栽培十字花科蔬菜的地区，病毒病的毒源丰富，病毒也就能不断地从病株传到健株引起发病。病毒病的发生与气候关系密切，油菜苗期如遇高温干旱天气，影响油菜的正常生长，降低抗病能力，同时有利于蚜虫的大量发生和活动，引起病毒病的发生和流行；反之，则不利于其发生。

防治方法：①选用抗病品种。一般甘蓝型油菜比芥菜型、白菜型抗病性强，而且产量高。因此，要尽可能推广种植甘蓝型油菜，并选用适宜当地生产的抗性较强的品种。②适时播种。要根据当地的气候、油菜品种的特性和蚜虫的发生情况来确定播种期，既要避开蚜虫的迁飞盛期，又要防止迟播减产，甘蓝型油菜一般在 9 月中、下旬播种为宜。③加强苗期管理。油菜苗期（包括苗床）要勤施肥，不要偏施氮肥，并及时间苗，除去病苗；遇旱及时灌水，促使油菜苗生长健壮，增强抗病能力。④治蚜防病。彻底治蚜是防治油菜病毒病的关键。播种前应对苗床周围的十字花科蔬菜及杂草上的蚜虫进行防治，以减少病毒来源；苗床或直播油菜分苗后，如遇天气干旱就要开始喷药治蚜，以后每隔 7 天左右喷药 1 次，连喷 2～3次，每公顷用 40％氧化乐果乳油 1500 mL 或 10％大功臣可湿性粉剂 150～225 g 兑水 600 kg 喷雾防治。

三、油菜病害综合治理

油菜病害种类很多，一个地区的油菜往往受多种病害的为害，而且在整个生长期间常先后或同时发生。多种病的发生和发展与油菜栽培环境条件关系十分密切，因此防治油菜病害应以农业防治措施为基础，因地制宜地配合好药剂防治的策略，从轮作、选用无病健种及种子处理、深沟窄畦防积水、科学施肥、中耕培土、田园卫生等多个方面创造有利于油菜生长发育，不利于病菌发生发展的环境条件，注意病害动向，达到指标时及时施药，能收到较好效果，才能保证油菜增产增收。

1. 科学选择栽培方式　根据油菜的生长特点，可选择与禾本科植物轮作的方式，深沟窄畦，排渍防涝，降低土壤湿度。改善土壤营养条件，合理施用氮肥，增施磷钾肥和必要的微量元素，酸性土壤适施石灰。通过提高栽培技术增强油菜抗病能力。

2. 选用抗病品种　选择抗病能力较强的品种是保障油菜高产优质的重要手段。同时，在种子处理阶段实行无毒处理或进行抗病性鉴定，通过科学筛选种子资源，保障油菜种质资源的优良。

3. 化学防治　化学防治必须适时适量，科学配药，同时注意各药交替施用，以降低病害抗药性，提高用药的效果。常用高效、低毒、低残留杀菌剂，如菌核净、硫菌灵、多菌灵、腐霉利、扑海因、退菌特等。

第八节　油菜虫害及防治

一、油菜虫害类型及现状

目前，油菜虫害主要有蚜虫（甘蓝蚜、萝卜蚜、桃蚜）、菜蛾、油菜潜叶蝇、菜粉蝶、菜蝽、跳甲、猿叶甲、象甲、菜根蝇、蛴螬等。这些虫害的发生，均能对油菜生产造成损失，导致减产或油菜品质的下降。

二、油菜虫害发生规律及防治

为害油菜的蚜虫主要有萝卜蚜、桃蚜和甘蓝蚜 3 种，萝卜蚜和桃蚜在我国各省（区）普遍发生。这 3 种蚜虫在油菜上常混合发生，以针状口器在叶背停滞，严重时整株发黄枯死。油菜蚜虫和其他蚜虫一样，环境好时一般产生无翅蚜，环境变劣时产生有翅蚜，迁飞为害。有翅蚜对黄色有趋集性和对银灰色有负趋集性，可用盛水黄皿或涂凡士林的黄色板来诱测油菜蚜虫迁飞期；利用银灰色塑料薄膜遮盖育苗，以驱避蚜虫。菜蚜也是病毒病的传播者，使油菜产量损失更严重。

油菜蚜虫适于温暖、较干旱的气候，春秋两季气候温暖，最适它们的生长繁殖，所以一般春末夏初和秋季为害严重。一只雌蚜能产 70～80 只小蚜虫，最多能产 100 只以上。出生的小蚜虫发育最快的经过 5～7 天就能繁殖，数量发展很快，特别是在干旱的条件下，能引起大发生。

（一）萝卜蚜

萝卜蚜的无翅胎生雌蚜体长约 1.8 mm，黄绿色、无翅，具足 3 对、触角 1 对，躯体薄被蜡粉，腹管淡黑、圆筒形，尾片圆锥形，两侧各有长毛 2～3 根。

萝卜蚜的有翅胎生雌蚜体长约 1.6 mm，具翅 2 对、足 3 对、触角 1 对，体呈长椭圆形，头胸部黑色，腹部黄绿色，薄被蜡粉，两侧具黑斑，背部有黑色横纹，腹管淡黑、圆筒形，尾片圆锥形，两侧各有长毛 2～3 根。

萝卜蚜以卵在十字花科蔬菜上越冬，越冬卵于次年 3—4 月孵化，6 月以后在十字花科蔬菜上为害，秋季转入油菜地为害，在春、秋两季盛发。

（二）桃蚜

桃蚜的无翅胎生雌蚜体长 1.4～1.9 mm，卵圆形，黄绿、赤褐、橘黄等色，腹管黑色，细长圆筒形。有翅胎生雌蚜体长约 2 mm，头胸部黑色，腹部绿、黄绿、褐、赤褐色，背面有黑斑纹；腹管细长，圆柱形，端部黑色；尾片圆锥形，两侧各有 3 根毛。

桃蚜以卵在桃枝或蔬菜上越冬，次年 2—3 月孵化，随即迁飞为害油菜和十字花科蔬菜，夏季为害茄子、烟草、大豆等，秋季再迁飞为害油菜及十字花科蔬菜，晚秋产卵越冬，一般以 3—6 月盛发。

（三）甘蓝蚜

甘蓝蚜的无翅胎生雌蚜体长 2.5 mm，暗绿色，有白粉覆盖，腹背面共有断续横带。腹管黑色短而粗，中部显著膨大。有翅胎生雌蚜体长约 2 mm。具翅 2 对、足 3 对、触角 1 对，浅黄绿色，被蜡粉，背面有几条暗绿横纹，两侧各具 5 个黑点，腹管短黑，尾片圆锥形，两侧各有毛 2 根。

甘蓝蚜以卵在十字花科蔬菜上越冬，越冬卵次年 4 月开始孵化，5—9 月在十字花科蔬菜上为害，秋初则转害油菜，在春季和秋末盛发。

为害规律：从北到南 1 年发生 10～40 代。在华北地区，萝卜蚜以卵在贮藏的蔬菜上越冬，桃蚜以卵在桃枝上越冬，甘蓝蚜的习性与萝卜蚜基本相似，秋季油菜播种时正是萝卜蚜和桃蚜迁移扩散盛期。一般是萝卜蚜先迁入，桃蚜后迁入，萝卜蚜发生量多于桃蚜，秋季多雨时桃蚜可超过萝卜蚜。冬季萝卜蚜群集在油菜的心叶中，桃蚜则分散在近地面的油菜叶背面。翌年春季油菜抽薹后这两种蚜虫聚集在主枝的花蕾内为害，以后分散到各分枝的花梗和菜荚上为害，春末夏初数量剧增，入夏减少，秋季密度又上升。干旱年份发生重，早播油菜受害重；瓢虫、食蚜蝇、草蛉和蚜茧蜂等天敌对蚜虫有较大控制作用。

防治方法：①农业措施。选抗虫优良品种；在秋季蚜虫迁飞之前，清除田间杂草和残株落叶，以减少虫口基数。②药剂防治。油菜苗期有蚜株率达 10％，或抽薹期有蚜蕾率达 10％时，用 50％抗蚜威 2000～3000 倍液喷雾，既能有效消灭蚜虫，又不伤害天敌。也可用 80％敌敌畏 1500 倍液，或 5％高效氯氰菊酯 2000 倍液，或 40％乐果 1000 倍液均匀喷雾。③生物防治。利用瓢虫、草蛉、食蚜蝇、蚜茧蜂等天敌灭杀或抑制油菜蚜虫大流行。

（四）菜蛾

菜蛾属鳞翅目，菜蛾科。别名：小菜蛾、方块蛾、小青虫、两头尖。分布在全国各地。幼虫长约 10 mm，黄绿色，有足多对，具体毛，前背部有排列成两个"U"形的褐色小点。成虫为灰褐色小蛾，具翅 2 对、触须 1 对，触须细长，呈外八字着生，翅展 12～15 mm，体色灰黑，头和前背部灰白色，前翅前半部灰褐色，具黑色波状纹，翅的后面部分灰白色，当静止时翅在身上叠成屋脊状，灰白色部分合成 3 个连续的菱形斑纹。卵扁平，椭圆状，约 0.5 mm×0.3 mm，黄绿色。

为害规律：初卵幼虫钻食叶肉；二龄幼虫啃食下表皮和叶肉，仅留上表皮，形成许多透明斑点；三四龄幼虫食叶成孔洞或缺刻，严重时可将叶片吃光，仅留主脉，形成网状。以成虫在残株、落叶、草丛中越冬，以 3 6 月、8—11 月两度盛发，尤以秋季虫口密度大，为害重。成虫 19:00～23:00 活动最盛，有趋光习性。卵产于叶背主脉两侧或叶柄上，孵化后幼虫先潜食叶片，后啃食叶肉，幼虫有背光性，多群集在心叶、叶背、脚叶上为害。对温度适应力强，发育的最适温为 20 ℃～30 ℃，主要在春末夏初（4—6 月）和秋季（8—11 月）为害严重，秋季重于春季。

防治方法：①清洁田园。蔬菜收割后，或在早春虫子活动前，彻底清除菜地残株、枯叶，可以消除大量虫口。②诱杀成虫。用黑光灯诱杀成虫，或用性诱剂诱杀成虫。可在傍晚于田间安置盛水的盆或碗，在距水面约 11 cm 处置装有刚羽化雌蛾的笼子，进行诱杀成虫，或利用性引诱剂诱杀成虫，每亩用诱芯 7 个，把塑料膜（33 cm×33 cm）4 个角捆在支架上盛水，诱芯用铁丝固定在支架上弯向水面，距水面 1～2 cm，塑料膜距油菜 10～20 cm，诱芯每 30 天换 1 个。③药剂防治。在卵盛孵期或 2 龄幼虫期用 90％敌百虫晶体 1000 倍液，8010、8401、青虫菌 6 号或杀螟杆菌（每克含孢子 100 亿个以上）500～800 倍液，或 5％卡死克乳油进行常规喷雾，或 2.5％敌杀死乳油每公顷用 300～450 mL，兑水后进行低容量喷雾。或用抑太保（IK1-7899）、锐劲特、AC303630 等新杀虫剂。④生物防治。利用寄生蜂、菜蛾绒茧蜂等天敌控制菜蛾的发生。

（五）油菜潜叶蝇

各油菜产区都有发生，但西藏地区未发现。油菜潜叶蝇也叫豌豆潜叶蝇，寄主范围广，食性很杂。幼虫在叶片上、下表皮间潜食叶肉，形成黄白色或白色弯曲虫道，严重时虫道连通，叶肉大部被食光，叶片枯黄早落。成虫头部黄褐色，触角黑色，共 3 节。复眼红褐色至黑褐色。胸腹部灰黑色，胸部隆起，背部有 4 对粗大背鬃，小盾片三角形。足黑色，翅半透明有紫色反光。幼虫蛆状，乳白色至黄白色。头小，口钩黑色。

为害规律：油菜潜叶蝇较耐低温而不耐高温。夏季 35 ℃以上便不能成活而以蛹越夏，常在春、秋两季为害。成虫多在晴朗白天活动，吸食花蜜或茎叶汁液。夜晚及风雨天则栖息在植株或其他隐蔽处。卵散产于嫩叶叶背边缘或叶尖附近。产卵时用产卵器刺破叶片表皮，在被刺破小孔内产卵 1 粒。卵期 4～9 天，卵孵化后幼虫即潜入叶片组织取食叶肉，形成虫道，在虫道末端化蛹，化蛹时咬破虫道表皮与外界相通。

防治方法：①人工防治。早春及时清除杂草，摘除底层老黄叶，减少虫源。②毒糖液诱杀成虫。用甘薯、胡萝卜煮汁（或 30％糖液），加 0.05％敌百虫，每 10 m² 油菜地喷 10～20 株，隔 3～5 天喷 1 次，共喷 4～5 次。③药剂防治。在幼虫刚出现为害时，用 40％乐果乳油 1000 倍液，或 50％敌敌畏乳油 800 倍液，或 90％敌百虫晶体 1000 倍液等药剂进行喷雾防治。

（六）菜粉蝶

菜粉蝶俗称菜青虫，全国各地均有分布。幼虫为害油菜等十字花科植物叶片，造成缺刻和空洞，严重时吃光全叶，仅剩叶脉。成虫体长 12～20 mm，翅展 45～55 mm，体灰褐色。前翅白色，近基部灰黑色，顶角有近三角形黑斑，中室外侧下方有 2 个黑圆斑。后翅白色，前缘有 2 个黑斑。卵如瓶状，初产时淡黄色。幼虫 5 龄，体青绿色，腹面淡绿色，体表密布褐色瘤状小突起，其上生细毛，背中线黄色，沿气门线有 1 列黄斑。蛹纺锤形，绿黄色或棕褐色，体背有 3 个角状突起，头部前端中央有 1 个短而直的管状突起。

为害规律：1 年发生 3～9 代，在河南 1 年发生 4～5 代。以蛹在枯叶、墙壁、树缝及其他物体上越冬。翌年 3 月中、下旬出现成虫。成虫夜晚栖息在植株上，白天活动，以晴天无风的中午最活跃。成虫产卵时对含有芥子油的甘蓝型油菜有很强的趋性，卵散产于叶背面。幼龄幼虫受惊后有吐丝下垂的习性，大龄幼虫受惊后有卷曲落地的习性。4—6 月和 8—9 月为幼虫发生盛期，发育适温为 20 ℃～25 ℃。

防治方法：①农业措施。清除田间残枝落叶，及时深翻耙地，减少虫源。②生物防治。用 Bt 乳剂或青虫菌 6 号液剂（每克含芽孢 100 亿个）500 g 加水 50 kg，于幼虫 3 龄以前均匀喷雾。③化学防治。未进行生物防治的田块，可用 20％灭扫利乳油 2500 倍液，或 5％来福灵乳油 300 倍液，或 2.5％灭幼脲胶悬剂 100 倍液，均匀喷雾。

（七）菜蝽

菜蝽在全国大部分地区都有发生。主要为害油菜、白菜等十字花科作物。若虫和成虫在叶背取食为害，被害叶片产生淡绿至白色斑点，严重时萎蔫枯死。成虫体长 6～9 mm，椭圆形，橙黄色或橙红色。前胸背板有 6 块黑斑，小盾板具橙黄色或橙红色 "Y" 形纹，交会处缢缩。

为害规律：华北地区 1 年发生 2～3 代，南方可达 5～6 代，以成虫在草丛中、枯枝下或石缝间越冬。在华北地区，3 月下旬开始活动，4 月下旬开始交配产卵，5—9 月为成虫和若虫的主要为害时期，若虫 3 龄前多集中为害，以后分散。

防治方法：①农业措施。冬耕并清洁田园，可消灭部分越冬成虫。②药剂防治。在若虫 3 龄前，每公顷用 40％氧化乐果 750 mL，或 80％敌敌畏 750 mL，或 25％氧乐氰 600 mL，兑水 750 kg 均匀喷雾。

（八）跳甲和猿叶甲

跳甲又称跳格蚤，为害油菜的主要是黄曲条跳甲。成虫、幼虫都可为害，幼苗期受害最重，常常食成小孔，造成缺苗毁种。成虫善跳跃，高温时还能飞翔，中午前后活动最盛。油菜移栽后，成虫从附近十字花科蔬菜转移至油菜为害，以秋、春季为害最重。

猿叶甲别名黑壳甲、乌壳虫，为害油菜的主要是大猿叶甲。以成虫和幼虫食害叶片，并且有群聚为害习性，致使叶片千疮百孔。每年4—5月和9—10月为两次为害高峰期，油菜以10月左右受害重。

防治方法：跳甲和猿叶甲可一并防治，重点防治跳甲兼治猿叶甲。药剂用9％灭氰乳油800～1000倍液，10％功夫·丙溴磷乳油1000～1500倍液或1.8％阿维·高氯乳油1000倍液。

（九）黄曲条跳叶甲

黄曲条跳叶甲成虫和幼虫都能为害油菜。成虫啮食叶片，造成细密小孔，严重时可将叶片吃光，使叶片枯萎、菜苗成片枯死，并可取食嫩荚，影响结实。幼虫专食地下部分，蛀害根皮，使根表皮形成许多弯曲虫道，从而造成菜苗生长发育不良，地上部分由外向内逐渐变黄，最后萎蔫而死。

防治方法：①实行轮作，培育壮苗，减少与其他十字花科作物的连作，推广平衡施肥，实行健身栽培，培育壮苗，提高油菜苗的抗虫能力。②创造不利于害虫发生的环境。在蚜虫秋季迁飞前清除杂草、残株落叶，降低虫口基数。干旱年份应避免过早播种。播种前灌水，消灭黄曲条跳叶甲成虫。苗期干旱时及时抗旱，保持土壤含水量在30％～35％，并适时施肥，促进菜苗生长健壮，适当提高小气候湿度，使之不利于蚜虫和黄曲条跳叶甲的发生与为害。油菜生长期，结合间苗、中耕和施肥，清除田间杂草、残株和落叶，集中沤肥或烧毁，可消灭部分害虫的幼虫或蛹。

三、油菜虫害综合治理

油菜害虫的种类较多，严重影响油菜产量和品质。根据油菜害虫的为害特征及规律，抓住关键时期防治，有的放矢，达到"防早、防小、防少、防了"的效果，保证油菜增产增收。

1. 防治关键时期

跳甲和茎象甲（尤其是茎象甲）必须抓住成虫出土活动期在产卵前消

灭，一般在 2 月下旬至 3 月上中旬，各地因地形、气候差异应适时防治。菜粉蝶应在油菜苗期做好防治工作，蚜虫在油菜花期前、后，小菜蛾和潜叶蝇根据虫情变化，在 3 月、4 月注意防治。

2. 农业防治

农业防治要做到"三早"，以降低虫源基数。①春季及早清除田间的杂草及油菜的枯、病、老叶，集中深埋或焚烧，以消灭越冬虫源。②适时早灌返青现蕾水，可使部分越冬害虫被泥浆或水淹致死，尤其对跳甲、茎象甲及蚜虫防治效果较好。③提早中耕、追肥，以达到提温、保墒、除草、消灭虫源的目的，促进油菜早发稳长，增强抵抗力，但中耕宜浅不宜深，以防切断根系。

3. 化学防治

化学防治必须适时适量，科学配用，同时注意各药交替施用，以降低害虫抗药性，提高用药的效果。①喷雾。在害虫初发期及盛发期每公顷用氧尔菊酯（40% 氧化乐果乳油加 20% 速灭杀丁乳油）、丰收菊酯（40% 久效磷加 2.5% 敌杀死乳油）或灭扫利 2000 倍液 750 kg 喷雾，发挥其胃毒、触杀、内吸三重作用，对各害虫均有很好的防治效果。对小菜蛾用阿维菌素和其他药物交换使用，效果更佳。②喷粉。每公顷用 1.5% 的乐果粉或 2.5% 的敌百虫粉 30 kg 喷撒防治蚜虫、茎象甲及跳甲。③诱杀。用 3% 的红糖水，加 0.5% 的敌百虫制成毒液，在田间点喷，诱杀潜叶蝇成虫；将小菜蛾活体雌虫装于尼龙网中挂于田间，其下相距 1 cm 置水盆或毒液诱杀小菜蛾成虫。④涂茎。对于茎象甲若前期防治不及时或效果不佳，成虫已产卵于茎髓或幼虫已在茎髓中孵化，可将菜籽油（或废机油）和久效磷（或氧化乐果）按 3∶17 混合，用棉球蘸药液涂于产卵孔下方茎上，效果极佳。

4. 物理防治

用涂有凡士林或废机油的黄板诱集有翅蚜虫；用黑光灯或频振式杀虫灯诱杀小菜蛾成虫。

5. 生物防治

利用杀螟杆菌、青虫菌或 Bt 乳剂，或培育和利用天敌如寄生蜂等，防治蚜虫、小菜蛾、菜粉蝶和潜叶蝇等。

第八章　油菜低温和高温灾害及防治

第一节　低温对油菜生长的影响和低温灾害

油菜的生长与温度的关系十分密切。甘蓝型油菜在 3 ℃以下时，种子不能萌发、发芽，幼苗停止生长。出苗最适宜的温度是 20 ℃～25 ℃。油菜的开花期对温度的反应也很敏感，如温度突然下降到 5 ℃以下，就停止开花、受精，10 ℃以上开的花，受精率较高。开花至成熟期最适宜的温度在 20 ℃以上，当日平均气温低于 15 ℃，除极早熟品种外，中晚熟品种不能成熟。由此可见温度对油菜生长发育的影响很大。

油菜虽是越冬作物，但受气候、栽培因素的影响，油菜越冬期间及早春易遭受冷害、冻害，会对油菜造成损害，造成不同程度的减产。冻害使大量绿叶受冻干枯，影响根系糖分积累，往往伴随严重的越冬死苗。特别是北方冬油菜区冬季降水量小，冬季土壤水分匮缺，再加上冬季长期低温，冻害更加严重。低温和冻害对油菜生长的影响一般可分为两种：一种是低温的直接影响，即低温导致细胞间隙结冰，解冻后造成组织破裂，很容易导致油菜根颈组织受冻失水而死亡。另一种是低温引起的失水现象，导致叶片边缘焦枯，特别是在土壤冻结的情况下，有阳光照射，并且出现大风，植株不但不能从土壤中吸收水分，而且地上部分又要大量蒸腾消耗水分，引起油菜叶片凋萎，时间长了就会枯死。另外，低温引起的细胞组织破坏，很容易造成病原菌入侵而发生各类病害。

寒流来临愈早，降温幅度愈大，低温持续时间愈长，造成的冻害和影响就愈严重。早春气温回升早，升温快，寒暖交替频繁，冻害加剧。油菜蕾薹期，特别是花期对温度反应最为敏感，蕾薹期要求日平均气温在10 ℃以上，低于 0 ℃会推迟抽薹。当日平均气温为 4.8 ℃，最低气温为−2.1 ℃时，就会出现不同的冻害。油菜遭受晚霜冻害后，叶片、蕾、薹、花均受冻,严重影响油菜的生长和产量。油菜对低温的抵抗能力,因发育时期不同而有很大差别。一般是 5 叶期至现蕾以前,抵抗能力最强,在 $-8\ ℃$ 的低温条件下亦不致冻死。油菜抵抗低温能力与品种本身的特性有关,冬性品种一般抗冻力强,半冬性品种抗冻力中等,春性品种抗冻力较弱。

油菜遭受冻害,轻则使油菜产量降低,重则使油菜冻死,造成绝收。但过去未引起人们充分重视,随着全球气候变暖,特别是近年来我国受温室效应影响,极端气候事件频繁发生,而且强度加剧,低温雨雪天气连续多年发生,对油菜生产造成了严重影响,加剧了油料的供需矛盾,影响农民的种植效益和种植积极性。2008 年 1 月,大范围的大雪造成油菜严重的冻害,再次给我们一个警示——油菜冻害问题是油菜生产中的一个重要问题。因此有效地防止油菜冻害,是夺取油菜高产的重要措施之一。

一、冻害和雪灾对油菜的危害

冻害是指低温对油菜的正常生长产生不利影响而造成的危害。油菜冻害每年都有发生,主要包括冷害、倒春寒、雪灾等危害。其中,冻害是指气温下降到 0 ℃ 以下,油菜植物体内发生冰冻,导致植株受伤或死亡;冷害是指 0 ℃ 以上的低温对油菜生长发育所造成的伤害;倒春寒是指在春季天气回暖过程中,因冷空气的侵入,气温明显降低,对油菜造成危害的天气。降雪对冬油菜生产有时利大于弊,有时却是弊大于利。有利因素为,首先,处于越冬期的冬油菜因有积雪覆盖,减轻了冻害发生;其次,气温降低减缓油菜旺长的势头,有利于改善群体结构;第三,低温大雪降低越冬的虫口密度,抑制病害蔓延,对减轻来年病虫害有利。

雪灾是指大雪、暴雪对油菜生产造成的不利影响。主要危害:首先是降雪持续时间长,雪量过大,油菜较高和脆弱的植株体经不起重压造成茎秆折断等机械损伤;其次是持续低温雨雪,尤其是大面积的冻雨,对油菜造成冻害,播种早已经现蕾、抽薹,特别是开花的油菜冻害较重;第三,长期的雨雪过程,过多地增加了农田土壤湿度,不利于油菜形成壮苗。2008 年 1 月,我国遭受了罕见的严重冰雪低温灾害,南方十多个省遭受了 50 年不遇的持续雨雪、冰冻等自然灾害,油菜等作物受冻程度较重,对冬油菜生产造成了严重的影响。国家油菜现代产业技术体系对全国受灾地区油菜种植户进行的随机抽样调查表明，受灾面积约占全国冬油菜面积的77.8%，主要包括湖北、湖南、江西、安徽、江苏、浙江、上海、贵州、云南、广西等省（自治区、直辖市）。在受灾区随机抽样调查油菜中，未发生冻害的油菜占22%，Ⅰ、Ⅱ级的轻度和中等冻害分别占34.4%和30.7%，Ⅲ、Ⅳ级的严重冻害和致死冻害分别占11.9%和1%，平均冻死指数为33.9。其中，冻害最严重的地区主要分布于长江流域北纬27°左右，主要包括湖南西部和南部、广西北部、江西南部、贵州、云南北部等地区。这些地区油菜生育期相对偏早，很多油菜处于抽薹或开花期。在长达15～20天的低温冷冻天气危害下，油菜冻害较为严重，主要以Ⅱ～Ⅷ级冻害为主，冻害指数为36.8～47.6。其次是长江中下游部分地区油菜冻害较重，主要分布在大别山区带的河南信阳地区和湖北东北部的少数县、苏皖浙三省交会地区，但由于这些地区主要以积雪危害为主，气温变化不剧烈，而且油菜生育期较晚，恢复较快，冻害损失并不严重（张学昆等，《2008年长江流域油菜低温冻害调查分析》）。

冻害发生有3个关键时期：临冬期、越冬期和薹期。临冬期缺乏一定的低温锻炼，抗寒力较弱，骤然降温，很可能受冻。

进入越冬期，植株的抗寒能力虽有所提高，但如果低温持续时间长，极端最低温度甚至达-10 ℃以下，则易产生冻害。3月上中旬以后遭遇倒春寒，油菜蕾薹受冻，生殖生长受阻，产量损失明显。油菜最常见的冻害有：

①叶片冻害：当气温低于-3 ℃时即有可能受冻，表现为叶片冻僵发紫，呈水渍状，严重的失水皱缩，慢慢萎蔫死亡。②根部冻害：常见症状为拔根。整地粗放的田块、高脚苗易发生根部冻害，受害苗叶片仍然是绿色，但整株已经冻僵死亡。③缩茎段冻害：主要发生在冬季生长过旺的田块，由于缩茎段较嫩，受冻后缩茎髓部坏死、腐烂，最后在缩茎部位折断，严重者死苗。④蕾薹受冻：蕾薹在0 ℃以下的低温就有受冻危险，轻者可恢复生长，重者折断枯死，对油菜的影响程度更为严重。薹受冻的部位在恢复生长后常常出现茎秆纵裂症状，对植株抗倒不利。这种现象在氮肥用量过多、茎秆粗大的植株上较易发生。此外，花角期遇低温会发生花和幼角因冻害而脱落。

1. 油菜冷害类型及症状　油菜冷害有 3 种类型：一是延迟型，导致油菜生育期显著延迟。二是障碍型，导致油菜薹花受害，影响授粉和结实，甚至花序和侧枝萎蔫、干枯死亡，恢复生长后，又发出新的腋芽，严重影响产量。三是混合型，由上述两类冷害相结合而成。其表现主要有出现大小不一的枯死斑，叶色变浅、变黄及叶片萎蔫等症状。

2. 倒春寒危害症状　油菜抽薹后，其抗冻能力明显下降。当发生倒春寒温度陡降到 10 ℃以下，油菜开花明显减少，5 ℃以下则一般不开花，即使能开花也会结荚不良，正在开花的花朵会大量脱落，幼蕾也变黄脱落，花序上出现分段结荚现象。除此之外，遭遇倒春寒时叶片及薹茎也可能发生冻害症状。另外，当油菜抽薹、开花后，降雪或者降雪量过大，油菜较高和脆弱的植株体经不起重压造成茎秆折断等机械损伤；另外持续低温雨雪，尤其是大面积的冻雨，对油菜造成冻害。特别是早播已现蕾、抽薹的油菜冻害较重，开花的油菜冻害更重，可以造成油菜大幅度减产，甚至绝收。

油菜的冻害在冬油菜区危害较重，每年都有不同程度的发生。冻害级别为Ⅰ级的时候，产量损失率在 10% 左右；冻害级别在Ⅱ级的时候，产量损失率为 20%；冻害级别为Ⅲ级的时候，产量损失率在 30%；冻害级别在Ⅳ级的时候，产量损失率在 60% 以上。

冻害和雪灾对油菜的危害程度可以通过对冻害指数的调查，然后再进行冻害损失率预估。冻害指数与产量的关系呈负相关，说明冻害越重对产量的损失越大。叶片受冻对产量的损失相对较轻，薹茎被冻后对产量的影响相对较大。薹茎受冻后长柄叶的腋芽形成大分枝的能力降低，是导致产量下降的主要原因。

二、油菜冻害和雪灾的程度分级

冻害和雪灾对油菜的危害程度按照对每一个样本的受冻程度不同，分为五级：

0 级：叶片生长正常，基本没有受到影响。

Ⅰ级：仅个别大叶受害，受害叶层局部萎缩呈灰白色，但心叶正常，根茎完好。生长点未受冻，叶柄或茎秆少量冻裂；死株率 5% 以下；Ⅰ级可能减产 10％以下。

Ⅱ级：有半数叶片受害，受害叶层局部或大部萎缩、焦枯，叶柄或茎秆被大量冻裂；个别心叶正常和生长点受冻呈水渍状；死株率 5％～15％以下；Ⅱ级可能减产 10％～30％。

Ⅲ级：全部叶片大部受害，受害叶局部或大部萎缩、焦枯，部分植株心叶和生长点受冻呈水渍状；植株尚能恢复生长；死株率 15％～50％；Ⅲ级可能减产 30％～60％。

Ⅳ级：全部大叶和心叶均受冻害，大部分植株心叶和生长点受冻呈水渍状；地上部分严重枯萎，趋向死亡；死株率 50％以上；Ⅳ级可能减产60％以上。

分株调查后，按下列公式计算冻害指数：

冻害指数＝1×S1＋2×S2＋3×S3＋4×S4/调查总株数×4×100

其中，S1、S2、S3、S4 为表现Ⅰ～Ⅳ级冻害的油菜株数。

①冻害植株百分率：表现有冻害的植株占调查植株总数的百分数。它是衡量油菜植株冻害普遍性的指标。

②冻害指数：对调查植株逐株确定冻害程度，然后按照以上冻害指数的公式可以得出冻害指数。它是衡量油菜冻害造成危害程度的指标。

三、油菜冷害和雪灾预警（黄、橙、红）

为及时采取相应措施进行冷害和雪灾的预防与补救，减轻低温对油菜生产的损失，应及时发布预警信息。油菜冷害和雪灾预警信号分 3 级，分别以黄色、橙色、红色表示。

1. 黄色预警　未来地面最低温度可能在 48 h 内降到 0 ℃以下，将对油菜生长产生影响，并可能持续。防御指南：①政府农业主管部门及时发布相关预警信息到农户，各级部门按照职责分工做好防冻应急工作的管理，组织好防冻技术指导服务；②农村基层组织和当地农技部提供技术示范，检查督促农户采取相应措施，进行防灾准备。

2. 橙色预警　未来地面最低温度可能在 24 h 内下降到－3 ℃以下，对油菜生长将产生严重影响，并可能持续一段时间。防御指南：①政府农业主管部门及时发布相关预警信息到农户，各级部门按照职责分工，做好防冻应急工作的管理，组织好防冻技术指导服务；②农村基层组织和当地农技部门提供技术示范，检查督促农户采取相应措施，迅速采取防灾行动；③积极采取覆盖、田间灌溉等防冻措施，尽量减少损失。

3. 红色预警　未来地面最低温度可能在 24 h 内下降到－5 ℃以下，对油菜生长将产生严重影响，有可能造成严重后果，低温将持续较长时间。防御指南：①政府农业主管部门应迅速发布相关预警信息到农户，各级部门按照职责分工启动防冻应急紧急预案，组织好防冻技术指导服务；②农村基层组织和当地农技部门及时检查督促农户采取相应措施，迅速采取防灾行动；③做好受灾补救措施准备。

四、油菜冻害和雪灾的预防，以及抗灾技术措施

1. 油菜冻害和雪灾的预防措施

为确保油菜高产稳产，应在油菜生产的各有关环节采取相应预防措施，从而可以将冷冻造成的危害降到最低。

（1）大力研究和推广抗冻油菜品种，加强品种管理，选择抗寒品种。油菜品种的生育特性与抗冻性密切相关。偏春性的冬油菜品种在暖冬和早播时容易早薹早花；冬性强的品种抗冻性强，但一般都晚熟。因此，培育和推广冬前稳健、春后快发的品种非常重要。生产上受冻害危害最大的油菜主要是一些没有经过当地审定的品种，由于过早抽薹开花，冻害严重。各级种子管理部门应加强种子管理，防止未经推广区域审定的油菜品种进入市场。种植户在购买油菜种子时，一定要选择农业部门主推的、在当地能够安全越冬的抗寒油菜品种，不要使用未经审定的油菜品种，做到防患于未然。

（2）加强油菜防冻栽培技术的推广普及。由于近年来受温室效应的影响，气候变暖，造成了农户普遍没有防冻意识，加之防冻措施缺乏，管理措施不到位，造成油菜早薹早花或小苗弱苗，很容易遭受冻害。针对不同地区冻害发生强度及频率，系统研究适期播种、群体结构优化、外源植物生长调节剂应用、抗寒锻炼、高效平衡施肥技术、摘薹（一菜两用）等油菜冻害预防技术，探索油菜冻害后恢复生长调控技术，有效提高油菜冻害防治效率。

（3）适时播种，防止小苗、弱苗以及早花早薹。冬油菜播种期一般在

9月中旬至10月中旬，过早和过晚都会降低油菜的抗寒能力，降低油菜产量。研究表明，播种期与冻害指数有极显著的相关关系，播期越早，冻害越轻，产量越高，其中9月15日播种的冻害指数最低。经过多年试验，在黄淮流域10月25日以后播种，全部冻死或者仅留个别小苗，没有产量。因此，生产上在黄淮流域如果能够在9月15日早腾茬，播种越早越好，晚播会造成冻害严重、产量降低，但播期不能晚于10月15日。

（4）加强管理，培育壮苗。加强苗期管理，及时间苗定苗、培育壮苗，防止或减轻冻害发生。合理施用氮、磷、钾，排出积水，保持生长稳健。

（5）中耕培土。冬季中耕培土，可疏松土壤，增厚根系土层，对阻挡寒流袭击，提高保温抗寒能力有一定作用。2008—2009年度油菜生产遭遇了低温大雪，在郑州试验点冬季中耕培土壅根的比对照增产28.83%～54.79%，达极显著水平。

（6）增施磷钾肥及腊肥。越冬前，在油菜行间追施火土灰或土杂肥，可提高土温2℃～3℃，起到冬施春发的效果，每亩施1000～1500 kg猪牛粪或2500～3000 kg土杂有机肥料，既能提高地温，促进根系生长，还可为春发提供充足的养分。或者每亩配合氮肥施用10～15 kg磷肥、5～8 kg钾肥，能够显著提高植株抗寒能力。

（7）适时灌水防寒。油菜田在寒流来临前灌一次水，可稳定地温，供给油菜越冬期间的水分，有效防止干冻；适时灌水还可以沉实土壤，防止漏根造成冻害，而且可以增加土壤热容量，从而达到防寒抗冻的目的。

（8）覆盖防寒。寒潮来临前或入冬后，用稻草、谷壳或其他作物秸秆覆盖在油菜苗行间保暖，减轻寒风直接侵袭，以减轻叶部受冻。2008—2009年度在郑州试验点冬季覆盖秸秆或者用土杂肥壅根的增产13.60%～45.51%，均达极显著水平。但注意不要把油菜生长点覆盖，以免影响呼吸，造成死苗。

（9）控制早薹。如果油菜早薹早花后，消耗大量养分，细胞液浓度下降，抗寒力减弱，因此及时摘薹，可减轻冻害程度。摘薹选晴天中午进行，摘薹后，速施适量草木灰和速效氮肥，促进油菜生长，防止冻害。

2. 油菜冻害的抗灾技术措施

（1）增施磷钾肥。磷能促进油菜根系发育，增强抗性；钾能提高油菜抗寒、抗病、抗倒能力。每亩施氯化钾 5~8 kg。

（2）松土增温。油菜田应进行中耕松土，破除土表板结，改善通透性，提高表土温度。土壤封冻前结合中耕，进行培土壅根。培土以 7~10 cm 厚为宜。培土既可提高土壤温度，又直接保护油菜根部，有利于根系生长，防止拔根。尤其是高脚苗，培土壅根后可使根颈变短，利于保暖。

（3）培土盖肥。在冻害来临之前，在油菜行间盖一层茅草、稻草等秸秆，在油菜行间扒土和覆盖土杂肥，大苗培根、壮苗培心、小苗盖根，可减轻寒风直接侵袭油菜根部；到气温下降到 0 ℃时，还可在油菜叶片上撒一层谷壳灰、草木灰、火土灰等，以防止叶片受冻。

（4）淋水防冻。油菜田如果水分充足，可使地温稳定，有效地防止干冻；如果土壤水分不足，应在冻后灌水，灌水应选择温度在 0 ℃以上，在晴天中午进行，以使受冻突起的表土层沉实下去，确保油菜根部与土壤紧密接触。

（5）叶面喷肥。油菜冬前进行叶面喷施磷、钾肥，可提高抗寒能力；在越冬期间喷施磷酸二氢钾、活力素溶液。

（6）防病治虫。为防治油菜蚜虫、菜青虫、跳甲虫，一般用 10% 吡虫啉 10~15 g 兑水喷雾；也可用 40% 氧化乐果 100 mL 与 2.5% 敌杀死 20 mL，兑水 150 kg 喷雾；对猝倒病较重的油菜田，可用多菌灵或托布津防治。

（7）控制早薹。对早抽薹的油菜，可喷施多效唑药液，每亩用 15% 多效唑粉剂 35~50 g，兑水 55~75 kg，均匀喷雾，控制早薹。如果油菜早薹早花后，消耗大量养分，细胞液浓度下降，抗寒力减弱，因此及时摘薹，可减轻冻害程度。摘薹选晴天中午进行，摘薹后，速施适量草木灰和速效氮肥，促进油菜生长，防止冻害。

（8）巧用多效唑，油菜好过冬。多效唑是一种新型的植物生长调节剂。在油菜栽培过程中的主要效应有：在苗期喷洒适量药液后，能对幼苗控长，使幼苗矮化，假茎增粗，增加早生分枝，叶片增厚增宽，叶绿素增多，有效分枝着生部位降低，减少栽后败苗，且在越冬时抗寒能力强，在薹期喷洒，又可以防倒伏、增角、增粒。经过大面积使用，比不喷洒的每亩增产籽粒 16%～20%，每亩收入与经济效益比为 1∶50。使用技术要点如下：

最佳喷洒时期：一是 3 叶期，二是抽薹时，菜薹伸长 10 cm 以内，各喷适宜剂量药液。最佳药液剂量：苗期用药的浓度为 150 mg/kg，每亩用 15%可湿性粉剂多效唑 100 g 兑清水 100 kg；薹期用药浓度为 100 mg/kg，每亩用可湿性粉剂多效唑 66.6 g，兑清水 100 kg，均采用压缩式喷雾器均匀喷地上部分。

最佳的喷洒时间：最好是晴天 16:00 以后喷洒，喷洒后 8 h 内遇雨应补喷一次。

3. 油菜雪灾后的抗灾技术措施

（1）搞好排水防渍。冰雪融化，极易造成田间沟路阻塞，渍水伤根；土壤湿度大，导致土壤缺氧，容易产生渍害、油菜烂根、地上部分黄叶增加、花常分化减缓、落花率增加，植株抗性下降，加重病虫害发生；并且容易发生倒伏，影响油菜的产量及品质。因此应及时清沟排渍，以养护根系，增强其吸收养分的能力，保证其生长发育及恢复生长所需要的养分。开春后，南部油菜区雨水明显增多，易造成土壤水分过多，通气不良，妨碍根系生长扩展，阻碍养料吸收，同时田间湿度大，有利于病虫害发生和蔓延，因此要保持田间排积畅通，防止雪后受渍。做到沟内无明水、耕作层内无暗渍，清沟取出的泥土培在油菜行莞边，以增强抗倒能力。

同时及时中耕除草，疏松表土，提高地温，改善土壤理化性质，促进根系发育，还可减轻病虫害发生和感染，并结合培土壅根，防止油菜倒伏，注意在中耕过程中应精细操作，不要伤苗、伤叶。

（2）防寒抗冻。雨雪低温是油菜遭受冻（冷）害的重要气象灾害。尤其是春后早熟油菜长势较旺，抽薹开花偏早的田块，娇嫩的花器最容易遭受冻（冷）害，造成开花不结荚，引起较大幅度减产。对已经受冻的花序可作剪除处理，去掉早薹，增施氮、磷肥以促进分枝生长和花芽分化。同时补施少量钾肥或撒施草木灰以提高土温，增强油菜的防寒抗冻能力，预防后续冻（冷）害。

（3）促控结合，平衡施肥。为了使雪后油菜尽快恢复生长，根据苗情长势，及时施肥或者喷施植物生长调节剂。可每亩用硼肥 100 g，磷酸二氢钾、尿素各 250 g 混合后兑水 50 kg，在晴天均匀喷雾。每 5～7 天喷 1 次，连喷 2 次左右，可结合菌核病防治喷药一起进行。对灾情重、长势差的田块用 4% 的 "九二〇" 乳油 800～1000 倍液 600～750 kg/hm² 均匀喷施，能起到促进和恢复油菜生长的作用。

春季油菜生长迅速，根系吸肥力猛增，这时是需肥的重要时期。特别是在遭受严重的雪灾冻害后，大部分叶片冻死，养分消耗多，雪融化后及时追施油菜薹肥，如不及时追肥，就满足不了营养期所需养分，对分枝、角果籽粒的发育都有严重影响，产量大幅减产。此时施肥，可以弥补冻害造成的营养亏损，有利于增加分枝和花蕾数。

施肥以掌握早发稳长、不早衰、不贪青晚熟为原则，地力肥沃，腊肥足，油菜长势强，应少施薹肥。土壤肥力差，油菜苗长势弱，或者前期施肥不足的田块，要抓紧追肥，要早施、重施。干旱地缺水，要水肥结合，以水促肥，及时发挥肥效。

油菜除了追施氮肥外，还需要增施钾肥和硼肥。油菜春季增施钾肥，可以增强抗倒、抗病、抗寒、抗渍能力。特别对缺钾土壤、沙质田、杂交水稻田，春季增施钾肥，能收到明显的增产效果。在 2 月下旬至 3 月上旬进行追肥，一般每亩用尿素 5～7.5 kg 或碳酸氢铵 10～15 kg，草木灰 150～200 kg 撒施，或施氯化钾 15 kg，可采用沟施、耧施或结合灌水、中耕除草撒施等。

油菜是对硼反应特别敏感的作物，当土壤中有效硼，即水溶性硼含量低于 0.5 mg/kg 时油菜就会发生缺硼症状，这种症状花期就表现为 "花而不实"。当 "花而不实" 的植株较多时会导致大幅度减产，严重时可能绝收。一般在蕾薹期和初花期分别喷施一次，喷用浓度（按硼重量）为 0.2%～0.3%，即 100 kg 水用硼砂 200～300 g，喷用量每亩 100 kg 左右。喷施硼肥应选择晴天下午为好，喷施后 36 h 遇降雨应重喷施。

（4）防治草害。春后随着气温回升，雨水增多，杂草速生，因此，要采用人工除草和使用除草剂相结合的办法，及早防治草害。在日平均气温稳定在 5 ℃ 后尽早用药除草，如果遇到倒春寒天气，应尽量掌握在冷尾暖头用药，避免出现药害和加重冻害。清除禾本科杂草，用高效盖草能或高效盖草灵等均匀喷雾；对于以双子叶/阔叶类杂草为主的田块用高特克或者好施多等均匀喷雾；对于以多种单、双子叶杂草混生的田块用高效盖草能乳油加高特克或油草双克兑水喷雾。

（5）及时防治病虫害。油菜受冻害后，很容易受到病菌的侵染和害虫的危害，所以必须及时进行病虫害的防治。油菜蕾薹、开花期，菌核病、病毒病，以及蚜虫、潜叶蝇等病虫害容易发生，应及早做好防治工作。

蚜虫是中后期油菜的主要虫害，而且蚜虫传播病毒病，防止蚜虫传毒也是防治病毒病的关键。当蚜株率达 10% 左右时，每亩用 2.5% 敌杀死 20 mL 兑水 50～60 kg 喷雾，或 50% 抗蚜威可湿性粉剂 2000～3000 倍液喷杀。

油菜的主要病害是菌核病，菌核病的菌源在土壤中可以存活多年。菌核病一般年份可致使油菜减产 10%～30%，严重的可以造成大幅度减产甚至绝收，因此防治菌核病是实现油菜丰收的重要环节。为预防菌核病危害，花期是药剂防治的关键时期。防治菌核病应在降低田间湿度的基础上，应用药剂防治，主要在初花后进行，喷药次数应根据病情酌情掌握，尽量喷于植株中、下部，结合叶面施肥及蚜虫防治，菌核病防治的药剂配方推荐如下（每亩用量）：65% 菌核锰锌可湿性粉剂 100～150 g＋95% 硼砂 80 g＋10% 吡虫啉 30 g；或者 40% 菌核净可湿性粉剂 150～200 g＋95% 硼砂 80 g＋10% 吡虫啉 30 g；或者 25% 咪鲜胺乳油 70～90 mL＋95% 硼砂 80 g＋10% 吡虫啉 30 g；或者 50% 多菌灵可湿性粉剂 100 g＋95% 硼砂 80 g＋10% 吡虫啉 30 g。初花期施药一次，对感病品种、长势过旺、往年重发病田块应在第一次喷施药后的一周左右，再喷施第二次。

油菜冻害防治技术总结于表 8-1。

表 8-1　油菜冻害防治技术明白卡

类型	主要症状	技术和措施
轻度冻害	仅个别大叶受害，受害叶层局部萎缩呈灰白色。	1. 及时清理厢沟、腰沟、围沟，排出雪水、降低田间湿度，促进油菜生长。 2. 用硼肥 100 g、磷酸二氢钾 250 g、多菌灵 150 g 混合后兑水 50 kg，在晴天均匀喷雾。有条件的地方，可以撒施草木灰等农家肥。

类型	主要症状	技术和措施
中等冻害	有半数叶片受害，受害叶层局部或大部萎缩、焦枯，但心叶正常。	1. 及时清理厢沟、腰沟、围沟，排出雪水、降低田间湿度，促进油菜生长。 2. 根据苗情长势，可每亩追施尿素 3～5 kg，结合硼肥 100 g、磷酸二氢钾 250 g、多菌灵 150 g 混合后兑水 50 kg，在晴天均匀喷雾。有条件的地方，可以撒施草木灰等农家肥。
严重冻害	全部叶片大部受害，受害叶局部或大部萎缩、焦枯，心叶常为绿色，植株尚能恢复生长。	1. 及时清理厢沟、腰沟、围沟，排出雪水、降低田间湿度，促进油菜生长。 2. 根据苗情长势，可每亩追施尿素 5 kg 左右，结合硼肥 100 g、磷酸二氢钾 250 g、多菌灵 150 g 混合后兑水 50 kg，在晴天均匀喷雾。有条件的地方，可以撒施草木灰等农家肥。
花蕾期冻害	年前抽薹开花，遭遇冻害导致部分薹茎枯死或花序萎蔫。	1. 及时清理厢沟、腰沟、围沟，排出或排干雪水、降低田间湿度，促进油菜生长。 2. 解冻后选择晴天，用刀从枯死基段以下 2 cm 处斜面割除受冻菜薹，以促进基部分枝生长。 3. 用硼肥 100 g、磷酸二氢钾 250 g、多菌灵 150 g 混合后兑水 50 kg，均匀喷雾。
致死冻害	全部大叶和心叶均萎蔫焦枯，趋向死亡。	将死亡植株作绿肥翻耕到土壤中，提高土壤肥力并可控制土传病害。有条件的地方可改种春季马铃薯、速生性蔬菜等，以尽量挽回损失。

今后冻害早预防，确保油菜得丰收

1. 选用农业部门主推的耐寒抗冻油菜品种，不要购买未经审定的油菜品种。

2. 播种期一般在 9 月 15 日至 10 月 15 日，过早和过晚都会降低油菜的抗冻能力。

3. 苗前要合理施肥，培育越冬壮苗。对长势较差的要适当增加追肥的施用量，促进早发壮苗，对长势偏旺的要适当控制氮肥，增加磷肥和钾肥的施用量。

4. 在冬至前进行中耕除草，培土壅蔸，及时清理三沟，减轻湿害，有条件的地方可实施精秆覆盖，增温保水，灌越冬水，提高油菜抗寒抗冻能力。

第二节 高温和干热风对油菜的影响

一、高温和干热风对油菜的危害

在油菜生产过程中，高温和干热风对油菜产量和质量的影响主要发生

在角果成熟期。高温逼熟是指 4 月下旬均气温＞20 ℃，且较上旬陡升≥5 ℃
的晴热天气过程，造成油菜植株叶片早衰、角果籽粒充实不良、籽粒过早
成熟、千粒重降低，从而导致减产和含油量下降等。初夏季节，在我国的
某些地区经常还会出现一种高温、低湿的风，这就是干热风，也称为"热
风""火风""干旱风"等，是一种持续时间较短的（一般 3 天左右）特定
的天气现象。干热风对油菜的危害，主要由于高温、干旱、强风迫使空气
和土壤的蒸发量增大，植株体内的水分消耗很快，从而破坏了叶绿素等色
素，阻碍了光合作用和合成过程，使植株很快地由下往上青干。油菜的根
部本来就吸不到应有的水分，而干热风又从茎叶中把大量的水分攫取走
了，因而使油菜更快地萎黄枯死。干热风出现时，往往气温高、湿度小、
风速快，叶片因水分蒸腾而大量失水，导致植株体内水分平衡失调，轻者
叶片凋萎，重者整株干枯死亡。受干热风危害的油菜叶片卷缩凋萎，由绿
变黄或灰白，茎秆变黄，角果壳呈白色或灰白色，籽粒干瘪，千粒重下
降，产量锐减，含油量下降。干热风的危害程度，与干热风出现前几天的
天气状况有关。如雨后骤晴，紧接着出现高温低湿的燥热天气，危害较
重。在干热风发生前如稍有降水，对于减轻干热风危害是有利的。干热风
对油菜的危害可分为干害、热害和湿害。

1. 干害　在高温低湿的条件下，油菜植株的蒸腾量加大，田间耗水量
增多，土壤缺水，植株体内水分失调，出现叶片黄化、萎蔫或植株死亡等
干旱症状。

2. 热害　热害主要是由于高温破坏油菜的光合机制，导致植株光合作
用不能正常进行，影响光合产物的生产与运送，导致千粒重下降。在油菜
籽粒发育形成期，当气温达 28 ℃左右时，角果壳光合作用受阻，当日均
温持续在 24 ℃～25 ℃时，则籽粒灌浆过程中止，形成热害。

3. 湿害　湿害多在雨水较多或地下水位较高的地方发生，主要是因雨
后高温或晴天高温，植株强烈脱水，导致油菜青干或高温逼熟。

二、油菜高温和干热风的程度分级

干热风的基本特点是高温、低湿伴有风，三者综合形成突发性的气候
灾害，其中高温是主导因子，大气干燥是辅助因子，风是加剧条件，通常

根据三要素的配合状况，把危害油菜的干热风分为轻、重两级。其中，轻干热风为日最高气温≥32 ℃，14:00 时相对湿度≤30%，风速≥2 m/s；重干热风为日最高气温≥35 ℃，14:00 时相对湿度<25%，风速≥3 m/s。

干热风对油菜的危害程度可分为重、中、轻 3 个等级。

重度危害：基秆青枯，籽粒不能正常灌浆，空瘪，千粒重低，产量和含油量严重下降。

中度危害：叶片及茎秆变黄或青枯，果皮变白，产量和含油量下降。

轻度危害：叶片凋萎，果皮变白，产量和含油量下降不明显。

三、油菜高温和干热风的预防，以及抗灾技术措施

(一) 建立预警机制

采取相应措施减轻干热风对油菜产量和质量的损失，应及时发布预警信息。政府及农林主管部门按照职责做好预防干热风应急工作，农村基层组织要广泛发动群众，防灾救灾，采取积极措施补救灾害造成的损失。油菜干热风预警信号分黄色、橙色、红色三级。

1. 黄色预警　日最高气温≥30 ℃，14:00 时相对湿度≤30%，风速≥2 m/s 的天气条件对油菜生长发育产生影响，并可能持续。

2. 橙色预警　日最高气温≥32 ℃，14:00 时相对湿度≤25%，风速≥2.5 m/s 的天气条件对油菜生长发育产生影响，并可能持续。

3. 红色预警　日最高气温≥35 ℃，14:00 时相对湿度≤25%，风速≥3 m/s 的天气条件对油菜生长发育产生影响，并将持续。

(二) 预防措施

1. 营造防护林带，改善农田小气候　造林、种草、营造防护林和防风固沙林带，可增加农田相对湿度，降低田间温度，改善农田小气候，削弱干热风的强度，减轻或防御干热风的危害。在土壤肥力瘠薄、灌溉条件差的地区防风林的作用更加明显。

2. 搞好农田基本建设，改善生产条件　治水改土，完善田间排灌设施，是防御干热风、稳定提高油菜产量的有效途径。

3. 选用抗逆性强的品种，适期播种　选用耐旱、抗高温的双低中、早熟油菜品种，适时早播，避免干热风危害的时期。

4. 补施薹肥　在冬末初春，给油菜补施薹肥，既可增加角果总数，又可增强后期耐热能力。

5. 合理布局　在干热风常发的地区，根据干热风出现的规律和旱捞趋势预报，改变油菜布局和栽培方式，使油菜籽粒发育成熟期避开较强的干热风，减轻或避免干热风的危害。

6. 喷施植物生长调节剂　苗期喷施 100～200 mg/kg 的多效唑，可使油菜植株增强抗风抗倒能力，减轻风灾的危害。

（三）补救措施

1. 做好预测预报工作　针对干热风对作物的危害，对干热风的类型、强度、开始和持续时间、出现的范围等进行预测预报，便于更好地防御。

2. 适时灌水　根据天气预报，在干热风发生前 1～2 天浇水，可改善农田生态环境，减轻干热风危害。

3. 根外施肥，减轻危害　在油菜初花期至结角期，每亩用 100 g 磷酸二氢钾，尿素 150～200 g 兑水叶面喷施，可以增强植株抗逆性，减轻干热风的危害。

第三节　风灾

一、风灾对油菜的危害

在各种自然灾害中，风灾是重要的自然灾害之一，以其种类多、影响范围广、发生频率高和破坏力大而著称。

油菜风灾是指出现日风级≥6 级，或 10 min 风速≥11 m/s 的天气过程。冬油菜生育期间的风灾主要发生在冬季、春季至夏初。冬季如果遇干旱，在整地疏松、镇压不实的地块，容易造成掉根、风干的现象，严重者造成油菜大面积死苗，大幅减产甚至绝收。春季至夏初的风灾发生在油菜抽薹至收获前，风灾不仅会对油菜的授粉产生影响，而且容易造成油菜倒伏，倒伏越早对产量的影响越大。这一时期由于白天升温迅猛、油菜抽薹较快，如果突然降雨并伴随大风，将会使幼嫩薹茎扭曲、断裂甚至折断倒伏，严重影响后期千粒重和含油量。油菜角果成熟期遭遇风灾会使分枝折断，角果机械损伤脱落或大面积倒伏，并容易出现大面积再花现象。

二、油菜风灾的程度分级

0级：油菜植株基本无风灾症状。

1级：叶片叶缘青枯，叶片撕裂，破损量较小。

2级：全株叶片青枯，心叶、生长点基本正常。

3级：整株叶片全部青枯变黑，生长点干枯。

三、油菜风灾的预防和抗灾技术措施

（一）建立预警机制

采取相应措施减轻风灾对油菜产量和质量的损失，应及时发布预警信息。油菜风灾预警信号分黄色、橙色和红色三级。

1. 黄色预警　油菜叶片叶缘青枯，叶片撕裂，破损量较小。

2. 橙色预警　全株叶片青枯，心叶、生长点基本正常。

3. 红色预警　整株叶片全部青枯变黑，生长点干枯。油菜产量和质量严重受损。

（二）预防措施

1. 种植防风林带　防风林带起到的主要作用是机械阻挡，林带方向与风向垂直时防风效果最好。

2. 选用抗灾能力强的良种　为了提高油菜抵御风灾的能力，宜选用株型紧凑、中矮秆、茎秆组织较致密、抗菌核病能力强、抗风抗倒能力强的油菜品种。在风灾较严重的地区，尤其要注意抗风良种的选用。

3. 适当调整植株种植行向　在风灾较严重的地区，植株种植行向与风向相同可以增强油菜抗风能力。

4. 合理密植　油菜在适宜的种植密度下，后期分枝相互穿插交织，全田油菜形成一个整体，抗倒伏能力增强。若密度过大，则个体发育不良，抗风能力差。

5. 健身栽培，培育壮苗　搞好健身栽培，培育壮苗，是提高作物抵御风灾能力的重要措施。增施有机肥和磷钾肥，高肥水地块苗期应注意蹲苗。但若偏施氮肥或开花期重施氮肥，则油菜易贪青倒伏。

6. 清沟排渍，降低田间与土壤湿度　在油菜生育后期，如土壤过湿，油菜不仅易造成基部倒伏，且易引发菌核病，使油菜倒伏程度加重。因此，应在冬闲期间清沟排渍，以备春季雨水过多时及时排出田间渍水，降低田间土壤湿度，防治菌核病，可以增强油菜的抗倒能力。

7. 追施腊肥，壅土培蔸　冬前结合追施腊肥，壅土培蔸，防止油菜后期倒伏。

（三）补救措施

加强肥水管理，及时疏除中下部老叶病叶，减少养分消耗，保根促长。及时中耕除草，壅土培蔸，破除土壤板结。风灾严重时，适时补种短季作物，弥补产量损失。

第九章　高油酸油菜营养加工技术

第一节　菜籽油营养研究

一、菜籽油简介

目前油菜籽生产的产品主要有两大类，分别是油菜籽油和压榨后的饼粕。油菜菜籽油，别称油菜籽油、菜油、香菜油，是用油菜籽榨出来的一种食用植物油，富含多种不饱和脂肪酸，营养丰富，也是食品工业的重要原料。根据我国第三次农业普查数据，2014—2018 年我国油菜籽的产量一直在 1300 万吨左右，约占全球油菜籽产量的 19％，我国是全球油菜籽第一生产大国。在我国，80％左右的国产食用植物油来自油菜、花生、大豆、芝麻等油料作物，而其中菜油已占国产油料作物产油量的 54.6％。人体对菜籽油的吸收率很高，可以达到 99％。菜籽油主要产于长江流域及西南、西北等地，菜籽油一般呈现金黄色或棕黄色，具有一定的刺激性气味，民间又叫作"青气味"。这种气味是因为油菜籽中含有的芥子苷（硫代葡萄糖苷），但是现在广泛推广种植的油菜品种的油菜籽则基本不含这种物质。

二、菜籽油的营养提质发展历史

菜籽油主要营养成分为油酸、亚油酸、亚麻酸、生育酚和菜籽甾醇等，我国以前种植的传统油菜产出的菜籽油品质差，菜籽中芥酸、硫苷含量高且其他脂肪酸的组成不合理。而研究发现，食用高芥酸油易于引发心血管疾病，且饼粕中的硫苷分解产物也对动物有害。

菜籽油的营养价值主要受其中硬脂酸、油酸、亚油酸、亚麻酸、芥酸等各种脂肪酸含量的影响，油酸是油菜脂肪酸的主要组成成分，由于其拥有稳定的生理生化特性和较高的营养价值，且油酸作为一种不饱和脂肪酸是人体所必需的，其具有容易被人体吸收、防止血管硬化和预防心血管疾病等功效，因此被人们称为"健康脂肪酸"。过去我国种植的油菜，其脂肪酸特征是芥酸和有害物质硫代葡萄糖苷含量高，油酸、亚油酸等不饱和脂肪酸含量较低，属于高芥酸油菜。芥酸虽然对人体无害，但是菜籽油中脂肪酸总量是一定的，芥酸含量会影响亚油酸、油酸等对人健康有益的不饱和脂肪酸的含量，且人体不易消化吸收，营养价值不高。所以进行"双低"油菜品种选育（低芥酸、低硫代葡萄糖苷）将一部分或全部芥酸转化为油酸、亚油酸等不饱和脂肪酸对于菜籽油营养价值的提升具有十分重要的意义。20世纪90年代，在我国连续4个"五年规划"的基础上，经过全国20多个科研单位近20年的协作科技攻关，以及中国、加拿大、澳大利亚、美国等重大国际合作研究，选育出了一批优质"双低"的油菜新品种。湖南农业大学油料作物研究所官春云院士培育的湘油11号是我国第一个通过国家审定的"双低"油菜品种，1987年湖南省审定，1991年国家审定，推广面积40万公顷。随后，秦优7号、中双4号、华杂4号、油研7号、德油5号、沣油737等油菜新品种不断涌现，极大地促进了油菜生产由单纯注重产量向产量与质量并重的转变过程，平均产量达到1500 kg/hm² 以上，食用油品质也得到了极大改善。

中国经过近十年的努力，使传统的劣质高芥酸菜籽油变革成了在大宗植物油中营养品质最好的低芥酸菜籽油。目前，除特异用途品种外，"双低"品质要求已成为我国新品种审定的最低品质标准。

在最近的十年里，我国油菜的"双低"率不但进一步提高，而且随着我国人民生活水平的提升，人们对油品质的要求日益提高，不但要吃"放心油"，还要吃健康油，因此高油酸"双低"菜籽油成为近些年来市场上追捧的热点。我国油菜产业著名科学家、中国工程院院士官春云在中国培育了第一个通过国家审定的"双低"油菜品种湘油11号，近年又率先在国内培育出了两个高油酸品种（高油酸1号和湘油708），高油酸1号和湘油708油酸含量均达到80%以上，比市场上橄榄油和高油酸菜籽油油酸含量还要高5%以上，目前已经获得了国家品种认证。我国现在推广的油菜品种基本都是"双低一高"品种，所谓"双低一高"就是指低芥酸、低硫苷和高油酸。

三、"双低"菜籽油营养健康功能

（一）降低人体内总胆固醇，但不降低对人体有益的高密度脂蛋白胆固醇

研究表明，TC、LDL-C 和 VLDL-C 与动脉粥样硬化、心血管疾病等密切相关，一些相关机构建议降低体内 TC、LDL-C 和 VLDL-C 水平。L Negele 等对患有家族性高胆固醇血症的 21 个处于 6～18 岁的对象进行研究，食用低芥酸菜籽油 13 周后，TC 水平降低 9.4%，LDL-C 由 153.4 mg/dL 降低至 134.0 mg/dL，降幅达 12.7%。Gulesserian T 等研究发现，轻度和中度高胆固醇血症患者连续摄入 5 个月菜籽油后，其 VLDL-C 可降低 27%。最近研究发现，低芥酸菜籽油相对于高饱和脂肪酸食用油未引起 HDL-C 含量的变化。因此，低芥酸菜籽油可降低 TC、LDL-C、VLDL-C，但不降低对人体有益的 HDL-C，可降低心血管疾病发病率和死亡率。

（二）抑制血小板凝集

血小板是炎症介质的来源之一，被激活后可以通过表达和释放炎症介质，诱导白细胞的炎症作用，进而促进内皮细胞活化、变性，形成动脉粥样硬化和血栓性病变。Kwon 等研究了菜籽油和红花籽油对 30 名健康男性血小板聚集效果的影响，发现相对于饱和脂肪酸饮食组，低芥酸菜籽油和红花籽油饮食组都暂时降低了血小板聚集，但是，菜籽油饮食组在血小板功能方面，能比红花油饮食带来更长时间的有益效果。这可能与低芥酸菜籽油中含有的 α-亚麻酸有关，它在人体内代谢生成的 EPA 可衍生成 PGI3，PGI3 也叫前列腺环素，可以扩张血管和防止血小板凝集，减少血栓形成，使动脉粥样硬化斑块处于稳定状态。

（三）预防缺血性中风

大脑缺血首先形成一个病变位点，随着时间推移，形成缺血灌注损伤，该阶段引起一些炎症反应，引起细胞凋亡。Nguemeni 等研究显示，低芥酸菜籽油对小鼠缺血性中风具有预防作用，给小鼠喂食 6 周低芥酸菜籽油，可预防大脑缺血性中风，减轻压力，减少神经元损伤，减少死亡

率，使其更好地康复。这主要归因于 α-亚麻酸，其可以降低胆固醇水平，抑制炎症和增强脑的可塑性和脑血流量，中风后食用富含 α-亚麻酸的低芥酸菜籽油，患者也可以显示出更好的康复能力。

（四）抗脂质过氧化

在生物体内，特别是生物膜的磷脂中，不饱和脂肪酸含量极高，化学性质不稳定，易氧化，产生有细胞毒性的脂质过氧化物，破坏人体细胞正常生理功能，促使人体衰老和诱发癌症。低芥酸菜籽油富含芥子酸、芥子酚等多酚，其总酚含量、抗氧化能力明显强于其他常见食用植物油。芬兰赫尔辛基大学 Turpeinen 等以 59 名健康成人为研究对象，研究了不同植物油对脂质过氧化的影响，结果发现，与葵花籽油相比，低芥酸菜籽油可以降低脂质氧化速率，抗脂质过氧化。

（五）提高胰岛素敏感性和耐糖性

多项实验结果表明，饱和脂肪酸的摄入与胰岛素抵抗、肥胖和代谢综合征相关，同时研究发现，单不饱和脂肪酸取代饱和脂肪酸后，能提高胰岛素敏感性和血糖控制。瑞典 Södergren 等研究指出，相对于其他富含高饱和脂肪酸的油脂，食用低芥酸菜籽油会显著提高胰岛素的敏感性，降低空腹血糖水平。加拿大 Jenkins 等以 141 名患有 2 型糖尿病的患者为实验对象，观察菜籽油（实验组）和全谷物食品（对照组）对受试者糖化血红蛋白值的影响，并估算心血管风险评分。结果发现，实验组较对照组糖化血红蛋白值显著降低，且心血管风险降低，因此，低芥酸菜籽油可用于 2 型糖尿病患者的血糖控制。

（六）促进婴幼儿大脑发育，预防老年认知和脑功能障碍

DHA 在大脑中主要存在于灰质部分，是人脑神经细胞膜中的主要脂质成分，也是大脑细胞优先利用的脂肪酸。在妊娠期、哺乳期和早期生活中，若 DHA 缺乏，会对大脑功能和心理健康产生巨大影响。α-亚麻酸可通过碳链延长和去饱和形成长链 ω-3 脂肪酸 DHA，过高含量的 α-亚麻酸会影响长链 ω-3 脂肪酸的生物合成。研究表明，当 α-亚麻酸的摄入超过 10%，且不饱和脂肪酸 ω-6/ω-3 的比率小于 2.5 时，能够减少 DHA 含量，相对于亚麻籽油而言，食用富含 α-亚麻酸而亚油酸含量低的低芥酸菜籽油可以有效增加 DHA 含量。低芥酸菜籽油能增强 α-亚麻酸向长链 ω-3 生

物转化，使大脑中的DHA处于稳定状态。研究表明，妊娠期和哺乳期饮食富含α-亚麻酸的菜籽油可以预防断奶后小鼠在生长过程中α-亚麻酸的摄入不足，使其大脑DHA水平仍处于较好的状态。与此同时，α-亚麻酸是一种高效的生酮脂肪酸，可通过生酮作用产生能量，绕过葡萄糖摄取障碍，降低认知能力下降的风险，预防老年认知和脑功能障碍。研究表明，摄入富含ω-3的油（菜籽油和坚果）以及蔬菜和水果可以降低患痴呆的风险。

（七）防治神经系统紊乱

因α-亚麻酸可以阻断红藻氨酸致病海马CA1、CA3区神经元细胞死亡，同时可以对抗梭曼中毒引起的神经病理学，保护神经，治疗神经紊乱，消费者可以选择富含ω-3脂肪酸的植物油如低芥酸菜籽油和核桃油等。流行病学数据显示，红细胞中AA与EPA的比值与抑郁症状相关，比值越高，患抑郁的风险越大。安排30个健康男性食用不同脂肪酸组成的食用油（葵花籽油、低芥酸菜籽油、葵花籽油与菜籽油1∶1的调和油），结果表明，增加菜籽油的摄入，可增加EPA含量，同时可以减小血浆中AA/EPA比值，有利于防治神经系统紊乱。

（八）降低纤维蛋白原，有益于老年人健康

芬兰赫尔辛基大学与坦佩雷大学经研究发现，食用低芥酸菜籽油可有效降低人体血液中的纤维蛋白原含量，预防脑血栓、心肌梗死、糖尿病以及恶性肿瘤等疾病。42名受试者每天用一汤匙菜籽油代替部分摄入的脂肪，6天后发现在所有纤维蛋白原超标的受试者血液内，纤维蛋白原含量均下降1/3左右。血液纤维蛋白原含量超标主要发生在老年人中，研究人员建议，为避免纤维蛋白原超标，老年人所摄入脂肪的1/4应该由低芥酸菜籽油代替。

（九）有助于减肥，保护肌肉

人体干预性临床试验结果表明，食用低芥酸菜籽油可通过乙醇胺调节脂肪代谢，改善动物脂肪分布，减少腹部脂肪，有助于减肥，因此推荐肥胖人群和心血管病人群食用低芥酸菜籽油。Costa等将断奶后的小鼠分为2组，分别喂食大豆油和低芥酸菜籽油，60天后发现喂食低芥酸菜籽油可以显著降低小鼠的腹部脂肪和细胞大小。对小鼠喂食葵花籽油、低芥酸菜籽

油和鱼油，4天催肥、随后8天减肥，试验结果：3组实验均实现了体重减少20%，脂肪减少50%，食用葵花籽油的小鼠肌肉减少4%～6%；食用低芥酸菜籽油的小鼠无肌肉减少，这主要是与低芥酸菜籽油ω-3多不饱和脂肪酸有关，它能增强胰岛素前体磷酸化，增强胰岛素信号传导和敏感性，增强糖代谢，避免肌肉损失。

（十）抑制致癌剂DNA合成物形成，降低致癌风险

ω-3多不饱和脂肪酸可以抑制肿瘤细胞增殖，促进细胞凋亡，对乳腺癌、结肠癌等癌症治疗效果显著。因此，富含ω-3脂肪酸的低芥酸菜籽油、鱼油等对保护人们免于乳腺癌、结肠癌和前列腺癌等癌症具有一定效果。研究证实，食用低芥酸菜籽油的人群丙醛DNA合成物的水平更低，且食用低芥酸菜籽油的女性比单纯食用葵花籽油或玉米油的女性患乳腺癌的风险降低30%。西班牙最新研究发现，棕榈酸能促进肿瘤细胞转移。研究人员将癌细胞经棕榈酸处理后注射到小鼠体内，肿瘤转移起始细胞（CD36＋）显著增加，显著增加癌细胞的转移。由于在常见食用植物油中，低芥酸菜籽油棕榈酸含量最低，因此，由此引发的相对致癌风险也最小。

高油酸油菜是由"双低"油菜改良而成，所以高油酸菜籽油不但具有"双低"菜籽油以上所有的营养健康功能，还具有许多其他特性。官春云等指出高油酸菜籽油中油酸含量高，芥酸、硫苷含量低，可以有效地抑制血管中脂蛋白的含量，预防心血管疾病，促进身体健康；高油酸在高温下不易氧化和变质，加热时也不冒烟，能够缩短烹调的时间，减少损耗，且其煎炸的食物具有较好的色泽和香味；此外，还可以利用高油酸油生产生物柴油，高油酸油生产的生物柴油具有高稳定性，低点火温度和更好的冬季操作性能。

第二节　传统色拉油加工技术

一、色拉油简介

色拉油，别称凉拌油。色拉油是指各种植物原油经过脱胶、脱色、脱臭（脱脂）等加工程序精制而成的高级食用植物油。主要用于凉拌、作酱和调味料的原料油。目前市场上出售的色拉油主要有大豆色拉油、油菜籽

色拉油、米糠色拉油、棉籽色拉油、葵花籽色拉油、花生色拉油和玉米色拉油。不过现在已没有色拉油的说法了，国家标准将油分为一、二、三、四级共四个等级，色拉油属于一级，也就是油精炼后达到的最好级别，现代制取工艺主要为压榨和浸出，浸出产量较大，主要工段为油料预处理（主要除杂将油料制成胚片）、浸出（将油脂浸出，再把溶剂分离出去）、油脂精炼（脱酸、脱胶、脱色、脱臭、脱蜡）得到颜色较浅的油脂。

色拉油可用于生吃，因特别适用于西餐"色拉"凉拌菜而得名。色拉油呈淡黄色，澄清、透明、无气味、口感好，用于烹调时不起沫、烟少，能保持菜肴的本色本味，在 0 ℃条件下冷藏 5.5 h 仍能保持澄清、透明（花生色拉油除外），除作为烹调、煎炸用油外，主要用于冷餐凉拌油，还可以作为人造奶油、起酥油、蛋黄酱及各种调味油的原料油。色拉油的制造过程一般是选用优质油料先加工成毛油，再经脱胶、脱酸、脱色、脱臭、脱蜡、脱脂等工序成为成品。

二、色拉油的营养功能

色拉油富含维生素 E、不饱和脂肪酸、类胡萝卜素-1 等营养物质，色拉油中还含有较少的游离脂肪酸。色拉油具有抗氧化、抑制癌细胞增殖、提高免疫力、降低血脂和胆固醇的作用，在一定程度上可预防心血管疾病的发生，有益于血管、大脑的生长发育。此外，色拉油不含致癌物质黄曲霉素和胆固醇，对机体有保护作用，老少皆宜。

三、色拉油加工

（一）色拉油加工工艺流程

预榨毛油→过滤除杂→磷脂脱胶→碱炼脱酸→吸附脱色→蒸馏脱臭→脱蜡→脱硬脂→高级烹调油或色拉油。

原料：油菜籽。

主要工艺参数：

（1）除去预榨毛油中少量杂质。（2）采用间歇工艺时，调整毛油初温 40 ℃，加入油量 0.1%～0.2%、浓度 85% 的工业磷酸，搅拌 0.5 h 进行脱胶，然后加入碱液进行碱炼脱酸，超量碱为油重的 0.1%～0.3%。水洗油于绝对压力 8 kPa 以下，温度为 90 ℃～95 ℃真空脱水，然后加入油重 3%～5% 的活性白土脱色，脱色油温度 230 ℃～240 ℃。用压力 0.1～0.2 MPa 直接水蒸气蒸馏 3 h 以上，冷却、精滤后得到菜籽高级烹调油或色拉油。（3）采用连续工艺时，毛油含杂应在 0.2% 以下，碱液浓度为 20～24°Be′，用碱量为理论碱量的 125%，中和温度为 80 ℃～90 ℃。碱炼油再用浓度 6～12°Be′、油容积 1%～3% 的碱液复炼，复炼温度为 90 ℃；复炼油用油量 10%～15% 的热水于 90 ℃下水洗、脱水；于 120 ℃下连续脱色，脱色白土用量为 1%～2%，时间为 15～20 min；然后在温度 230 ℃～250 ℃、时间为 40～120 min 条件下脱臭。脱臭油经冷却、精滤后得到菜籽高级烹调油或色拉油。

关键设备：油脂加工机械、碱炼罐、离心机、油碱比配机、混合机、换热器脱色罐或叶滤机脱臭器或连续脱臭塔。

毛油一般指从浸出或压榨工序由植物油料中提取的含有不宜食用（或工业用）的某些杂质的油脂。毛油的主要成分是甘油三酯与脂肪酸的混合物（俗称中性油）。除中性油外，毛油中还含有非甘油酯物质（统称杂质），其种类、性质、状态，大致可分为机械杂质、脂溶性杂质和水溶性杂质等三大类。

（二）油脂精炼的目的和方法

油脂精炼通常是指对毛油进行精制。毛油中杂质的存在，不仅影响油脂的食用价值和安全贮藏，而且给深加工带来困难，但精炼的目的，又非将油中所有的杂质都除去，而是将其中对食用、贮藏、工业生产等有害无益的杂质除去，如棉酚、蛋白质、磷脂、黏液、水分等，而有益的"杂质"如生育酚等要保留。因此，根据不同的要求和用途，将不需要的和有害的杂质从油脂中除去，得到符合一定质量标准的成品油，就是油脂精炼的目的。根据操作特点和所选用的原料，油脂精炼的方法可大致分为机械法、化学法和物理化学法三种。上述精炼方法往往不能截然分开，有时采用一种方法，同时会产生另一种精炼作用。例如碱炼（中和游离脂肪酸）是典型的化学法，然而，中和反应生产的皂角能吸附部分色素、黏液和蛋白质等，并一起从油中分离出来。由此可见，碱炼时伴有物理化学过程。

油脂精炼是比较复杂而具有灵活性的工作，必须根据油脂精炼的目的，兼顾技术条件和经济效益，选择合适的精炼方法。

（三）机械方法除杂

（1）沉淀

沉淀原理是利用油和杂质的不同比重，借助重力的作用，达到自然分离二者的一种方法。

沉淀设备有油池、油槽、油罐、油箱和油桶等容器。

沉淀方法：沉淀时，将毛油置于沉淀设备内，一般在 20 ℃～30 ℃下静置，使之自然沉淀。由于很多杂质的颗粒较小，与油的比重差别不大，因此，杂质的自然沉淀速度很慢。另外，因油脂的黏度随着温度升高而降低，所以提高油的温度，可加快某些杂质的沉淀速度。但是，提高温度也会使磷脂等杂质在油中的溶解度增大而造成分离不完全，故应适可而止。

沉淀法的特点：设备简单，操作方便，但其所需的时间很长（有时要10 多天），又因水和磷脂等胶体杂质不能完全除去，油脂易产生氧化、水解而增大酸值，影响油脂质量，不仅如此，它还不能满足大规模生产的要求，所以，这种纯粹的沉淀法只适用于小规模的乡镇企业。

（2）过滤

过滤原理是将毛油在一定压力（或负压）和温度下，通过带有毛细孔的介质（滤布），使杂质截留在介质上，让净油通过而达到分离油和杂质的一种方法。

过滤设备有箱式压滤机、板框式过滤机、振动排渣过滤机和水平滤叶过滤机。

（3）离心分离

离心分离的原理是利用离心力分离悬浮杂质的一种方法。

离心分离的设备有卧式螺旋卸料沉降式离心机。卧式螺旋卸料沉降式离心机是轻化工业应用已久的一类机械产品，近年来在部分油厂用以分离机榨毛油中的悬浮杂质，取得了较好的工艺效果。

（四）水化法除杂

（1）水化原理

所谓水化，是指用一定数量的热水或稀碱、盐及其他电解质溶液，加入毛油中，使水溶性杂质凝聚沉淀而与油脂分离的一种去杂方法。

水化时，凝聚沉淀的水溶性杂质以磷脂为主，磷脂的分子结构中，既含有疏水基团，又含有亲水基团。当毛油中不含水分或含水分极少时，它能溶解分散于油中；当磷脂吸水湿润时，水与磷脂的亲水基结合后，就带有更强的亲水性，吸水能力更加增强，随着吸水量的增加，磷脂质点体积逐渐膨胀，并且相互凝结成胶粒。胶粒又相互吸引，形成胶体，其比重比油脂大得多，因而从油中沉淀析出。

（2）水化设备

目前广泛使用的水化设备是水化锅。一般油厂往往配备 2～3 只水化锅轮流使用，也可作为碱炼（中和）锅使用。

（五）化学精炼

酸炼脱胶：毛油中的磷脂和钙、镁、铁、磷脂金属复合物不易水化，加入磷酸可使其变成水化磷脂，并可将毛油内的铁、铜等离子络合，增加其氧化稳定性。

酸炼脱胶的工艺：毛油预热到 60 ℃左右，加入油量 1% 浓度为 50%～85% 的磷酸，充分混合后再加上少量水搅拌，然后用离心机分离。如毛油中胶质含量少，也可以不脱胶直接进入脱酸工序。

脱酸：目的是脱除毛油中的游离脂肪酸，目前大多采用碱炼法。

碱炼法就是在油中加入一定量的氢氧化钠溶液，在一定工艺条件下，使油中的游离脂肪酸被中和并除去的炼制方法。其化学原理是：

$PCOOH + NaOH \rightarrow RCOONa + H_2O$ 或 $2RCOOH + NaOH \rightarrow H_2O + RCOOH \cdot RCOONa$

生成的两种皂化物和水均在油中呈不溶性胶状物及液体，便于分离，同时它们还吸附了许多杂质，如蛋白质、色素等。

脱胶后的毛油泵入中和锅，加热到 30 ℃～40 ℃，于 60 r/min 搅拌，缓缓加入碱液，升温至 60 ℃左右，搅拌速度降低至 30 r/min 保温静置 5～8 h，放出皂角，加入油量 30%～50% 的清水，搅拌加热到 40 ℃左右，水洗至油呈中性，用离心机脱去残余皂角和水分。

碱炼法中碱液浓度和碱量的控制是关键，温度等工艺条件的控制与操作时机的选择也十分重要。当然，这一切应视实际生产情况而定，这是衡量制油工技术成熟程度的一个标志。

碱炼设备有皂化锅、水洗锅和离心机等。

（六）物理精炼

油脂的物理精炼即蒸馏脱酸，系根据甘油三酸酯与游离脂肪酸（在真空条件下）挥发度差异显著的特点，在较高真空（残压 600 Pa 以下）和较高温度下（240 ℃～260 ℃）进行水蒸气蒸馏的原理，达到脱除油中游离脂肪酸和其他挥发性物质的目的。在蒸馏脱酸的同时，也伴随有脱溶（对浸出油而言）、脱臭、脱毒（米糠油中的有机氯及一些环状碳氢化合物等有毒物质）和部分脱色的综合效果。

油脂的物理精炼适合于处理高酸价油脂，例如米糠油和棕榈油等。

油脂的物理精炼工艺包括两个部分，即毛油的预处理和蒸馏脱酸。预处理包括毛油的除杂（指机械杂质，如饼渣、泥沙和草屑等）、脱胶（包括磷脂和其他胶黏物质等）、脱色三个工序。通过预处理，使毛油成为符合蒸馏脱酸工艺条件的预处理油，这是进行物理精炼的前提，如果预处理不好，会使蒸馏脱酸无法进行或得不到合格的成品油。蒸馏脱酸主要包括油的加热、冷却、蒸馏和脂肪酸回收等工序。

物理精炼使用的主要设备有除杂机、过滤机、脱胶罐、脱色罐、油热交换罐、油加热罐、蒸馏脱酸罐、脂肪酸冷凝器和真空装置等。

1. 脱色

（1）脱色的目的

各种油脂都带有不同的颜色，这是因为其中含有不同的色素所致。例如，叶绿素使油脂呈墨绿色；胡萝卜素使油脂呈黄色；在贮藏中，糖类及蛋白质分解而使油脂呈棕褐色；棉酚使棉籽油呈深褐色。在前面所述的精炼方法中，虽可同时除去油脂中的部分色素，但不能达到令人满意的地步。因此，对于生产高档油脂——色拉油、化妆品用油、浅色油漆、浅色肥皂及人造奶油用的油脂，颜色要浅，只用前面所讲的精炼方法，尚不能达到要求，必须经过脱色处理方能如愿。

（2）脱色的方法

油脂脱色的方法有日光脱色法（亦称氧化法）、化学药剂脱色法、加热法和吸附法等。目前应用最广的是吸附法，即将某些具有强吸附能力的物质（酸性活性白土、漂白土和活性炭等）加入油脂，在加热情况下吸附除去油中的色素及其他杂质（蛋白质、黏液、树脂类及肥皂等）。

（3）工艺流程

间歇脱色即油脂与吸附剂在间歇状态下通过一次吸附平衡而完成脱色过程的工艺。脱色油经贮槽转入脱色罐，在真空下加热干燥后，与由吸附剂罐吸入的吸附剂在搅拌下充分接触，完成吸附平衡，然后经冷却由油泵泵入压滤机分离吸附剂。滤后脱色油汇入贮槽，借真空吸力或输油泵转入脱臭工序，压滤机中的吸附剂滤饼则转入处理罐回收残油。

2. 脱臭

（1）脱臭的目的

纯粹的甘油三酯无色、无气味，但天然油脂都具有自己特殊的气味（也称臭味）。气味是氧化产物，进一步氧化生成过氧化合物，分解成醛，因而使油呈臭味。此外，在制油过程中也会产生臭味，例如溶剂味、肥皂味和泥土味等。除去油脂特有气味（呈味物质）的工艺过程就称为油脂的脱臭。

浸出油的脱臭（工艺参数达不到脱臭要求时称为"脱溶"）十分重要，在脱臭之前，必须先行水化、碱炼和脱色，创造良好的脱臭条件，有利于油脂中残留溶剂及其他气味的除去。

（2）脱臭的方法

脱臭的方法有很多，有真空蒸汽脱臭法、气体吹入法、加氢法和聚合法等。目前国内外应用最广、效果最好的是真空蒸汽脱臭法。

真空蒸汽脱臭法是在脱臭锅内用过热蒸汽（真空条件下）将油内呈味物质除去的工艺过程。真空蒸汽脱臭的原理是水蒸气通过含有呈味组分的油脂，汽液接触，水蒸气被挥发出来的臭味组分所饱和，并按其分压比率选出而除去。

3. 脱蜡

在温度较高时，糠蜡以分子分散状态溶解于油中。因其熔点较高，当温度逐渐降低时，会从油相中结晶析出，使油呈不透明状态而影响油脂的外观。同时，含蜡量高的米糠油吃起来糊嘴，影响食欲，进入人体后也不能为人体消化吸收，所以有必要将其除去。用玉米油生产色拉油时也需脱蜡。脱除油中蜡的工艺过程称为脱蜡。

现在我国米糠油脱蜡的方法有三种：压滤机过滤法、布袋吊滤法和离心分离法。所谓布袋吊滤法，就是将脱臭油先泵入一冷凝结晶罐内冷却结晶，然后将冷却好的油放入布袋内，布袋悬空吊着，依靠重力作用，油从布袋孔眼中流出，蜡留在布袋内，从而达到油蜡分离的目的。此法所得成品油质量虽好，但劳动强度大，设备占地面积也大，成品油得率低，所以现在采用此法的已不多了。

4. 脱硬脂

油脂是高级脂肪酸与甘油形成的酯。其组成的脂肪酸不同，油脂的熔点也不一样，饱和度高的甘油三酯的熔点很高，而饱和度低的甘油三酯的熔点较低。

米糠油等经过脱胶、脱酸、脱色、脱臭、脱蜡后，已经可以食用，但随着用途不同，人们对油脂的要求也不一样。例如色拉油，要求它不能含有固体脂（简称硬脂），以便能在 0 ℃（冰水混合物）中 5.5 h 内保持透明。米糠油经过上述五脱后，仍含有部分固体脂，达不到色拉油的质量标准，要得到米糠色拉油，就必须将这些固体脂也脱除。这种脱除油脂中的固体脂的工艺过程称为油脂的脱硬脂，其方法是进行"冬化"。用棕榈油、花生油或棉籽油生产色拉油时也需脱硬脂。

固体脂在液体油中的溶解度随着温度升高而增大，当温度逐渐降至某一点时，固体脂开始呈晶粒析出，此时的温度称为饱和温度。固体脂浓度越大，饱和温度越高。

第三节　高油酸菜籽油冷榨冷提加工技术

一、油菜籽冷榨制油技术

油菜籽冷榨制油是指油料在榨油前不经过蒸炒等高温处理，入榨温度为常温或略高于常温及压榨过程料温较低的榨油方法。冷榨制油法属于物理方法，加压但不剧烈升温（60 ℃以下），油菜籽冷榨制油有利于保留油菜籽中所含的生理活性物质，并可以避免高温压榨过程中油脂、蛋白质、糖类、类脂物等物质变性所产生的有害物质。油菜籽特别是"双低"高油酸油菜籽中含有丰富的 α-生育酚和植物甾醇（包括只有在油菜籽中才含有的菜籽甾醇）。α-生育酚是维生素 E 中生物效能最高的成分，植物甾醇则被认为可有效降低低密度脂蛋白（LDL）胆固醇。这些有效成分都有一定程度的热敏性，只有在冷榨工艺中才能得到充分保留。油菜籽冷榨制油又细分为脱皮冷榨和未脱皮冷榨制油。

（一）油菜籽未脱皮冷榨工艺

油菜籽未脱皮冷榨工艺流程：

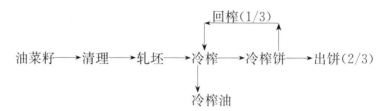

预榨机榨膛内的挤压、剪切和摩擦作用不足以将整粒油菜籽挤碎出油，所以在入榨前必须进行轧坯，且要求坯片薄而均匀，粉末度小，表面不露油，坯片厚度以 3 mm 左右为宜。预榨机冷榨对油菜籽入榨水分有严格的要求。预榨机榨膛升温平缓，入榨水分可控制低一些，一般在 8% 以下比较好，否则冷榨出油困难。当然水分也不能太低，否则轧坯时易产生过多的粉末。为了提高冷榨效果，增加出油率，应将冷榨饼部分回榨，回榨量应根据生产情况适当掌握，回榨量增大，可降低出饼含油，提高冷榨出油率，但会降低产量，并加深出油色泽；回榨量减少，虽然可提高产量，降低出油色泽度，但会减少冷榨出油率，使出饼含油升高，结构松散，粉末度增大，给后续的浸出过程带来不利影响。一般回榨量可控制在冷榨饼总量的 1/3 左右。冷榨时可用榨机蒸锅对料坯进行适当预热，这样可提高冷榨出油率，减少冷榨饼回榨量。但出油色泽对入榨温度反应敏感，温度升高油色明显加深，且油中磷脂等胶杂的含量也有所增加。当入榨温度升至 60 ℃ 以上时，出油色泽已与热榨无明显区别。因此，为生产出色浅、质优的冷榨油，料坯在入榨前应尽量不预热。

（二）油菜籽脱皮冷榨工艺

冷榨工艺流程：油菜籽→清杂→调质干燥→脱皮分离→加水调质→冷榨→菜籽油。

清杂：冷榨油的原料必须经过精选，否则由于原料的成熟度不同和原料中所含有害物质如霉变油料中的黄曲霉毒素的影响，将会对冷榨油的质量造成严重影响。

调质干燥：调质干燥的目的是去除油菜籽中的游离水分、气味，并杀灭各种霉菌，干燥温度不宜超过 50 ℃，通过调质干燥，油菜籽内部水分集中到表皮，表皮和菜籽仁热胀冷缩后，便于皮从仁上分开。干燥的方法可通过微波加热、热风干燥等。

脱皮分离：油菜籽含有 16%～20% 的皮，皮中含有大量的粗纤维、植酸、单宁等抗营养因子。油菜籽脱皮制油能显著改善毛油质量，降低精炼成本，并提高饼粕蛋白质含量和改善饼粕色泽，提高饲用效价，同时减少设备磨损，降低加工能耗。一种脱皮设备是撞击式油菜籽脱皮机。其脱皮原理是：脱皮机以离心方式运行，待处理原料利用离心力加速后高速撞击在挡圈上，在强大的撞击力作用下油菜籽破裂脱皮。另一种油菜籽脱皮机组类似于大豆脱皮，是综合利用剪切、挤压、搓碾等多种作用同时进行脱皮，经脱皮机处理的仁皮混合物经振动筛分离，利用脱皮后的仁、皮各组分悬浮速度的差异，在振动和风的共同作用下，皮浮在上面用风吸走，仁则沉在下层，从仁皮分离机前端出口排出。

加水调质：

加水调质的目的：一是油菜籽中的亲水性物质蛋白质、糖类等吸水膨胀，从而破坏细胞结构便于出油；二是油菜籽中的磷脂吸水膨胀，与蛋白质结合从而留在饼中，减少油中磷脂含量；三是通过加入水分调节入榨料的弹性和塑性，便于饼成形出油。加水调质是冷榨的关键技术，水分过高，榨机的压力小，油渣多；水分过低，饼不易成形。

冷榨：油菜籽经脱皮后，油菜籽的细胞壁几乎未被破坏，细胞中脂类体与蛋白体的亲和力还很强，而且脱皮油菜籽含油量较高，需选用压缩比较高的榨机，如 6 级以上的压榨。普通单螺杆榨油机的冷榨饼残油非常高，还得二次压榨、三次压榨，而双螺杆榨油机的压榨能力强，效率高，一次压榨饼的残油低，更适合油菜籽的冷榨。

并非所有油料作物均适合冷榨，以大豆、高芥酸油菜籽、棉籽、花生、芝麻为例，大豆油含有的豆腥味、高芥酸菜籽油中的辛辣味、棉籽油中的棉酚毒素和变质油料中的黄曲霉毒素等，都必须经过精炼才能去掉。而芝麻油和浓香花生油的香味，又必须经过热榨工艺才能得到。小榨浓香菜油产品偏向于风味，而冷榨菜油则胜于色泽和天然成分的保留。

目前德国开发出了 KP26 型冷榨机，我国开发出了 YZYX 系列双螺杆榨油机和 LYZX 型低温螺旋榨油机。2018 年，中国农科院油料作物研究所黄凤洪等人研制了微波膨化油菜籽脱皮、低温压榨菜油的成套工艺设备。YZYX 系列双螺杆榨油机与其他榨油机有显著不同，即在同一榨螺内利用啮合式和非啮合式相结合的原理逆向输送压榨，建立强大的自清功能，从根本上解决了高油分油料如脱皮菜籽仁摩擦力小，易滑膛的难题，一次压榨饼中残油小于 17%。冷榨后得到的冷榨饼经膨化后具有良好的浸出性能。利用该技术已在我国湖北武汉建成了 100 吨/天的油菜籽脱皮冷榨膨化工艺示范线，其生产运行正常。Wagner A 等人的研究表明，低温冷榨油中生育酚、生育三烯酚等酚类物质含量比精炼油高约 14%，是一种优质的绿色产品。

二、油菜籽油冷提加工技术

油脂提取工艺主要分为有机溶剂提取（浸出）工艺和无有机溶剂提取工艺两种。

（一）有机溶剂提取

有机溶剂浸出也称为萃取，是利用有机溶剂提取油料中油脂的工艺过程。油料的浸出，可视作固液萃取，它是利用有机溶剂对不同物质具有不同溶解度性质，将固体物料中有关成分（主要是油脂）溶于有机溶剂中加以分离的过程。有机溶剂浸出通常用溶剂油（六号轻汽油）浸泡原料，吸出原料中的油分。然后将混合油加热到 240 ℃～260 ℃，让轻汽油首先蒸发（回收溶剂），剩下毛油，毛油经过过滤除杂、六脱（脱胶、脱酸、脱色、脱臭、脱蜡、脱脂）得到高级食用菜籽油。有机溶剂浸出法具有粕中残油率低（出油率高），劳动强度低，工作环境佳，粕的质量好的优点。有机溶剂浸出法的缺点是粗油（毛油）中会残留溶剂，但如果严格按照标准操作，最终产品是检测不出残留的。

（二）无有机溶剂提取

目前普遍采用的油菜籽加工工艺是预榨浸出工艺，仅在一些小型的油脂加工厂有采用压榨法取油的；因为预榨浸出工艺油脂的回收率可超过96％，而压榨工艺油脂回收率通常只有80％。但近年来随着对环境和安全等方面的要求越来越高，使不使用有机溶剂的提取技术备受关注。如果能够不采用有机溶剂即可得到与有机溶剂提取技术相近的油脂回收率，则不采用有机溶剂的技术将更有竞争力。MCN Bioproducts 公司研究开发了一项可获得油脂高回收率的无有机溶剂加工工艺。通过该加工技术将获得菜籽油和高价值的含油不溶蛋白质浓缩物。该工艺首先通过压榨得到85％的油脂，压榨后的饼与水混合，混合物被分成三部分，第一部分富含壳（含原料油的3％），第二部分富含不溶性蛋白（含原料油的5％），第三部分是含油脂的液相组分（含原料油的7％），液相组分通过油水分离得到油脂。该工艺的工艺流程见图9-1（以原料中油脂为100％计）。通过该工艺可得到92％的油脂和含有4％油脂的浓缩蛋白，总的油脂回收率达96％，与有机溶剂提取工艺技术相当。

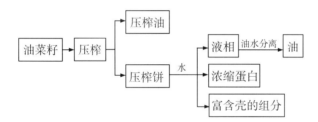

图9-1 无有机溶剂油脂高效提取工艺

第十章　高油酸油菜展望

　　高油酸菜籽油营养价值与茶油、橄榄油相媲美，饱和脂肪酸含量低，属高级食用植物油。高油酸油菜品种与"双低"油菜品种在农艺性状、种子产量和抗病性上差异均不显著，适种性较广。通过在湖南省推广种植高油酸油菜发现，农民每亩可增加收入250元以上，种植积极性大幅度提高（以每亩产菜籽125 kg计算，按优质优价原则，每千克提高油菜收购价格2元）。加工企业每加工1亩高油酸菜籽比普通"双低"油菜籽可增加经济效益1000元；同时，高油酸菜籽油的货架期长，能大幅降低企业存油变质的风险。因而发展高油酸油菜可大大提高农民的种植积极性和加工企业效益，促进油菜产业发展。

一、高油酸油菜发展前景广阔

　　油酸对人体健康很重要。高油酸能够选择性地调节人体血液中的高密度和低密度胆固醇成分，降低患心血管疾病的概率。正因为油酸具有有利于健康、防衰老等优点，高油酸产品也逐步受到市场及消费者的青睐。油酸含量75%以上的食用油被认定为"高油酸油"，油酸含量高的植物油被认为是健康的、稳定的高品质食用油。高油酸油菜油酸含量通常在70%以上，并且菜籽油价格适中，但是营养价值却与橄榄油相当，相较于橄榄油，高油酸菜籽油既有橄榄油的品质又有菜籽油的醇香，更加适合中国人的饮食习惯。自从1995年第一个高油酸油菜品种选育成功，世界各国纷纷加快高油酸油菜育种进展。湖南农业大学油料作物研究所官春云院士在2006年便获得稳定的高油酸油菜种子，目前已获得高油酸1号等7个高油酸油菜品种认定。与此同时，官春云院士与湖南农业大学机电工程学院联合开展了大量高油酸油菜机械化制种技术研究，并在生产上推广利用，为全面推广种植高油酸油菜，实现商品化批量生产打下了坚实基础。

高油酸油菜育种栽培学

二、高油酸油菜研究存在的问题

（一）高油酸油菜育种研究进展缓慢

国内外"双低"油菜从育成到实现"双低"化均为10多年时间，而自1995年世界上第一个高油酸品种问世至今，国外有报道的品种不足10个，国内目前也仅有一个新品种，进展较为缓慢。主要原因有：①品种适应性、增产潜力还在进一步研究。②企业新产品的推出和广大市民对高油酸菜油认识的提高还需一定时间。③宣传不够。今后应从发展高油酸油菜有利于保障我国食用油安全，提高国民健康水平和企业产品提质等方面进行宣传。

（二）高油酸遗传改良途径有待进一步拓宽

目前培育高油酸油菜主要采用化学诱变方法，但也有研究表明，辐射或太空诱变方法也可得到性状稳定的高油酸油菜材料，这为诱变育种提供了新的思路。分子标记育种方法有RAPD标记、SNP标记、SSR标记和AFLP标记等。SNP标记被称为第三代DNA分子标记技术，有望成为最重要、最有效的分子标记技术，在分子育种中广泛应用。

（三）油菜高油酸生物学机理研究需进一步加强

目前多数研究认为，油菜高油酸性状遗传主要受基因型影响，为多个基因控制。甘蓝型油菜控制油酸性状的主效基因位于A5连锁群，但刘列钊等在A5、C5连锁群上都发现了主效基因，可能是由于育种材料不同引起的。因此在今后的研究中也要综合考虑不同的材料。此外，高油酸遗传性状受环境和栽培措施影响等方面的研究还需进一步加强。

油酸合成的关键基因的研究多集中在FAD2基因，FAD2基因为多拷贝，有一些拷贝是无功能的假基因，但具体拷贝数的多少及各个拷贝的功能仍需要进一步研究。

油脂的积累和脂肪酸的合成是一个庞大的网络，FAD2基因表达机理与很多因素有关，所以在继续探索FAD2基因的调控表达作用机理的同时，还要进一步研究十六碳烯酸、二十碳烯酸含量及芥酸含量对油酸含量积累的影响作用。

三、高油酸油菜发展建议

（一）加快品种培育进程

要综合利用各种育种方法及分子标记技术，同时结合一些早期鉴定的方法辅助育种，加快育种进程。

（二）弄清油酸合成的分子机制

深入研究 *FAD2* 基因对油酸合成的调控作用，包括其拷贝数及每个拷贝的功能等；同时搞清其他脂肪酸合成对油酸的影响。

（三）利用各种新技术进行新基因发掘

充分利用即将完成的油菜基因组测序结果，采用基因组学和蛋白质组学新技术，研究基因表达谱变化情况，结合生物信息学分析，发掘出 *FAD2* 以外影响油酸合成的新基因。

（四）制定高油酸油菜行业标准

我国油菜籽的相关标准主要有 GB/T 11762—2006《油菜籽》、NY/T415—2000《低芥酸低硫苷油菜籽》、NY/T 1795—2009《双低油菜籽等级规格》和 NY/T 1990—2011《高芥酸油菜籽》，分别对普通油菜籽、双低油菜籽和高芥酸油菜籽等作了定义和界定，但目前尚无高油酸油菜籽标准。面对国内高油酸油菜生产和世界各国对高油酸油菜籽需求的日益增长，官春云院士提出要制定高油酸油菜籽标准，指导规范高油酸油菜生产，促进高油酸油菜产业发展。在制定了《高油酸油菜籽》标准后，又在国内率先提出要建立高油酸油菜全产业链标准化体系，并向农业农村部提出建议，高油酸油菜全产业链标准化体系是重要的质量标准，该标准的建立有利于我国油菜产业高质量发展，提高油菜经济效益，同时，对增加农民收入，推动加工企业提质增效，促进油料国际贸易也具有重要意义。

因此，我国应该抓住油菜产业的发展机遇，加快制定高油酸油菜行业标准，种植者要依据高油酸油菜的栽培技术规范种植、管理、收获和晾晒，确保高油酸油菜种子和原料质量，种子经营、加工企业应当依据相关标准，依法进行高油酸油菜生产、收购、加工和销售。

（五）加快推广开发进程

加快高油酸油菜品种的大面积推广种植，做好良种繁育，采取示范种植、订单种植、企业基地种植等多种方式相结合，为高油酸油菜产业做好原料保障；种子管理部门要高度重视高油酸油菜发展，充分认识到高油酸油菜是油菜产业继"双低"油菜后的又一次新机遇；加大对高油酸油菜材料在区试等方面的支持力度，加快新品种的培育和审定及后续推广。

（六）坚持优质优价原则

在生产实践中，依照优质优价原则，适当提高高油酸油菜籽的收购价格，增加农民种植效益，提高其生产积极性，迅速扩大高油酸油菜种植面积，促进油菜产业进一步发展，提高我国食用油自给水平。

ICS 67.200.20

B33

NY

中华人民共和国农业行业标准

NY/T ××××—2020

高油酸油菜籽

High oleic acid rapeseed

（报批稿）

（本稿完成日期 2020 年 6 月 4 日）

202×-××-×× 发布   202×-××-×× 实施

中华人民共和国农业农村部   发 布

高油酸油菜籽

1 范围

本标准规定了高油酸油菜籽的术语和定义、质量要求、检验方法、判定规则，以及对标识、包装、储存和运输的要求。

本标准适用于加工食用油的高油酸油菜籽。

2 规范性引用文件

下列文件对于本文件的应用是必不可少的。凡是注日期的引用文件，仅注日期的版本适用于本文件。凡是不注日期的引用文件，其最新版本（包括所有的修改单）适用于本文件。

GB 2762　　食品安全国家标准　食品中污染物限量

GB 2763　　食品安全国家标准　食品中农药最大残留限量

GB 5009.168　食品安全国家标准　食品中脂肪酸的测定

GB/T 5491　　粮食、油料检验　扦样、分样法

GB/T 5492　　粮油检验　粮食、油料的色泽、气味、口味鉴定

GB/T 5494　　粮油检验　粮食、油料的杂质、不完善粒检验

GB/T 8946　　塑料编织袋通用技术要求

GB/T 11762　油菜籽

GB/T 14489.1　油料　水分及挥发物含量测定

GB 19641　　食品安全国家标准　食用植物油料

NY/T 1087　　油菜籽干燥与储藏技术规程

NY/T 1285　　油料种籽含油量的测定　残余法

NY/T 1582　　油菜籽中硫代葡萄糖苷的测定　高效液相色谱法

3 术语和定义

GB/T 11762 界定的以及下列术语和定义适用于本文件。

3.1 高油酸油菜籽　high oleic acid rapeseed

油酸含量占全谱脂肪酸总量比例达 72% 及以上的双低油菜籽。

4 质量要求

4.1 质量等级指标

高油酸油菜籽质量等级指标见表1。

表 1   高油酸油菜籽质量等级指标

等级	油酸含量/%	含油量（以干基计）/%	硫苷含量/(μmol/g)	芥酸含量/%	未熟粒/%	热损伤粒/%	生芽粒/%	生霉粒/%	杂质/%	水分/%	色泽、气味
1	≥75.0%	≥42.0%	≤35.0	≤3.0	≤15.0	≤2.0	≤2.0	≤2.0	≤3.0	≤9.0	正常
2	≥72.0%										

4.2   污染物限量

应符合 GB 2762 的规定。

4.3   农药残留限量

应符合 GB 2763 的规定。

4.4   植物检疫

按国家有关标准和规定执行。

5   检验方法

5.1   扦样、分样

按 GB/T 5491 规定执行。

5.2   脂肪酸

按 GB 5009.168 规定执行。

5.3   含油量

按 NY/T 1285 规定执行。

5.4   硫苷含量

按 NY/T 1582 规定执行。

5.5   未熟粒、热损伤粒

按 GB/T 11762 执行。

5.6   生芽粒、生霉粒、杂质

按 GB/T 5494 规定执行。

5.7   水分

按 GB/T 14489.1 规定执行。

5.8   色泽、气味

按 GB/T 5492 规定执行。

6 判定规则

6.1 油酸、含油量、芥酸、硫苷四项指标均符合表 1 的要求，判定为高油酸油菜籽，如其中任一项达不到表 1 规定的要求，即不能判定为高油酸油菜籽。

6.2 高油酸油菜籽以油酸含量定等级，油酸含量≥75％为一级，油酸含量≥72％为二级。

7 标识

应在包装或货位登记卡、贸易随行文件中标明产品名称、标准编号、质量等级、收获年度、产地等内容。

8 包装、储藏和运输

8.1 包装

包装物应密实牢固，不应产生散漏，不应对高油酸油菜籽造成污染。使用塑料编织袋时，应符合 GB/T 8946 的规定。

8.2 储藏

按照 NY/T 1087 的规定执行。

8.3 运输

运输中应轻装、轻卸、防雨、防晒、防止挤压。不应与有毒、有害、易挥发、有异味或影响高油酸油菜籽质量的物品混装运输。

[1] 官春云. 油菜高油酸遗传育种研究进展 [J]. 作物研究，2006（01）：1-8.

[2] 官春云，刘春林，陈社员，等. 辐射育种获得油菜（*Brassica napus*）高油酸材料 [J]. 作物学报，2006（11）：1625-1629.

[3] XUEYI Hu，MANDY Sullivan-Gilbert，MANJU Gupta，et al. Mapping of the loci controlling oleic and linolenic acid contents and development of *fad2* and *fad3* allele-specific markers in canola（*Brassica napus* L.）[J]. Springer-Verlag，2006，113 (3)：497-507.

[4] FALENTIN C，BREGEON M，LUCAS MO，et al. Identification of *fad2* mutations and development of Allele-Specific Markers for High Oleic acid content in rapeseed（*Brassica napus* L.）[A]. Biotechnology：Gene Cloning and Functional Analysis [C]. Science Press USA. Inc，2007：117-119.

[5] 官梅，李栒. 高油酸油菜品系农艺性状研究 [J]. 中国油料作物学报，2008（01）：25-28.

[6] SCHIERHOLT A，BECKER HC. Influence of oleic acid content on yield in winter oilseed rape [J]. Crop Science，2011，51 (5)：1973-1979.

[7] CHRISTIAN Möllers，ANTJE Schierholt. Genetic Variation of Palmitate and Oil Content in a Winter Oilseed Rape Doubled Haploid Population Segregating for Oleate Content [J]. Crop Science，2002，42 (2)：379-384.

[8] 刘芳，刘睿洋，官春云. *BnFAD2*、*BnFAD3* 和 *BnFATB* 基因的共干扰对油菜种子脂肪酸组分的影响 [J]. 植物遗传资源学报，2017，18 (02)：290-297.

[9] GUAN Mei，LI Xun，GUAN Chunyun. Microarray analysis of differentially expressed genes between Brassica napus strains with high-and low-oleic acid contents [J]. Plant Cell Reports，2012，31 (5)：929-943.

[10] LEONARDO Velasco，JOSE M，FERNANDEZ-Martinez，et al. Inheritance of

increased oleic acid concentration in high erucic acid Ethiopian Mustard [J]. Crop Science，2003，43：106 – 109.

[11] L Velasco，A Nabloussi，A De Haro，et al. Development of high-oleic，low-linolenic acid Ethiopian-mustard (*Brassica carinata*) germplasm [J]. Theor Appl Genet，2003，107：823 – 830.

[12] SCHIERHOLT A，BECKER HC. Enviromental variability and heritability of high oleic acid content in winter oilseed rape (*Brassica napus* L.) [J]. Plant Breeding，2001，120：63 – 66.

[13] 官梅，李栒. 油菜 (*Brassica napus*) 油酸性状的遗传规律研究 [J]. 生命科学研究，2009，13 (02)：152 – 157.

[14] 刘睿洋，刘芳，官春云. 甘蓝型油菜 *BnFAD2* 基因的克隆、表达及功能分析 [J]. 作物学报，2016，42 (07)：1000 – 1008.

[15] SMOOKER A，WELLS R，MORGAN C，et al. The identification and mapping of candidate genes and QTL involved in the fatty acid desaturation pathway in Brassica napus [J]. Theoretical and Applied Genetics，2010 (1)：1 – 16.

[16] YAN X Y，LI J N，WANG R，et al. Mapping of QTLs controlling content of fatty acid composition in rapeseed (*Brassica napus*) [J]. Genes & Genomics，2011，33 (4)：365 – 371.

[17] WU G，WU Y，XIAO L，et al. Zero erucic acid trait of rapeseed (*Brassica napus* L.) results from a deletion of four base pairs in the fatty acid elongase 1 gene [J]. Theoretical and Applied Genetics，2007，116 (4)：491 – 499.

[18] WANG N，SHI L，TIAN F，et al. Assessment of FAEl polymorphisms in three Brassica species using EcoTILLING and their association with differences in seed erucic acid contents [J]. B M C Plant Biol，2010，10：137.

[19] HITZ W D，YADAV N S，REITER R S，et al. Reducing polyunsaturation in oils of transgenic canola and soybean [C] //Plant Lipid Metabolism. 11th Internatjonal meeting on Plant Lipids. Wilmington，Kluwer Academic Pulishers，1995：506 – 508.

[20] 官梅. 德国油菜高油酸育种简介 [J]. 中国油料作物学报，2004 (01)：82 – 84.

[21] STOUTJESDIJK PETER A，SINGH SURINDER P，LIU Qing，et al. HpRNA-mediated targeting of the Arabidopsis *FAD2* gene gives highly efficient and stable silencing [J]. Plant Physiology，2002，129 (4)：1723 – 1731.

[22] TÖPFER R，MARTINI N，SCHELL J. Modification of plant lipid synthesis [J].

Science，1995，268（5211）：681 - 686.

[23] 官春云，李栒，李文彬. 芸薹属植物的生物工程 ［M］. 长沙：湖南科学技术出版社，1999：217 - 220.

[24] STOUTJESDIJK P A，HURLESTONE C，SINGH S P，et al. High-oleic acid Australian Brassica napus and B. juncea varieties produced by co-suppression of endogenous Delta12-desaturases ［J］. Biochemical Society transactions，2000，28（6）：322 - 326.

[25] 张宏军，官春云. 高油酸油菜育种研究进展 ［J］. 作物研究，2005（S1）：322 - 326.

[26] 熊兴华，官春云，李栒，等. 甘蓝型油菜 fad2 基因片段的克隆和反义表达载体的构建 ［J］. 中国油料作物学报，2002（02）：2 - 5.

[27] SCHIERHOLT A，RUCKER B，BECKER H C. Inheritance of High Oleic Acid Mutations in Winter Oilseed Rape (Brassica napus L.) ［J］. Crop Sci，2001，41：1444 - 1449.

[28] PENG Q，HU Y，WEI R，et al. Simultaneous silencing of FAD2 and FAE1 genes；affects both oleic acid and erucic acid contents in. Brassica napus seeds ［J］. Plant Cell Rep，2010，29（4）：317 - 325.

[29] 官春云. 油菜转基因育种研究进展 ［J］. 中国工程科学，2002（08）：34 - 39.

[30] 官春云. 2004 年加拿大油菜研究情况简介 ［J］. 作物研究，2005（03）：56 - 58.

[31] SCHIERHOLT A，BECKER HC，ECKE W. Mapping a high oleic acid mutation in winter oilseed rape (Brassica napus L.) ［J］. Theoretical and Applied Genetics，2000，101（5 - 6）：897 - 901.

[32] 张宏军，肖钢，谭太龙，等. EMS 处理甘蓝型油菜（Brassica napus）获得高油酸材料 ［J］. 中国农业科学，2008，41（12）：4016 - 4022.

[33] TANHUANPÄÄ P，VILKKI J，VIHINEN M. Mapping and cloning of FAD2 gene to develop allele-specific PCR for oleic acid in spring turnip rape (Brassica rapa ssp. oleifera) ［J］. Molecular Breeding，1998，4（6）：543 - 550.

[34] BARRO F，FERNANDEZ-ESCOBAR J，DE LA VEGA M，et al. Doubled haploid lines of Brassica carinata with modified erucic acid content through mutagenesis by EMS treatment of isolated microspores ［J］. Plant Breeding，2001，120（3）：262 - 264.

[35] LEE Y，PARK W，KIM K，et al. EMS-induced mutation of an endoplasmic reticulum oleate desaturase gene (FAD2-2) results in elevated oleic acid content in

rapeseed (*Brassica napus* L.) [J]. Euphytica，2018，214（28）：1 - 12.

[36] 刘睿洋. 甘蓝型油菜 *FAD2*、*FAD3*、*FATB* 基因共干扰载体的构建及其遗传转化 [D]. 长沙：湖南农业大学，2012.

[37] LEE K，KIM E，ROH K H，et al. High-oleic oilseed rapes developed with seed-specific suppression of *FAD2* gene expression [J]. Applied Biological Chemistry，2016，59（4）：669 - 676.

[38] TANHUANPÄÄ P K，VILKKI J P，VILKKI H J. Mapping of a QTL for oleic acid concentration in spring turnip rape (*Brassica rapa* ssp. oleifera) [J]. Theoretical and Applied Genetics，1996，92（8）：952 - 956.

[39] JAVIDFAR F，RIPLEY V L，ROSLINSKY V，et al. Identification of molecular markers associated with oleic and linolenic acid in spring oilseed rape (*Brassica napus*) [J]. Plant Breeding，2006，125（1）：65 - 71.

[40] TANHUANPÄÄ P，VILKKI J. Marker - assisted selection for oleic acid content in spring turnip rape [J]. Plant Breeding，1999，118（6）：568 - 570.

[41] YANG Q，FAN C，GUO Z，et al. Identification of *FAD2* and *FAD3* genes in Brassica napus genome and development of allele-specific markers for high oleic and low linolenic acid contents [J]. Theoretical and Applied Genetics，2012，125（4）：715 - 729.

[42] QING ZHAO，JIAN WU，GUANGQIN Cai，et al. A novel quantitative trait locus on chromosome A9 controlling oleic acid content in Brassica napus [J]. Plant Biotechnology Journal，2019，17（12）：2313 - 2324.

[43] ZHAO J，DIMOV Z，BECKER H C，et al. Mapping QTL controlling fatty acid composition in a doubled haploid rapeseed population segregating for oil content [J]. Molecular Breeding，2008，21（1）：115 - 125.

[44] BURNS M J，BARNES S R，Bowman J G，et al. QTL analysis of an intervarietal set of substitution lines in Brassica napus：(i) Seed oil content and fatty acid composition [J]. Heredity，2003，90（1）：39 - 48.

[45] 尹明智，官梅，肖钢，等. DOF 转录因子 AtDof1.7RNA 干扰载体的构建及拟南芥的遗传转化 [J]. 作物学报，2011，37（07）：1196 - 1204.

[46] KATAVIC V，MIETKIEWSKA E，BARTON DL，et al. Restoring enzyme activity in nonfunctional low erucic acid Brassica napus fatty acid elongase 1 by a single amino acid substitution [J]. Eur J Biochem，2002，269：5625 - 5631.

[47] LEE K R，KIM E H，ROH K H，et al. High-oleic oilseed rapes developed with

参考文献

seed-specific suppression of *FAD2* gene expression [J]. Applied Biological Chemistry, 2016, 59 (4): 669 - 676.

[48] AULD D L, HEIKKINEN M K, Erickson D A, et al. Rapeseed mutants with reduced levels of polyunsaturated fatty acids and increased levels of oleic acid [J]. Crop Science, 1992, 32 (3): 657 - 662.

[49] LEE Y H, PARK W Kim, K S, JANG, et al. EMS-induced mutation of an endoplasmic reticulum oleate desaturase gene (FAD2-2) results in elevated oleic acid content in rapeseed (*Brassica napus* L.) [J]. Euphytica, 2018, 214 (2): 28.

[50] 罗海峰, 汤楚宙, 官春云, 等. 油菜机械化收获研究进展 [J]. 农机化研究, 2015, 37 (01): 1 - 8.

[51] 张春雷, 官春云. 油菜机械化生产技术 [J]. 农村百事通, 2012 (17): 38 - 39.

[52] 熊海蓉, 钟总, 官春云, 等. 复合型缓释肥包衣剂理化性质及缓释特性研究 [J]. 中国农学通报, 2011, 27 (33): 85 - 89.

[53] 官春云, 谭太龙, 王国槐, 等. 湖南高产油菜的产量构成特点及主要栽培措施 [J]. 湖南农业大学学报 (自然科学版), 2011, 37 (04): 351 - 355.

[54] 官春云, 陈社员, 吴明亮. 南方双季稻区冬油菜早熟品种选育和机械栽培研究进展 [J]. 中国工程科学, 2010, 12 (02): 4 - 10.

[55] 官春云. 冬油菜栽培新方法: 机播机收 适度管理 [J]. 农业技术与装备, 2008 (05): 12 - 13.

[56] 汤楚宙, 官春云, 吴明亮, 等. 稻板田油菜免耕直播机械和技术体系的研究与应用 [C] //中国农业工程学会. 2007 年中国农业工程学会学术年会论文摘要集 [A]. 北京: 中国农业工程学会, 2007: 48.

[57] 官春云. 改变冬油菜栽培方式, 提高和发展油菜生产 [J]. 中国油料作物学报, 2006 (01): 83 - 85.

[58] 官春云. 优质油菜生理生态和现代栽培技术 [M]. 北京: 中国农业出版社, 2013: 213 - 222.

[59] 王汉中. 中国油菜生产抗灾减灾技术手册 [M]. 北京: 中国农业科学技术出版社, 2009.

[60] CHRISTIAN Möllers, ANTJE Schierholt. Genetic Variation of Palmitate and Oil Content in a Winter Oilseed Rape Doubled Haploid Population Segregating for Oleate Content [J]. Crop Science, 2002, 42 (2): 379 - 384.

图书在版编目（ＣＩＰ）数据

高油酸油菜育种栽培学 / 官梅，官春云著. — 长沙：湖南科学技术出版社，2022.1
ISBN 978-7-5710-0881-9

Ⅰ．①高… Ⅱ．①官… ②官… Ⅲ．①油菜－育种②油菜－栽培技术 Ⅳ．①S634.3

中国版本图书馆 CIP 数据核字 (2020) 第 245152 号

GAOYOUSUAN YOUCAI YUZHONG ZAIPEIXUE

高油酸油菜育种栽培学

著　　者：官　梅　官春云
出 版 人：潘晓山
责任编辑：李　丹
出版发行：湖南科学技术出版社
社　　址：长沙市芙蓉中路一段 416 号泊富国际金融中心
网　　址：http://www.hnstp.com
湖南科学技术出版社天猫旗舰店网址：
　　　　http://hnkjcbs.tmall.com
邮购联系：0731-84375808
印　　刷：长沙超峰印刷有限公司
　　　　（印装质量问题请直接与本厂联系）
厂　　址：宁乡市金洲新区泉洲北路 100 号
邮　　编：410600
版　　次：2022 年 1 月第 1 版
印　　次：2022 年 1 月第 1 次印刷
开　　本：710mm×1000mm　1/16
印　　张：19.5
字　　数：292 千字
书　　号：ISBN 978-7-5710-0881-9
定　　价：60.00 元